图灵程序
设计丛书

U0267661

SQL基础教程 _{第2版}

[日] MICK / 著　孙淼 罗勇 / 译

DB2
Oracle
MySQL
PostgreSQL
SQL Server

人民邮电出版社
北　京

图书在版编目(CIP)数据

SQL基础教程/(日)MICK著;孙淼,罗勇译. -- 2
版. -- 北京:人民邮电出版社,2017.6
(图灵程序设计丛书)
ISBN 978-7-115-45502-4

Ⅰ.①S… Ⅱ.①M… ②孙… ③罗… Ⅲ.①关系数据
库系统—教材 Ⅳ.①TP311.138

中国版本图书馆CIP数据核字(2017)第087921号

内 容 提 要

本书是畅销书《SQL基础教程》的第2版,介绍了关系数据库以及用来操作关系数据库的SQL语言的使用方法。书中通过丰富的图示、大量示例程序和详实的操作步骤说明,让读者循序渐进地掌握SQL的基础知识和使用技巧,切实提高编程能力。每章结尾设置有练习题,帮助读者检验对各章内容的理解程度。另外,本书还将重要知识点总结为"法则",方便读者随时查阅。第2版除了将示例程序更新为对应最新的DB的SQL之外,还新增了一章,介绍如何从应用程序执行SQL。

本书适合数据库和SQL语言的初学者阅读,也可作为大中专院校的教材及企业新人培训用书。

◆ 著   [日]MICK
  译   孙 淼 罗 勇
  责任编辑 杜晓静
  执行编辑 刘香娣
  责任印制 彭志环
◆ 人民邮电出版社出版发行   北京市丰台区成寿寺路11号
  邮编 100164   电子邮件 315@ptpress.com.cn
  网址 https://www.ptpress.com.cn
  涿州市般润文化传播有限公司印刷
◆ 开本:800×1000 1/16
  印张:21   2017年6月第2版
  字数:455千字   2025年4月河北第39次印刷
      著作权合同登记号 图字:01-2016-6685号

定价:79.00元
读者服务热线:(010)84084456-6009 印装质量热线:(010)81055316
反盗版热线:(010)81055315

前　言

本书面向完全没有编程和系统开发经验的初学者，介绍了关系数据库以及用来操作关系数据库的 SQL 语言的使用方法。各个章节结合具体示例进行解说，并在每章的结尾安排了习题，用来检验读者对该章内容的理解程度。大家可以从第 1 章开始，亲自验证示例程序，循序渐进地掌握 SQL 的基础知识和技巧。另外，本书还将重要知识点总结为法则，方便读者在学习完本书之后随时查阅。

近年来，和其他系统领域一样，数据库领域也实现了飞速发展，应用范围不断扩大，不但出现了具有新功能的数据库，而且操作的数据量也大幅增长。

本书将要介绍的关系数据库是时下最流行的数据库，也是理解其他数据库的基础。在系统领域，通常所讲的数据库指的就是关系数据库，其重要性可见一斑。

估计很多读者今后都会慢慢积累各个领域、各种规模的系统开发经验（或者可能已经开始从事开发方面的工作了），到那时，所有的系统必定都需要使用数据库。它们使用的数据库，即便不是关系数据库，也一定是以关系数据库为基础的数据库。从这个意义上看，如果掌握了关系数据库和 SQL，就能成为任何系统开发都需要的数据库专家了。

现在距离本书初版问世已经 6 年了，在这 6 年间，数据库发挥了越来越重要的作用。以前就有专家使用数据库进行统计分析，后来数据库也开始逐渐被应用到大规模数据的处理上，并引发了商业领域的变革。象征着这一变化的"大数据""数据科学"等用语，已经突破了系统的领域，蔓延到了整个社会之中。甚至有观点认为，统计分析将和人工智能并列成为决定社会未来走向的重要因素。

一方面，数据库的世界中也进行着技术的革新。如今，以 KVS 为代表的非关系数据库的使用已经不再稀奇。同时，为了追求更高的大规模数据处理的性能，内存数据库和面向列数据库的技术也取得了长足的进步，并逐渐投入到实际应用当中。

另一方面，关系数据库依然是当今的主流数据库，这一点没有变。从这个意义上来说，学习关系数据库和操作关系数据库的语言 SQL 语句，仍然是探究数据库世界的第一步，这一点也没有变，但这并不是说关系数据库和 SQL 语句一直在止步不前。大多数 DBMS 都支持窗口函数和 GROUPING 运算符（详见第 8 章），高效处理大规模数据的功能也更加完善。掌握了 SQL 语句，就可以自由自在地操作数据，构筑高效的系统。

本书与时俱进地进行了版本升级。不但根据具有代表性的 DBMS 的新版本对 SQL 语法的支持情况更新了描述，还新增了第 9 章，介绍了通过应用程序来使用数据库的方法。

本书旨在把数据库领域的精彩展示给大家，衷心希望本书能为大家的进步提供一些帮助。

MICK

关于本书

本书是编程学习系列的 SQL 和关系数据库篇。该系列注重对初学者编程能力的培养，本书秉承了这一宗旨。本书不仅可以用于自学，也可以作为大学、专科学校和企业新人的培训用书。书中提供了大量的示例程序和详实的操作步骤说明，大家可以亲自动手解决具体的问题，切实提高自身的编程能力。

另外，在各章的结尾处还安排了习题来帮助大家复习该章的知识要点，习题的答案和讲解收录在附录中。

读者对象

- 不了解数据库和 SQL 知识的人
- 虽然自学了一些 SQL 知识，但仍希望进行系统学习的人
- 需要使用数据库，但不知道从何入手的人
- 在大学、专科学校和企业的教育部门等从事数据库和 SQL 教学的人
- 希望了解信息处理考试中 SQL 部分应试策略的人

学习本书前的预备知识

- 了解 Windows 的基本操作方法
- 能够使用 Windows 的资源管理器创建文件夹并复制文件
- 能够使用 Windows 的记事本（或者其他文本编辑器）创建文本文件

本书涉及的关系数据库

本书中使用的 SQL 语句全部都在下列关系数据库管理系统（RDBMS）中进行了验证。

- Oracle Database 12cR1
- SQL Server 2014
- DB2 10.5
- PostgreSQL 9.5.3
- MySQL 5.7

在这 5 种 RDBMS 之间存在差异的 SQL 语句，或者只能在某种特定的 RDBMS 中使用的 SQL 语句，本书都用下列图标进行标识，来提示执行 SQL 语句所使用的 RDBMS。

| Oracle | SQL Server | DB2 | PostgreSQL | MySQL |

反之，在所有 RDBMS 中都能正常执行的 SQL 语句则不用图标标识。

本书的学习安排

首先，在第 1 章前半部分学习关系数据库和 SQL 的基础知识，然后结合具体的 SQL 示例程序进行循序渐进的学习。

在 SQL 的学习中，最重要的就是以下两点：

- 亲自编写 SQL 语句
- 通过执行 SQL 语句来学习和理解数据库操作

要提高学习效率，需尽量亲自执行并验证本书中的示例程序，逐步深入学习。

为了便于初学者操作，本书使用 PostgreSQL 作为 SQL 语句的学习环境。在开始学习之前，读者需要先在自己的电脑上安装 PostgreSQL，准备好 SQL 语句的执行环境。关于

PostgreSQL 的安装方法、SQL 语句的执行方法等详细内容，我们会在第 0 章介绍。

如果你已经安装了上述"本书涉及的关系数据库"中的数据库，也可以直接使用。

另外，如无特殊说明，本书中出现的 SQL 语句的执行结果，都是在 PostgreSQL 9.5 中执行的结果。

关于程序下载

本书中的示例程序都可以从下面的网站下载。

http://www.ituring.com.cn/book/1880

示例程序为压缩的 Zip 文件形式，解压后的文件结构如下所示。

ReadMe.txt ……………注意事项
Sample ………………第1章到第9章的示例程序
Answer ………………习题答案（示例程序）

ReadMe.txt 文件

介绍了示例程序的内容和注意事项，使用前请务必阅读该文件。

Sample 文件夹

本书中所使用的示例程序分别保存在以章节为单位的文件夹中。在 Sample\CreateTable 文件夹中，按照 RDBMS 的不同，分别保存了用来创建示例用表的 SQL 语句。

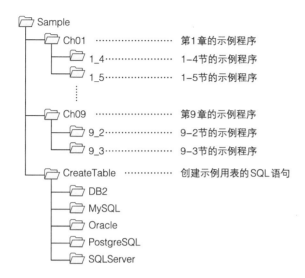

Answer文件夹

各章末习题的答案（示例程序），分别保存在以章为单位的目录中。

关于示例程序

示例程序的文件名与书中的代码清单编号相对应。例如，1-5 节的代码清单 1-3 的示例程序，保存的位置和文件名如下所示。

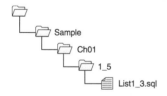

另外，像如下代码清单这样，在不同的 RDBMS 中存在差异的 SQL 语句，会在其文件名的末尾加上 RDBMS 的名称。

代码清单1-4 添加一列可以存储100位可变长度字符串的 product_name_pinyin 列

`DB2` `PostgreSQL` `MySQL`

```
ALTER TABLE Product ADD COLUMN product_name_pinyin VARCHAR(100);
```

`Oracle`
```
ALTER TABLE Product ADD (product_name_pinyin VARCHAR(100));
```
`SQL Server`
```
ALTER TABLE Product ADD product_name_pinyin VARCHAR(100);
```

这种情况下，示例程序的文件名如下所示。

- List1_4_DB2_PostgreSQL_MySQL.sql
- List1_4_Oracle.sql
- List1_4_SQL Server.sql

创建示例用表的SQL 语句

用于创建示例用表的 SQL 文件保存在 Sample\CreateTable 文件夹中，文件名为
"CreateTable 表名 .sql"。例如，PostgreSQL 用到的表 Product 保存在下述目录中。

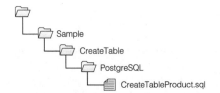

保存在 Sample 文件夹中的示例程序文件，可以使用 Windows 的记事本（或者其他
文本编辑器）打开。

声明
翔泳社

本书中的示例程序已经经过编辑部确认，在正常使用时不会出现任何问题。对于执行
程序所造成的任何损失，本书作者、软件开发人员和翔泳社概不承担相关责任。

Sample 文件夹中所收录的文件的著作权归本书作者所有。读者可以出于个人目的，
根据需要自行使用和修改其中的程序。

对于个别环境相关的问题，以及在超出本书内容范围的环境中进行设置时的问题，本社
概不负责解答。

目　录

第2章 查询基础 43

第 0 章　绪论
——搭建SQL的学习环境

PostgreSQL 的安装和连接设置

通过 PostgreSQL 执行 SQL 语句

SQL

本章重点

如果想要一边执行 SQL 语句一边学习，就必须有数据库作为 SQL 语句的执行环境。本章将介绍开源数据库 PostgreSQL（版本 9.5.3[①]）在 Windows 环境下的安装方法。已经安装了执行环境（数据库）的读者，可以跳过本章，直接学习第 1 章及之后的内容。

PostgreSQL 是 1980 年以加利福尼亚大学为中心开发出来的 DBMS，与 MySQL 一样，都是世界上广泛应用的开源数据库（DB）。它严格遵守标准 SQL 规则，是初学者的最佳选择。

0-1　PostgreSQL 的安装和连接设置
■安装步骤
■修改设置文件

0-2　通过 PostgreSQL 执行 SQL 语句
■连接 PostgreSQL（登录）
■执行 SQL 语句
■创建学习用的数据库
■连接学习用的数据库（登录）

注　意
● 本书使用 PostgreSQL 作为 SQL 的学习环境，当然也可以使用其他关系数据库。
● 本书使用 Windows 10 来介绍数据库的安装方法，该方法也适用于其他 Windows OS。

---

① 因 PostgreSQL 版本在不断更新，读者在学习时下载最新版本即可。

——译者注

0-1　PostgreSQL 的安装和连接设置

第 0 章　绪论

那么就让我们赶快按照下面的步骤来安装 PostgreSQL 吧。

安装步骤

1. 下载安装程序

大家可以从 PostgreSQL 的下载页面下载安装程序。

● 下载页面

http://www.enterprisedb.com/products-services-training/pgdownload#windows

本书将会介绍使用 64 位版的 Windows 安装程序（Win x86-64）在 Windows 10（64 位）系统中安装 PostgreSQL 的步骤，请大家结合自身实际下载相应的安装程序。例如，如果大家使用的是 32 位的 Windows 操作系统，请下载"Win x86-32"版本的安装程序（图 0-1），安装步骤都是一样的。

图 0-1　下载面向 Windows 的 PostgreSQL 安装程序

2. 运行安装程序

运行安装程序的时候，鼠标右键点击安装文件，然后选择"以管理员身份运行"。

> | 注 意 | 由于安装 PostgreSQL 需要操作系统的管理员权限，因此不能直接双击安装程序运行，必须"以管理员身份运行"才可以。这个过程中有可能会需要输入管理员密码，或者弹出运行许可的询问窗口，此时请输入密码，或点击"是"（OK）按钮。

然后点击安装画面（图 0-2）中的"Next >"按钮。

图 0-2　安装开始

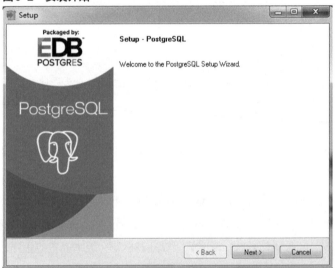

3. 选择安装路径

接下来会显示选择安装路径的画面（图 0-3）。默认的安装路径是"C:\Program Files\PostgreSQL\9.5"，但是因为有些用户的账号可能无法直接访问"Program Files"文件夹，所以我们把路径改为"C:\PostgreSQL\9.5"，然后点击"Next >"按钮。安装过程中会自动创建文件夹，因此大家无需提前创建。

图 0-3　选择安装路径

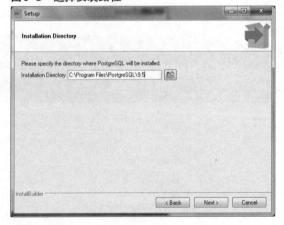

4. 选择数据的保存路径

接下来显示的是选择数据保存路径的画面（图0-4），无需修改默认路径"C:\PostgreSQL\9.5\data"，直接点击"Next >"按钮。

图0-4　选择数据保存路径

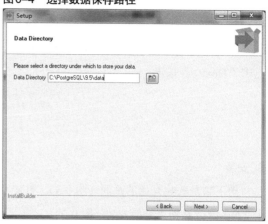

5. 设置数据库管理员密码

在接下来的数据库管理员密码设置画面（图 0-5）中输入任意密码，点击"Next >"按钮。登录 PostgreSQL 时会用到这个密码，请大家务必牢记。

图0-5　设置数据库管理员密码

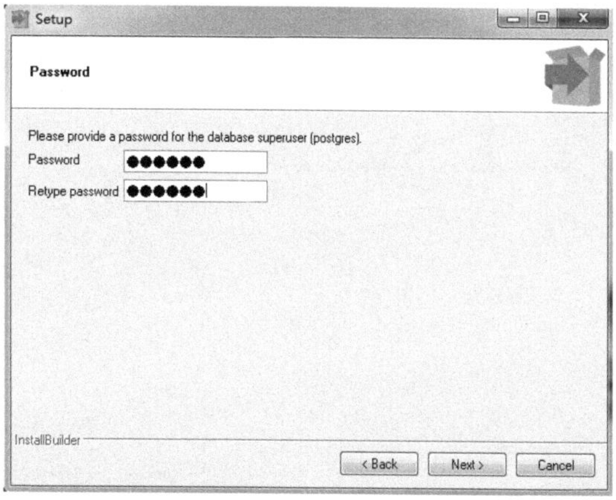

6. 设置端口号

接下来会出现端口号设置画面（图 0-6），无需修改，直接点击"Next >"按钮。通常情况下保持默认选项即可。

图0-6　设置端口号

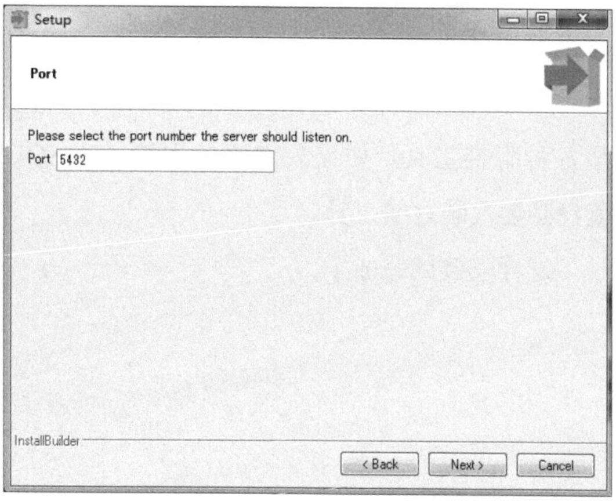

7. 设置地区

接下来是 PostgreSQL 地区设置画面（图 0-7）。选择 "Chinese（Simplified），Singapore"，点击 "Next >" 按钮。

图0-7　设置地区

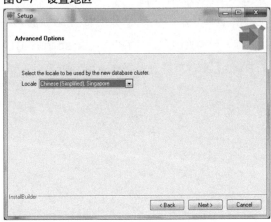

8. 安装

接下来是安装开始的画面（图 0-8）。直接点击 "Next >" 按钮，开始安装（图 0-9）。

图0-8　开始安装

图0-9　安装进行中

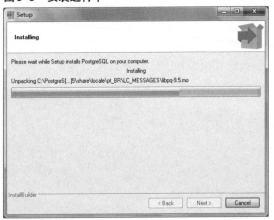

接下来会显示安装完成的画面（图 0-10）。取消选中的 "Launch Stack Builder at exit？"，点击 "Finish" 按钮。"Launch Stack Builder" 会安装各种附带工具，如果只需要使用 PostgreSQL，就没必要安装这些工具。

这样安装就完成了。

图0-10　安装完成

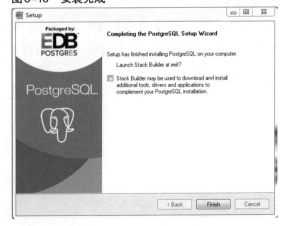

修改设置文件

为了提高安全性，我们需要修改一下 PostgreSQL 的设置文件。请使用记事本或其他文本编辑工具打开下面这个文件。

```
C:\PostgreSQL\9.5\data\postgresql.conf
```

使用 "listen_addresses" 作为关键词来查询文件内容。安装完成之后，该关键词会被设置成 "listen_addresses = '*'"。虽然这意味着允许所有远程主机进行连接，但是这次的学习环境只需要通过本地机器进行连接就可以了，因此我们在这一行的最前面添加一个 #，注释掉该行。

```
#listen_addresses = '*'
```

添加如下一行新的内容，然后覆盖保存文件（图 0-11）。

```
listen_addresses = 'localhost'
```

图 0-11 添加 "listen_addresses = 'localhost'"

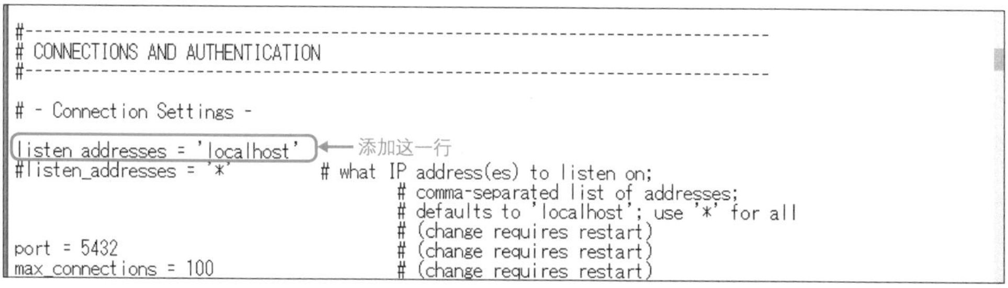

这样就设置成只允许本地机器进行连接了。

必须重新启动 PostgreSQL，该设置才能生效。点击"控制面板"→"管理工具"→"服务"。如果在控制面板中没有找到"管理工具"，那么请点击控制面板右上角的"查看方式"，选择"大图标"或者"小图标"，切换到图标显示模式。

在显示出来的窗口中找到 "postgresql-x64-9.5"，用鼠标右键进行点击（图 0-12），然后在弹出的菜单中选择"启动"或者"重新启动"。

> **注　意**　如果 PostgreSQL 是已经启动的状态，那么"启动"选项就是灰色的，无法选择。反之，如果 PostgreSQL 是停止状态，那么"重新启动"选项就是灰色的，无法选择。

图 0–12   在 "服务" 窗口中重新启动 PostgreSQL

这样，之前我们对 PostgreSQL 所做的 "listen_addresses" 的修改就生效了。

> 注意 如果错误地停止了 "postgresql-x64-9.5" 之外的其他服务，可能会造成操作系统无法正常工作，所以请一定不要停止其他服务。

此外，如果使用的是 32 位的安装程序，那么显示出来的服务名就是 "postgresql-9.5"。

第0章 绪论

0-2 通过 PostgreSQL 执行 SQL 语句

　　PostgreSQL 提供了一个可以通过命令行来执行 SQL 语句的工具 "psql"。psql 会把 SQL 语句发送给 PostgreSQL，然后再将接收到的执行结果显示出来。下面就来介绍一下使用 psql 执行 SQL 语句的方法。

　　下面将要执行的 SQL 语句的语法和意义将会在接下来的第 1 章和第 2 章学习，因此大家不必太过在意。

连接 PostgreSQL（登录）

　　现在已经完成了安装，接下来就让我们启动 psql，连接 PostgreSQL 吧。首先，启动命令提示符窗口。使用鼠标右键点击电脑桌面左下角的 "Windows" 图标▦，在弹出的菜单中选择 "命令提示符（管理员）（A）"（图 0-13）。

图 0-13　启动命令提示符窗口

备　忘　　如果使用的是 Window8/8.1，可以按照如下步骤启动命令提示符窗口。
　　　　　1. 在电脑的开始画面，同时点击键盘上的 "Windows" 键和 "X" 键。
　　　　　2. 在画面左下角显示的菜单一览中点击 "命令提示符（管理员）"。
　　　　　如果使用的是 Window7，可以按照如下步骤启动命令提示符窗口。
　　　　　1. 在电脑的开始画面，点击键盘上的 "Windows" 键，在 "搜索程序和文件" 输入框中输入 "cmd"。
　　　　　2. 右键点击检索结果中的 "cmd.exe"，选择 "以管理员身份运行（A）"。

打开命令提示符窗口（图 0-14）之后，输入如下命令，然后按下回车键（Enter）。

图 0-14　命令提示符窗口

```
C:\PostgreSQL\9.5\bin\psql.exe -U postgres
```

接下来会显示出"用户 postgres 的口令 :"，要求输入密码。输入安装时设置的密码，按下回车键，然后就会在命令提示符窗口显示出"postgres=#"，意味着连接成功了（图 0-15）。

下面就可以执行 SQL 语句了。

图 0-15　通过 **psql** 连接 PostgreSQL

> **注　意**　出于安全考虑，输入的密码不会在画面上显示出来。输入密码时，光标会一直在同一位置闪烁，看上去就像什么也没输入一样，但其实密码已经正常输入了，所以请在输入结束时按下回车键。

执行 SQL 语句

连接数据库之后，就可以执行 SQL 语句了。下面就让我们试着来执行一个简单的 SQL 语句吧。

1. 输入 SQL 语句

如图 0-16 所示，通过 psql 连接到示例数据库（postgres）之后，输入如下一行命令。

图 0-16　输入"**SELECT 1;**"

```
SELECT 1;
```
　　　半角空格（输入空格键）

2. 按下回车键

输入结束之后，按下回车键，这样就可以执行这条 SQL 语句了。如果显示出如下信息，就表示执行成功了（图 0-17）。

图 0-17　"**SELECT 1;**"的执行结果

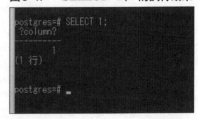

```
?column?
----------
        1
```

| 注 意 | "；" 是 SQL 的结束符,如果没有输入的话,即使按下回车键,SQL 语句也不会执行。因此,在执行 SQL 语句的时候,请大家注意不要忘记输入 "；"。 |

上面我们介绍了手动输入 SQL 语句的例子,其实直接复制本书的示例代码,粘贴在命令提示符窗口,也同样可以执行 SQL 语句。详细情况请参考本书 9-2 节的专栏 "在命令提示符窗口中的粘贴方法"。

创建学习用的数据库

本书将从第 1 章后半部分开始介绍各种 SQL 语句的书写方法。这里我们来创建一个学习用的数据库,提前准备一下吧。

数据库的创建步骤如下所示。

1. 执行创建数据库的 SQL 语句

在命令提示符窗口,保持 PostgreSQL 连接的状态下,输入如下一行 SQL 语句,按下回车键。请注意,数据库的名称只能使用小写字母。

```
CREATE DATABASE shop;
```

创建成功后,画面中会显示如下信息(图 0-18)。

```
CREATE DATABASE
```

图 0-18　数据库创建成功

```
postgres=# CREATE DATABASE shop;
CREATE DATABASE
postgres=# _
```

2. 结束 psql

数据库创建成功之后,结束 psql。为了结束 psql,需要输入 "\q",然后按下回车键。这样就切断了与 postgreSQL 的连接,返回到命令提示符窗口(图 0-19)。"\q" 中的 q 是 "quit"(退出)的缩写。

图 0-19　从 PostgreSQL 登出

```
postgres=# CREATE DATABASE shop;
CREATE DATABASE
postgres=# \q

C:\Windows\system32>_
```

| 注 意 | 现在通过 psql 连接(登录)的是安装 PostgreSQL 时自动创建的示例数据库 postgres。为了连接刚刚创建的数据库,我们需要暂时结束(退出)psql。由于 psql 在窗口关闭时也会结束,因此也可以通过点击 psql 窗口右上角的 "X" 按钮结束 psql。 |

连接学习用的数据库（登录）

下面就让我们登录刚刚创建的数据库"shop"吧。在命令提示符窗口执行如下命令。

```
C:\PostgreSQL\9.5\bin\psql.exe -U postgres -d shop
```

选项"-d shop"是指定"数据库 shop"的意思。

此时会要求输入 postgres 的密码，输入之后按下回车键。登录成功后会显示如下信息（图0-20）。

```
shop=#
```

图0-20　示例数据库shop登录成功

这样数据库 shop 就登录成功了。接下来只需要根据本书的内容输入 SQL 语句，然后按下回车键，就可以执行 SQL 语句了。

本书将使用这个数据库 shop，通过执行各种各样的 SQL 语句来学习 SQL 语句的书写方法和功能。

第1章　数据库和SQL

SQL

本章重点

　　本章介绍了数据库的结构和基本理论，以及数据库的实际应用。大家可以学习到如何对关系数据库中用来存储数据的表进行创建、更新和删除操作，同时还能掌握关系数据库专用的 SQL 语句的书写方法和规则。

1-1　数据库是什么
■ 我们身边的数据库
■ 为什么 DBMS 那么重要
■ DBMS 的种类

1-2　数据库的结构
■ RDBMS 的常见系统结构
■ 表的结构

1-3　SQL 概要
■ 标准 SQL
■ SQL 语句及其种类
■ SQL 的基本书写规则

1-4　表的创建
■ 表的内容的创建
■ 数据库的创建（CREATE DATABASE 语句）
■ 表的创建（CREATE TABLE 语句）
■ 命名规则
■ 数据类型的指定
■ 约束的设置

1-5　表的删除和更新
■ 表的删除（DROP TABLE 语句）
■ 表定义的更新（ALTER TABLE 语句）
■ 向 Product 表中插入数据

1-1

第1章 数据库和SQL

数据库是什么

学习重点

- 数据库是将大量数据保存起来,通过计算机加工而成的可以进行高效访问的数据集合。
- 用来管理数据库的计算机系统称为数据库管理系统(DBMS)。
- 通过使用DBMS,多个用户便可安全、简单地操作大量数据。
- 数据库有很多种类,本书将介绍如何使用专门的SQL语言来操作关系数据库。
- 关系数据库通过关系数据库管理系统(RDBMS)进行管理。

我们身边的数据库

大家都有过下面这样的经历吧?

- 收到曾经为自己诊治过的牙医寄来的明信片,上面写着"距上次检查已有半年,请您再来做个牙齿健康检查"。
- 在生日的前一个月,收到曾入住过的旅店或宾馆发来的"生日当月入住优惠"的邮件或者明信片。
- 在网上商城购物之后,收到内附"推荐商品列表"的邮件。

这可能是因为牙医、旅店或商城的经营者掌握了顾客上一次的就诊日期、生日和购买历史等信息,并且拥有能够从大量汇总信息中快速获取所需信息(比如你的住址或爱好)的设备(计算机系统)。如果利用人工完成同样的工作,真不知道要多长时间呢。

另外,现在所有地区的图书馆都配备了计算机,实现了图书的自动查询。使用该系统,可以通过检索书名或出版年份快速查找出希望借阅的图书的所在位置,以及是否已经借出等信息。正是因为拥有了可以保存图书名称、出版年份以及保管位置和外借情况等信息,并且可以按需查询的设备,才使这一切成为可能。

像这样将大量数据保存起来,通过计算机加工而成的可以进行高效访

KEYWORD

●数据

KEYWORD
● 数据库（DB）
● 数据库管理系统（DBMS）

注❶

数据库（DB）和DBMS经常被混淆。为了加以区别，本书将数据库管理系统统称为DBMS。

问的数据集合称为数据库（Database，DB）。将姓名、住址、电话号码、邮箱地址、爱好和家庭构成等数据保存到数据库中，就可以随时迅速获取想要的信息了。用来管理数据库的计算机系统称为数据库管理系统（Database Management System，DBMS）❶。

　　系统的使用者通常无法直接接触到数据库。因此，在使用系统的时候往往意识不到数据库的存在。其实大到银行账户的管理，小到手机的电话簿，可以说社会的所有系统中都有数据库的身影（图1-1）。

图1-1　数据库无处不在

在银行里有存款等信息的大型数据库　　　　　　在手机中有电话簿等信息的小型数据库

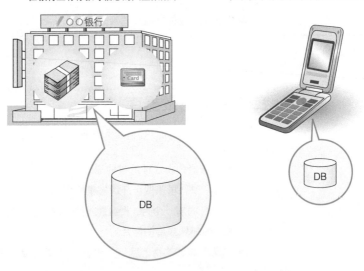

为什么DBMS那么重要

　　那么，为什么要使用专用系统（DBMS）来管理数据呢？我们通过计算机管理数据的时候，通常使用文本文件❷或者 Excel 那样的电子制表软件就可以完成了，非常简单。

　　确实，通过文本文件或者电子制表软件来管理数据的方法非常简便，但也有不足。下面就举几个有代表性的例子。

注❷

保存只通过文字记录的数据的文件。

●无法多人共享数据

　　保存在已连接网络的计算机中的文件，可以通过共享设定实现多个用户在线阅读或编辑。但是，当某个用户打开该文件的时候，其他用户就无法进行编辑了。如果是网上商城的话，当某个用户购买商品的时候，其他用户就无法购买了。

●无法提供操作大量数据所需的格式

要想瞬间从几十万或者上百万的数据中获取想要的数据，必须把数据保存为适当的格式，但是文本文件和 Excel 工作表等无法提供相应的格式。

●实现读写自动化需要编程能力

通过编写计算机程序（以下简称程序）可以实现数据读取和编辑自动化，但这必须以了解数据结构为前提，还需具备一定的计算机编程技术。

●无法应对突发事故

当文件被误删、硬盘出现故障等导致无法读取的时候，可能会造成重要数据丢失，同时数据还可能被他人轻易读取或窃用。

DBMS 可以克服这些不足，实现多个用户同时安全简单地操作大量数据（图 1-2）。这也是我们一定要使用 DBMS 的原因。

图1-2　DBMS能够实现多个用户同时安全简单地操作大量数据

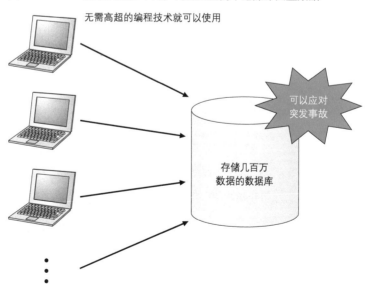

无需高超的编程技术就可以使用

可以应对突发事故

存储几百万数据的数据库

DBMS 的种类

DBMS 主要通过数据的保存格式（数据库的种类）来进行分类，现阶段主要有以下 5 种类型。

KEYWORD
●层次数据库
●关系数据库（RDB）
●SQL

●层次数据库（Hierarchical Database，HDB）

最古老的数据库之一，它把数据通过层次结构（树形结构）的方式表现出来。层次数据库曾经是数据库的主流，但随着关系数据库的出现和普及，现在已经很少使用了。

●关系数据库（Relational Database，RDB）

关系数据库是现在应用最广泛的数据库。关系数据库在 1969 年诞生，可谓历史悠久。和 Excel 工作表一样，它也采用由行和列组成的二维表来管理数据，所以简单易懂（表 1-1）。同时，它还使用专门的 SQL（Structured Query Language，结构化查询语言）对数据进行操作。

表1-1 关系数据库中的数据

商品编号	商品名称	商品种类	销售单价	进货单价	登记日期
0001	T恤衫	衣服	1000	500	2009-09-20
0002	打孔器	办公用品	500	320	2009-09-11
0003	运动T恤	衣服	4000	2800	
0004	菜刀	厨房用具	3000	2800	2009-09-20
0005	高压锅	厨房用具	6800	5000	2009-01-15
0006	叉子	厨房用具	500		2009-09-20
0007	擦菜板	厨房用具	880	790	2008-04-28
0008	圆珠笔	办公用品	100		2009-11-11

KEYWORD
●RDBMS
●开源
将软件的内容（代码）无偿地公开在互联网上，任何人都可以进行修改并再次发布。开发项目可以由志同道合的有志之士集体来运营。

这种类型的 DBMS 称为关系数据库管理系统（Relational Database Management System，RDBMS）。比较具有代表性的 RDBMS 有如下 5 种。

- Oracle Database：甲骨文公司的 RDBMS
- SQL Server：微软公司的 RDBMS
- DB2：IBM 公司的 RDBMS
- PostgreSQL：开源的 RDBMS
- MySQL：开源的 RDBMS

另外，Oracle Database 通常简称为 Oracle，因此，本书在接下来的章节中也使用这一简称。

●面向对象数据库 (Object Oriented Database，OODB)

编程语言当中有一种被称为面向对象语言的语言 [1]。把数据以及对数据的操作集合起来以对象为单位进行管理，因此得名。面向对象数据库就是用来保存这些对象的数据库。

●XML 数据库 (XML Database，XMLDB)

最近几年，XML [2] 作为在网络上进行交互的数据的形式逐渐普及起来。XML 数据库可以对 XML 形式的大量数据进行高速处理。

●键值存储系统 (Key-Value Store，KVS)

这是一种单纯用来保存查询所使用的主键（Key）和值（Value）的组合的数据库。具有编程语言知识的读者可以把它想象成关联数组或者散列（hash）。近年来，随着键值存储系统被应用到 Google 等需要对大量数据进行超高速查询的 Web 服务当中，它正逐渐为人们所关注。

本书将向大家介绍使用 SQL 语言的数据库管理系统，也就是关系数据库管理系统（RDBMS）的操作方法。接下来还会深入讲解 RDBMS。如无特殊说明，本书所提到的数据库以及 DBMS 都是指 RDBMS。

另外，有的 RDBMS 也可以像 XML 数据库那样操作 XML 形式的数据，或者具有面向对象数据库的功能。本书并不会介绍用于这些扩展功能的 SQL，如果要了解这些内容，请参考 RDBMS 附带的 SQL 手册或者针对不同的 RDBMS 介绍 SQL 的图书。

KEYWORD

●面向对象数据库（OODB）

注❶

主要的面向对象语言包括Java和C++等。

KEYWORD

●XML 数据库（XMLDB）

注❷

eXtensible Markup Language 的缩写，一种使用HTML那样的标签来表现数据结构的语言。以<name>铃木</name>这样的形式来保存数据。

KEYWORD

●键值存储系统（KVS）

第1章　数据库和SQL

1-2 数据库的结构

- RDBMS通常使用客户端/服务器这样的系统结构。
- 通过从客户端向服务器端发送SQL语句来实现数据库的读写操作。
- 关系数据库采用被称为数据库表的二维表来管理数据。
- 数据库表由表示数据项目的列（字段）和表示一条数据的行（记录）所组成，以记录为单位进行数据读写。
- 本书将行和列交汇的方格称为单元格，每个单元格只能输入一个数据。

RDBMS 的常见系统结构

KEYWORD
● 客户端/服务器类型（C/S类型）

使用 RDBMS 时，最常见的系统结构就是客户端/服务器类型（C/S 类型）这种结构（图 1-3）。

图1-3　使用RDBMS时的系统结构

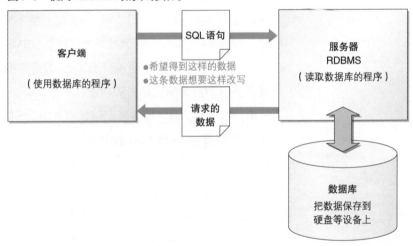

KEYWORD
● 服务器

服务器指的是用来接收其他程序发出的请求，并对该请求进行相应处理的程序（软件），或者是安装了此类程序的设备（计算机）。在计算机上持续执行处理，并等待接收下一条请求。RDBMS 也是一种服务器，它能

KEYWORD
●数据库
●客户端
●SQL 语句

够从保存在硬盘上的数据库中读取数据并返回，还可以把数据变更为指定内容。

与之相对，向服务器发出请求的程序（软件），或者是安装了该程序的设备（计算机）称为客户端。访问由 RDBMS 管理的数据库，进行数据读写的程序称为 RDBMS 客户端。RDBMS 客户端将想要获取什么样的数据，或者想对哪些数据进行何种变更等信息通过 SQL 语句发送给 RDBMS 服务器。RDBMS 根据该语句的内容返回所请求的数据，或者对存储在数据库中的数据进行更新。

客户端就如同委托方，而服务器就像是受托方。由于两者关系类似受托方执行委托方发出的指令，故而得名。

这样就可以使用 SQL 语句来实现关系数据库的读写操作了。本书为了给大家讲解 SQL，使用了可以显示如何将 SQL 语句发送到 RDBMS，以及接收返回信息（数据）的客户端。具体内容请参考第 0 章。

另外，RDBMS 既可以和其客户端安装在同一台计算机上，也可以分别安装在不同的计算机上。这样一来，不仅可以通过网络使二者相互关联，还可以实现多个客户端访问同一个 RDBMS（图 1-4）。

图1-4　通过网络可以实现多个客户端访问同一个数据库

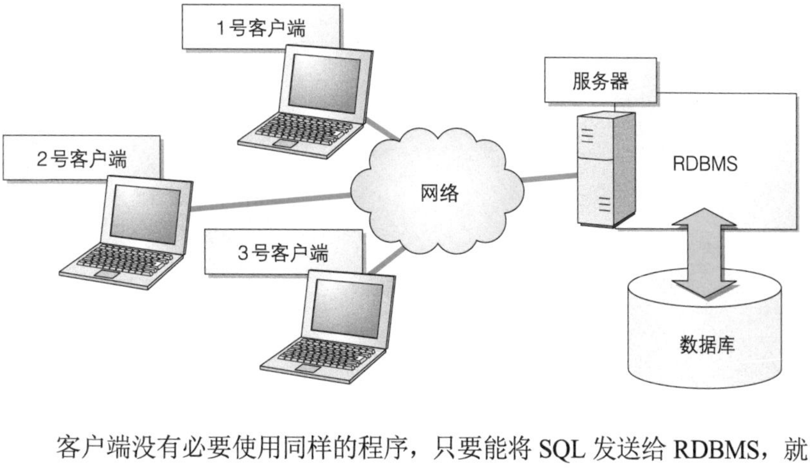

客户端没有必要使用同样的程序，只要能将 SQL 发送给 RDBMS，就可以操作数据库了。并且，多个客户端还可以同时对同一个数据库进行读写操作。

另外，RDBMS 除了需要同时接收多个客户端的请求之外，还需要操作存有大量数据的数据库，因此通常都会安装在比客户端性能更优越的计算机上。操作数据量特别巨大的数据库时，还可以将多台计算机组合使用。

虽然 RDBMS 的系统结构多种多样，但是从客户端发来的 SQL 语句基本上都是一样的。

表的结构

让我们再具体了解一下 RDBMS 的结构。上一节我们讲到了关系数据库通过类似 Excel 工作表那样的、由行和列组成的二维表来管理数据。用来管理数据的二维表在关系数据库中简称为表。

KEYWORD
●表

表存储在由 RDBMS 管理的数据库中，如图 1-5 所示。一个数据库中可以存储多个表。

图1–5　数据库和表的关系

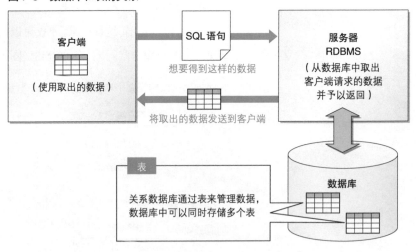

根据 SQL 语句的内容返回的数据同样必须是二维表的形式，这也是关系数据库的特征之一。返回结果如果不是二维表的 SQL 语句则无法执行。

另外，图 1-5 中只有一个数据库，我们还可以创建多个数据库分别用于不同用途。

图 1-6 所示为 1-3 节之后的学习中实际用到的商品表的内容。

图1-6　表的示例（商品表）

商品编号	商品名称	商品种类	销售单价	进货单价	登记日期
0001	T恤衫	衣服	1000	500	2009-09-20
0002	打孔器	办公用品	500	320	2009-09-11
0003	运动T恤	衣服	4000	2800	
0004	菜刀	厨房用具	3000	2800	2009-09-20
0005	高压锅	厨房用具	6800	5000	2009-01-15
0006	叉子	厨房用具	500		2009-09-20
0007	擦菜板	厨房用具	880	790	2008-04-28
0008	圆珠笔	办公用品	100		2009-11-11

← 列名（数据的项目名称）

行（记录）

列（字段）　　　　单元格

KEYWORD

● 列
● 字段
● 行
● 记录

　　表的列（垂直方向）称为字段，它代表了保存在表中的数据项目。在表 1-2 的商品表中，从商品编号到登记日期一共有 6 列。对于列的约束比 Excel 更加严格，定义为数字的列只能输入数字，定义为日期的列只能输入日期（将在 1-4 节详细介绍）。

　　与之相对，表的行（水平方向）称为记录，它相当于一条数据。商品表中总共有 8 行数据。关系数据库必须以行为单位进行数据读写，请大家牢记。

> **法则 1-1**
>
> 关系数据库以行为单位读写数据。

KEYWORD

● 单元格

单元格是本书特有的表述方式。实际上关系数据库对于行和列交汇的方格并没有专门的称谓。但就像图1-6那样，这个方格通过类似Excel单元格的方式管理数据，因此把它称为单元格似乎也很恰当。

　　本书将图 1-6 所示的行和列交汇的方格称为单元格。一个单元格中只能输入一个数据。像图 1-7 那样，在一个单元格中输入 2 个或 2 个以上的数据是不允许的，请大家牢记。

图1-7　一个单元格中只能输入一个数据

商品编号	商品名称	商品种类	销售单价	进货单价	登记日期
0001	T恤衫 / 牛仔裤 ✕	衣服	1000	500	2009-09-20

如本表所示，一个单元格中无法输入2个数据

法则 1–2

一个单元格中只能输入一个数据。

专　栏

RDBMS 的用户管理

为了防止重要数据被窃读或篡改，RDBMS 只允许注册用户接触数据库。这里的用户并不是指 Windows 等操作系统的注册用户，而是只能用于 RDBMS 的用户。RDBMS 允许注册多个用户。

注册用户的时候除了设定用户名（账号），还需要设定密码。虽然密码并不是必需的，但为了防止重要信息的泄露，还是希望大家能够设定密码。

第1章　数据库和SQL

1-3

SQL 概要

- SQL是为操作数据库而开发的语言。
- 虽然SQL也有标准，但实际上根据RDBMS的不同SQL也不尽相同。
- SQL通过一条语句来描述想要进行的操作，发送给RDBMS。
- 原则上SQL语句都会使用分号结尾。
- SQL根据操作目的可以分为DDL、DML和DCL。

标准SQL

KEYWORD

● SQL

　　如前所述，本书所要学习的 SQL 是用来操作关系数据库的语言。它原本是为了提高数据库查询效率而开发的语言，但是现在不仅可以进行数据查询，就连数据的插入和删除等操作也基本上都可以通过 SQL 来完成了。

KEYWORD

● 标准SQL

　　国际标准化组织（ISO）为 SQL 制定了相应的标准，以此为基准的 SQL 称为标准 SQL（相关信息请参考专栏——标准 SQL 和特定的 SQL）。以前，完全基于标准 SQL 的 RDBMS 很少，通常需要根据不同的 RDBMS 来编写特定的 SQL 语句。这样一来，就会造成能够在 Oracle 中使用的 SQL 语句却无法在 SQL Server 中使用，反之亦然。近来，对标准 SQL 的支持取得了一些进展，因此希望准备学习 SQL 的读者们能够从现在开始就牢记标准 SQL 的书写方式。

注❶

本书将介绍以[SQL：2003]为基准的标准SQL的书写方式。

　　原则上，本书介绍的都是标准 SQL❶ 的书写方式，但是根据 RDBMS 的不同也会存在一些特殊的 SQL 语句。如果遇到这种情况，将会通过其他途径对其进行说明。

　法则1-3

学会标准SQL就可以在各种RDBMS中书写SQL语句了。

SQL 语句及其种类

　　SQL 用关键字、表名、列名等组合而成的一条语句（SQL 语句）来描述操作的内容。关键字是指那些含义或使用方法已事先定义好的英语单词，存在包含"对表进行查询"或者"参考这个表"等各种意义的关键字。

　　根据对 RDBMS 赋予的指令种类的不同，SQL 语句可以分为以下三类。

● DDL

DDL（Data Definition Language，数据定义语言）用来创建或者删除存储数据用的数据库以及数据库中的表等对象。DDL 包含以下几种指令。

CREATE：创建数据库和表等对象
DROP：　删除数据库和表等对象
ALTER：　修改数据库和表等对象的结构

● DML

DML（Data Manipulation Language，数据操纵语言）用来查询或者变更表中的记录。DML 包含以下几种指令。

SELECT：查询表中的数据
INSERT：向表中插入新数据
UPDATE：更新表中的数据
DELETE：删除表中的数据

● DCL

DCL（Data Control Language，数据控制语言）用来确认或者取消对数据库中的数据进行的变更。除此之外，还可以对 RDBMS 的用户是否有权限操作数据库中的对象（数据库表等）进行设定。DCL 包含以下几种指令。

COMMIT：　 确认对数据库中的数据进行的变更
ROLLBACK：取消对数据库中的数据进行的变更
GRANT：　　赋予用户操作权限
REVOKE：　 取消用户的操作权限

　　实际使用的 SQL 语句当中有 90% 属于 DML，本书同样会以 DML 为中心进行讲解。

法则1-4

SQL 根据功能不同可以分为三类，其中使用最多的是 DML。

SQL 的基本书写规则

书写 SQL 语句时必须要遵守一些规则。这些规则都非常简单，接下来就让我们逐一认识一下吧。

■SQL 语句要以分号（ ; ）结尾

一条 SQL 语句可以描述一个数据库操作。在 RDBMS 当中，SQL 语句也是逐条执行的。

众所周知，我们在句子的句尾加注标点表示结束，中文句子以句号（。）结尾，英文以点号（.）结尾，而 SQL 语句则使用分号（ ; ）结尾。

法则1-5

SQL 语句以分号（ ; ）结尾。

■SQL 语句不区分大小写

SQL 不区分关键字的大小写。例如，不管写成 SELECT 还是 select，解释都是一样的。表名和列名也是如此。

虽然可以根据个人喜好选择大写还是小写（或大小写混杂），但为了理解起来更加容易，本书使用以下规则来书写 SQL 语句。

- 关键字大写
- 表名的首字母大写
- 其余（列名等）小写

法则1-6

关键字不区分大小写。

但是插入到表中的数据是区分大小写的。例如，在操作过程中，数据 Computer、COMPUTER 或 computer，三者是不一样的。

注❶

一个以上的连续字符。

KEYWORD

●常数
●单引号(')

■常数的书写方式是固定的

SQL 语句常常需要直接书写字符串❶、日期或者数字。例如，书写向表中插入字符串、日期或者数字等数据的 SQL 语句。

在 SQL 语句中直接书写的字符串、日期或者数字等称为常数。常数的书写方式如下所示。

SQL 语句中含有字符串的时候，需要像 'abc' 这样，使用单引号 (') 将字符串括起来，用来标识这是一个字符串。

SQL 语句中含有日期的时候，同样需要使用单引号将其括起来。日期的格式有很多种（'26 Jan 2010' 或者 '10/01/26' 等），本书统一使用 '2010-01-26' 这种 ' 年 – 月 – 日 ' 的格式。

在 SQL 语句中书写数字的时候，不需要使用任何符号标识，直接写成 1000 这样的数字即可。

 法则1-7

字符串和日期常数需要使用单引号 (') 括起来。
数字常数无需加注单引号（直接书写数字即可）。

■单词需要用半角空格或者换行来分隔

KEYWORD

●错误

由程序不匹配、故障、输入错误等多种原因造成的系统或者程序未按照预定处理执行或者无法执行的状况。通常出错时，处理会被强制终止，并显示错误信息。

SQL 语句的单词之间需使用半角空格或换行符来进行分隔。如下这种未加分隔的语句会发生错误，无法正常执行。

○ CREATE TABLE Product
× CREATETABLE Product
× CREATE TABLEProduct

但是不能使用全角空格作为单词的分隔符，否则会发生错误，出现无法预期的结果。

 法则1-8

单词之间需要使用半角空格或者换行符进行分隔。

专　栏

标准 SQL 和特定的 SQL

每隔几年，ANSI（美国国家标准协会）或 ISO（国际标准化组织）等便会修订 SQL 的标准，进行语法的修订并追加新功能。

1986 年，ANSI 首次制定了 SQL 的标准，之后又进行了数次修订。本书编写时（2016 年 5 月）使用的是 2011 年修订的最新版本（SQL：2011）。修订后的标准以修订年份来命名，例如 SQL:1999、SQL:2003、SQL:2008 等。以这些标准为基准的 SQL 就是标准 SQL。

但是，SQL 的标准并不强制"每种 RDBMS 都必须使用"。虽然支持标准 SQL 的 RDBMS 越来越多，但还是存在标准 SQL 无法执行的情况。这时就需要使用只能在特定 RDBMS 中使用的特殊 SQL 语句。

其实，这也是没有办法的事情，起初（大约在 20 世纪 80 年代到 90 年代），标准 SQL 能够实现的功能非常有限，无法完全满足实际需要。RDBMS 的供应商为了弥补这些不足，不得不再单独追加所需要的功能。

尽管如此，这些特定的 SQL 所带来的并不都是负面的影响。标准 SQL 将一些独特的功能收录其中，对其自身的发展起到了积极的推进作用。过去，各个供应商为了展现本公司的优势和独特性，也曾不遗余力地开发各自特定的 SQL。

目前的标准 SQL 经过多次修订，功能已经十分完善。准备学习 SQL 的读者们，就让我们先从牢记标准 SQL 的书写方法开始吧。

1-4 表的创建

学习要点

- 表通过CREATE TABLE语句创建而成。
- 表和列的命名要使用有意义的文字。
- 指定列的数据类型（整数型、字符型和日期型等）。
- 可以在表中设置约束（主键约束和NOT NULL约束等）。

表的内容的创建

我们将从第 2 章开始学习针对表的查询，以及数据变更等 SQL 语句。本节将会创建学习这些 SQL 语句所需的数据库和表。

表 1-2 是 1-2 节举例时使用的商品表。

表 1-2 商品表

商品编号	商品名称	商品种类	销售单价	进货单价	登记日期
0001	T恤衫	衣服	1000	500	2009-09-20
0002	打孔器	办公用品	500	320	2009-09-11
0003	运动T恤	衣服	4000	2800	
0004	菜刀	厨房用具	3000	2800	2009-09-20
0005	高压锅	厨房用具	6800	5000	2009-01-15
0006	叉子	厨房用具	500		2009-09-20
0007	擦菜板	厨房用具	880	790	2008-04-28
0008	圆珠笔	办公用品	100		2009-11-11

该表是某家小商店销售商品的一览表。商品的数量不多，不过我们可以把它想象成大量数据中的一部分（毕竟这只是为了学习 SQL 而创建的表）。像 0003 号商品的登记日期以及 0006 号商品的进货单价这样的空白内容，我们可以认为是由于店主疏忽而忘记输入了。

大家可以看到表 1-2 由 6 列 8 行所组成。最上面一行是数据的项目名，真正的数据是从第 2 行开始的。

备忘

接下来，我们会逐步学习创建数据库和表所使用的 SQL 语句的书写方式。还没有准备好学习环境（PostgreSQL）的读者，请按照第 0 章的内容进行准备。

数据库的创建（CREATE DATABASE 语句）

KEYWORD

● CREATE DATABASE 语句

前面提到，在创建表之前，一定要先创建用来存储表的数据库。运行 CREATE DATABASE 语句就可以在 RDBMS 上创建数据库了。CREATE DATABASE 语句的语法如下所示 ❶。

注❶

这里我们仅指定了使用该语法所需的最少项目，实际开发数据库时还需要指定各种其他项目。

语法 1-1 创建数据库的 CREATE DATABASE 语句

```
CREATE DATABASE <数据库名称>;
```

这里我们将数据库命名为 shop，然后执行代码清单 1-1 中的 SQL 语句 ❷。

注❷

第 0 章中介绍了在 PostgreSQL 中运行 SQL 语句的方法。执行了第 0 章内容的读者应该已经创建好了名为 shop 的数据库。接下来请继续完成创建表的工作。

代码清单 1-1 创建数据库 shop 的 CREATE DATABASE 语句

```
CREATE DATABASE shop;
```

此外，数据库名称、表名以及列名都要使用半角字符（英文字母、数字、符号），具体内容随后会进行介绍。

KEYWORD

● CREATE TABLE 语句

表的创建（CREATE TABLE 语句）

创建好数据库之后，接下来我们使用 CREATE TABLE 语句在其中创建表。CREATE TABLE 语句的语法如下所示 ❸。

注❸

这里我们仅指定了使用该语法所需的最少项目，实际开发数据库时还需要指定各种其他项目。

语法1-2 创建表的CREATE TABLE语句

```
CREATE TABLE <表名>
(<列名1> <数据类型> <该列所需约束>,
 <列名2> <数据类型> <该列所需约束>,
 <列名3> <数据类型> <该列所需约束>,
 <列名4> <数据类型> <该列所需约束>,
              ⋮
 <该表的约束1>, <该表的约束2>, ……);
```

该语法清楚地描述了我们要创建一个包含 < 列名 1>、< 列名 2>、……的名称为 < 表名 > 的表，非常容易理解。每一列的数据类型（后述）是必须要指定的，还要为需要的列设置约束（后述）。约束可以在定义列的时候进行设置，也可以在语句的末尾进行设置 ❶。

在数据库中创建表 1-2 中的商品表（Product 表）的 CREATE TABLE 语句，如代码清单 1-2 所示。

代码清单1-2 创建Product表的CREATE TABLE语句

```
CREATE TABLE Product
(product_id      CHAR(4)        NOT NULL,
 product_name    VARCHAR(100)   NOT NULL,
 product_type    VARCHAR(32)    NOT NULL,
 sale_price      INTEGER        ,
 purchase_price  INTEGER        ,
 regist_date     DATE           ,
 PRIMARY KEY (product_id));
```

注❶

但是NOT NULL约束只能以列为单位进行设置。

> 备忘
> ---
> 　　本书将陆续创建出 Product 表等学习中用到的一些示例表。创建这些表的 SQL 语句保存在本书示例程序 \Sample\CreateTable\<RDBMS 名 > 文件夹下的 CreateTable< 表名 >.sql 文件中。例如在 PostgreSQL 中创建 Product 表所使用的 SQL 语句，就保存在本书示例代码 \Sample\CreateTable\ PostgreSQL 文件夹下的 CreateTableProduct.sql 文件中。
> 　　CreateTableProduct.sql 文件包含了创建 Product 表时用到的 SQL 语句（代码清单 1-2），以及向 Product 表中插入数据的 SQL 语句（代码清单 1-6）。这样就可以在创建表的同时向表中预先插入数据了。

命名规则

我们只能使用半角英文字母、数字、下划线（_）作为数据库、表和列的名称。例如，不能将 `product_id` 写成 `product-id`，因为标准 SQL 并不允许使用连字符作为列名等名称。`$`、`#`、`?` 这样的符号同样不能作为名称使用。

尽管有些 RDBMS 允许使用上述符号作为列的名称，但这也仅限于在该 RDBMS 中使用，并不能保证在其他 RDBMS 中也能使用。虽然大家可能会觉得限制有点太多了，但还是请遵守规则使用半角英文字母、数字和下划线（_）吧。

 法则 1-9

数据库名称、表名和列名等可以使用以下三种字符。
- ● 半角英文字母　　● 半角数字　　● 下划线（_）

此外，名称必须以半角英文字母开头。以符号开头的名称并不多见，但有时会碰到类似 `1product` 或者 `2009_sales` 这样以数字开头的名称。虽然可以理解，但这在标准 SQL 中是被禁止的。请大家使用 `product1` 或者 `sales_2009` 这样符合规则的名称。

 法则 1-10

名称必须以半角英文字母作为开头。

最后还有一点，在同一个数据库中不能创建两个相同名称的表，在同一个表中也不能创建两个名称相同的列。如果出现这样的情况，RDBMS 会返回错误信息。

 法则 1-11

名称不能重复。

接下来我们根据上述规则，使用代码清单 1-2 中的 CREATE TABLE 语句来创建表 1-2 中的商品表。表名为 Product，表中的列名如表 1-3 所示。

表1-3　商品表和 **Product** 表列名的对应关系

商品表中的列名	Product表定义的列名
商品编号	product_id
商品名称	product_name
商品种类	product_type
销售单价	sale_price
进货单价	purchase_price
登记日期	regist_date

数据类型的指定

KEYWORD
● 数据类型
● 数字型
● 字符型
● 日期型

Product 表所包含的列，定义在 CREATE TABLE Product（　） 的括号中。列名右边的 INTEGER 或者 CHAR 等关键字，是用来声明该列的数据类型的，所有的列都必须指定数据类型。

数据类型表示数据的种类，包括数字型、字符型和日期型等。每一列都不能存储与该列数据类型不符的数据。声明为整数型的列中不能存储 'abc' 这样的字符串，声明为字符型的列中也不能存储 1234 这样的数字。

数据类型的种类很多，各个 RDBMS 之间也存在很大差异。根据业务需要实际创建数据库时，一定要根据不同的 RDBMS 选用最恰当的数据类型。在学习 SQL 的时候，使用最基本的数据类型就足够了。下面我们就来介绍四种基本的数据类型。

KEYWORD
● INTEGER 型

● INTEGER 型

用来指定存储整数的列的数据类型（数字型），不能存储小数。

KEYWORD
● CHAR 型

● CHAR 型

CHAR 是 CHARACTER（字符）的缩写，是用来指定存储字符串的列的数据类型（字符型）。可以像 CHAR(10) 或者 CHAR(200) 这样，在括号中指定该列可以存储的字符串的长度（最大长度）。字符串超出最大长度的部分是无法输入到该列中的。RDBMS 不同，长度单位也不一样，既存在使用字符个数的情况，也存在使用字节长度 ● 的情况。

注 ●
字节是计算机内部的数据单位。一个字符通常需要1到3个字节来表示（根据字符的种类和表现方式有所不同）。

字符串以定长字符串的形式存储在被指定为 CHAR 型的列中。所谓定长字符串，就是当列中存储的字符串长度达不到最大长度的时候，使用半角空格进行补足。例如，我们向 CHAR(8) 类型的列中输入 'abc' 的时候，会以 'abc ⌴⌴⌴⌴⌴'（abc 后面有 5 个半角空格）的形式保存起来。

另外，虽然之前我们说过 SQL 不区分英文字母的大小写，但是表中存储的字符串却是区分大小写的。也就是说，'ABC' 和 'abc' 代表了两个不同意义的字符串。

KEYWORD

●定长字符串

KEYWORD

● VARCHAR 型
●可变长字符串

● VARCHAR 型

同 CHAR 类型一样，VARCHAR 型也是用来指定存储字符串的列的数据类型（字符串类型），也可以通过括号内的数字来指定字符串的长度（最大长度）。但该类型的列是以可变长字符串的形式来保存字符串的 ❷。定长字符串在字符数未达到最大长度时会用半角空格补足，但可变长字符串不同，即使字符数未达到最大长度，也不会用半角空格补足。例如，我们向 VARCHAR(8) 类型的列中输入字符串 'abc' 的时候，保存的就是字符串 'abc'。

该类型的列中存储的字符串也和 CHAR 类型一样，是区分大小写的。

注❷

VARCHAR 中的 VAR 是 VARING（可变的）的缩写。

> **特定的 SQL**
>
> Oracle 中使用 VARCHAR2 型（Oracle 中也有 VARCHAR 这种数据类型，但并不推荐使用）。

KEYWORD

● VARCHAR2 型

KEYWORD

● DATE 型

● DATE 型

用来指定存储日期（年月日）的列的数据类型（日期型）。

> **特定的 SQL**
>
> 除了年月日之外，Oracle 中使用的 DATE 型还包含时分秒，但在本书中我们只学习日期部分。

约束的设置

KEYWORD

●约束

约束是除了数据类型之外，对列中存储的数据进行限制或者追加条件的功能。Product 表中设置了两种约束。

Product 表的 product_id 列、product_name 列和 product_type 列的定义如下所示。

```
product_id    CHAR(4)        NOT NULL,
product_name  VARCHAR(100)   NOT NULL,
product_type  VARCHAR(32)    NOT NULL,
```

KEYWORD
● NOT NULL 约束
● NULL

注❶
NULL这个词是无或空的意思，NULL是使用SQL时的常见关键字，请大家牢记。

数据类型的右侧设置了 NOT NULL 约束。NULL 是代表空白（无记录）的关键字❶。在 NULL 之前加上了表示否定的 NOT，就是给该列设置了不能输入空白，也就是必须输入数据的约束（如果什么都不输入就会出错）。

这样一来，Product 表的 product_id（商品编号）列、product_name（商品名称）列和 product_type（商品种类）列就都成了必须输入的项目。

另外，在创建 Product 表的 CREATE TABLE 语句的后面，还有下面这样的记述。

```
PRIMARY KEY (product_id)
```

KEYWORD
● 主键约束
● 键
● 主键

注❷
特定一行数据，也可以说是唯一确定一行数据。

这是用来给 product_id 列设置主键约束的。所谓键，就是在指定特定数据时使用的列的组合。键种类多样，主键（primary key）就是可以特定一行数据的列❷。也就是说，如果把 product_id 列指定为主键，就可以通过该列取出特定的商品数据了。

反之，如果向 product_id 列中输入了重复数据，就无法取出唯一的特定数据了（因为无法确定唯一的一行数据）。这样就可以为某一列设置主键约束了。

1-5

表的删除和更新

学习要点

- 使用DROP TABLE语句来删除表。
- 使用ALTER TABLE语句向表中添加列或者从表中删除列。

表的删除（DROP TABLE 语句）

KEYWORD

● DROP TABLE 语句

　　此前介绍的都是关于 Product 表的内容的创建，下面我们就来介绍一下删除表的方法。删除表的 SQL 语句非常简单，只需要一行 DROP TABLE 语句即可。

语法1-3　删除表时使用的DROP TABLE语句

```
DROP TABLE <表名>;
```

　　如果想要删除 Product 表，只需要像代码清单 1-3 那样书写 SQL 语句即可 ❶。

代码清单1-3　删除 Product 表

```
DROP TABLE Product;
```

　　DROP 在英语中是"丢掉""舍弃"的意思。需要特别注意的是，删除的表是无法恢复的 ❷。即使是被误删的表，也无法恢复，只能重新创建，然后重新插入数据。

　　如果不小心删除了重要的业务表，那就太悲剧了。特别是存储了大量数据的表，恢复起来费时费力，请大家务必注意！

注❶
随后还需使用Product表来学习相关知识，请不要删除Product表。如果已经删除，请重新创建Product表。

注❷
其实很多RDBMS都预留了恢复的功能，但还是请大家认为是无法恢复的。

 法则1-12

删除了的表是无法恢复的。
在执行DROP TABLE语句之前请务必仔细确认。

表定义的更新（ALTER TABLE 语句）

有时好不容易把表创建出来之后才发现少了几列，其实这时无需把表删除再重新创建，只需使用变更表定义的 ALTER TABLE 语句就可以了。ALTER 在英语中就是"改变"的意思。下面就给大家介绍该语句通常的使用方法。

首先是添加列时使用的语法。

语法1-4 添加列的ALTER TABLE语句

```
ALTER TABLE <表名> ADD COLUMN <列的定义>；
```

> **特定的SQL**
>
> Oracle 和 SQL Server 中不用写 COLUMN。
>
> ```
> ALTER TABLE <表名> ADD <列名>；
> ```
>
> 另外，在 Oracle 中同时添加多列的时候，可以像下面这样使用括号。
>
> ```
> ALTER TABLE <表名> ADD（<列名>，<列名>，……）；
> ```

例如，我们可以使用代码清单 1-4 中的语句在 Product 表中添加这样一列，product_name_pinyin（商品名称（拼音）），该列可以存储 100 位的可变长字符串。

代码清单1-4 添加一列可以存储100位的可变长字符串的product_name_pinyin列

```
DB2  PostgreSQL  MySQL
ALTER TABLE Product ADD COLUMN product_name_pinyin VARCHAR(100);
  Oracle
ALTER TABLE Product ADD (product_name_pinyin VARCHAR2(100));
  SQL Server
ALTER TABLE Product ADD product_name_pinyin VARCHAR(100);
```

反之，删除表中某列使用的语法如下所示。

语法1-5 删除列的ALTER TABLE语句

```
ALTER TABLE <表名> DROP COLUMN <列名>；
```

> **特定的SQL**
>
> Oracle 中不用写 COLUMN。
>
> ```
> ALTER TABLE <表名> DROP <列名>;
> ```
>
> 另外，在 Oracle 中同时删除多列的时候，可以像下面这样使用括号来实现。
>
> ```
> ALTER TABLE <表名> DROP (<列名>, <列名>, ……);
> ```

例如，我们可以使用代码清单 1-5 中的语句来删除之前添加的 product_name_pinyin 列。

代码清单1-5　删除 product_name_pinyin 列

`SQL Server`　`DB2`　`PostgreSQL`　`MySQL`
```
ALTER TABLE Product DROP COLUMN product_name_pinyin;
```

`Oracle`
```
ALTER TABLE Product DROP (product_name_pinyin);
```

ALTER TABLE 语句和 DROP TABLE 语句一样，执行之后无法恢复。误添的列可以通过 ALTER TABLE 语句删除，或者将表全部删除之后重新再创建。

 法则1-13

表定义变更之后无法恢复。
在执行 ALTER TABLE 语句之前请务必仔细确认。

向 Product 表中插入数据

最后让我们来尝试一下向表中插入数据。从下一章开始，大家将会使用插入到 Product 表中的数据，来学习如何编写操作数据的 SQL 语句。

向 Product 表中插入数据的 SQL 语句如代码清单 1-6 所示。

代码清单1-6 向 Product 表中插入数据的 SQL 语句

`SQL Server` `PostgreSQL`

```
-- DML：插入数据
BEGIN TRANSACTION;——————————①

INSERT INTO Product VALUES ('0001', 'T恤衫',   '衣服',    ➡
1000, 500, '2009-09-20');
INSERT INTO Product VALUES ('0002', '打孔器',  '办公用品', ➡
500,  320,  '2009-09-11');
INSERT INTO Product VALUES ('0003', '运动T恤', '衣服',    ➡
4000, 2800, NULL);
INSERT INTO Product VALUES ('0004', '菜刀',    '厨房用具', ➡
3000, 2800, '2009-09-20');
INSERT INTO Product VALUES ('0005', '高压锅',  '厨房用具', ➡
6800, 5000, '2009-01-15');
INSERT INTO Product VALUES ('0006', '叉子',    '厨房用具', ➡
500,  NULL, '2009-09-20');
INSERT INTO Product VALUES ('0007', '擦菜板',  '厨房用具', ➡
880,  790,  '2008-04-28');
INSERT INTO Product VALUES ('0008', '圆珠笔',  '办公用品', ➡
100,  NULL,'2009-11-11');

COMMIT;
```

➡表示下一行接续本行，只是由于版面所限而换行。

特定的SQL

> DBMS不同，代码清单1-6中的DML语句也略有不同。
> 在 MySQL 中运行时，需要把①中的 BEGIN TRANSACTION; 改写成
>
> `START TRANSACTION;`
>
> 在 Oracle 和 DB2 中运行时，无需使用①中的 BEGIN TRANSACTION;（请予以删除）。
> 这些在不同的DBMS中使用的DML语句，都保存在本书示例程序 Sample\CreateTable\<RDBMS名>文件夹下的 CreateTableProduct.sql 文件中。

使用插入行的指令语句 INSERT，就可以把表 1-2 中的数据都插入到表中了。开头的 BEGIN TRANSACTION 语句是开始插入行的指令语句，结尾的 COMMIT 语句是确定插入行的指令语句。这些指令语句将会在第 4 章详细介绍，大家不必急于记住这些语句。

表的修改

　　本节将名为 Product 的表作为例子进行了讲解，估计会有些读者在匆忙中把表名误写成了 Poduct，创建出了名称错误的表，这可怎么办呢？

　　如果还没有向表中插入数据，那么只需要把表删除，再重新创建一个名称正确的表就可以了。可是如果在发现表名错误之前就已经向表中插入了大量数据，再这样做就麻烦了。毕竟插入大量的数据既费时又费力。抑或起初决定好的表名，之后又觉得不好想换掉，这种情况也很麻烦。

　　其实很多数据库都提供了可以修改表名的指令（RENAME）来解决这样的问题。例如，如果想把 Poduct 表的名称变为 Product，可以使用代码清单 1-A 中的指令。

KEYWORD

● RENAME

代码清单1-A　变更表名

Oracle **PostgreSQL**
```
ALTER TABLE Poduct RENAME TO Product;
```

DB2
```
RENAME TABLE Poduct TO Product;
```

SQL Server
```
sp_rename 'Poduct', 'Product';
```

MySQL
```
RENAME TABLE Poduct to Product;
```

　　通常在 RENAME 之后按照 < 变更前的名称 >、< 变更后的名称 > 的顺序来指定表的名称。

　　各个数据库的语法都不尽相同，是因为标准 SQL 并没有 RENAME，于是各个数据库便使用了各自惯用的语法。如上所述，在创建了错误的表名，或者想要保存表的备份时，使用这些语句非常方便。但美中不足的是，由于各个数据库的语法不同，很难一下子想出恰当的指令。这时大家就可以来参考本专栏。

练习题

1.1 编写一条 CREATE TABLE 语句，用来创建一个包含表 1-A 中所列各项的表 Addressbook（地址簿），并为 regist_no（注册编号）列设置主键约束。

表1-A 表Addressbook（地址簿）中的列

列的含义	列的名称	数据类型	约束
注册编号	regist_no	整数型	不能为NULL、主键
姓名	name	可变长字符串类型（长度为128）	不能为NULL
住址	address	可变长字符串类型（长度为256）	不能为NULL
电话号码	tel_no	定长字符串类型（长度为10）	
邮箱地址	mail_address	定长字符串类型（长度为20）	

1.2 假设在创建练习 1.1 中的 Addressbook 表时忘记添加如下一列 postal_code（邮政编码）了，请把此列添加到 Addressbook 表中。

列名　　：postal_code
数据类型：定长字符串类型（长度为8）
约束　　：不能为 NULL

1.3 编写 SQL 语句来删除 Addressbook 表。

1.4 编写 SQL 语句来恢复删除掉的 Addressbook 表。

第 2 章　查询基础

SELECT语句基础

算术运算符和比较运算符

逻辑运算符

SQL

本章重点

　　本章将会和大家一起学习查询前一章创建的 Product 表中数据的 SQL 语句。这里使用的 SELECT 语句是 SQL 最基本也是最重要的语句。请大家在实际运行书中的 SELECT 语句时，亲身体验一下其书写方法和执行结果。

　　执行查询操作时可以指定想要查询数据的条件（查询条件）。查询时可以指定一个或多个查询条件，例如"某一列等于这个值""某一列计算之后的值大于这个值"等。

2-1　SELECT语句基础
- 列的查询
- 查询出表中所有的列
- 为列设定别名
- 常数的查询
- 从结果中删除重复行
- 根据WHERE语句来选择记录
- 注释的书写方法

2-2　算术运算符和比较运算符
- 算术运算符
- 需要注意NULL
- 比较运算符
- 对字符串使用不等号时的注意事项
- 不能对NULL使用比较运算符

2-3　逻辑运算符
- NOT运算符
- AND运算符和OR运算符
- 使用括号强化处理
- 逻辑运算符和真值
- 含有NULL时的真值

第 2 章 查询基础

2-1 SELECT 语句基础

学习重点	• 使用SELECT 语句从表中选取数据。 • 为列设定显示用的别名。 • SELECT 语句中可以使用常数或者表达式。 • 通过指定DISTINCT可以删除重复的行。 • SQL 语句中可以使用注释。 • 可以通过WHERE 语句从表中选取出符合查询条件的数据。

列的查询

KEYWORD
● SELECT 语句
● 匹配查询
● 查询

从表中选取数据时需要使用 SELECT 语句，也就是只从表中选出（SELECT）必要数据的意思。通过 SELECT 语句查询并选取出必要数据的过程称为匹配查询或查询（query）。

SELECT 语句是 SQL 语句中使用最多的最基本的 SQL 语句。掌握了 SELECT 语句，距离掌握 SQL 语句就不远了。

SELECT 语句的基本语法如下所示。

语法2-1 基本的SELECT 语句

```
SELECT <列名>,……
  FROM <表名>;
```

KEYWORD
● 子句

该 SELECT 语句包含了 SELECT 和 FROM 两个子句（clause）。子句是 SQL 语句的组成要素，是以 SELECT 或者 FROM 等作为起始的短语。

SELECT 子句中列举了希望从表中查询出的列的名称，而 FROM 子句则指定了选取出数据的表的名称。

接下来，我们尝试从第 1 章创建出的 Product（商品）表中，查询出图 2-1 所示的 product_id（商品编号）列、product_name（商品名称）列和 purchase_price（进货单价）列。

图2-1　查询出 Product 表中的列

product_id （商品编号）	product_name （商品名称）	product_type （商品种类）	sale_price （销售单价）	purchase_price （进货单价）	regist_date （登记日期）
0001	T恤衫	衣服	1000	500	2009-09-20
0002	打孔器	办公用品	500	320	2009-09-11
0003	运动T恤	衣服	4000	2800	
0004	菜刀	厨房用具	3000	2800	2009-09-20
0005	高压锅	厨房用具	6800	5000	2009-01-15
0006	叉子	厨房用具	500		2009-09-20
0007	擦菜板	厨房用具	880	790	2008-04-28
0008	圆珠笔	办公用品	100		2009-11-11

输出这3列

对应的 SELECT 语句请参见代码清单 2-1，该语句正常执行的结果如执行结果所示 ❶。

注❶

结果的显示方式根据RDBMS的客户端的不同略有不同（数据的内容都是相同的）。如无特殊说明，本书中显示的都是PostgreSQL 9.5的执行结果。

代码清单2-1　从 Product 表中输出3列

```
SELECT product_id, product_name, purchase_price
  FROM Product;
```

执行结果

```
product_id | product_name |purchase_price
-----------+--------------+---------------
0001       |T恤衫         |           500
0002       |打孔器        |           320
0003       |运动T恤       |          2800
0004       |菜刀          |          2800
0005       |高压锅        |          5000
0006       |叉子          |
0007       |擦菜板        |           790
0008       |圆珠笔        |
```

SELECT 语句第一行的 SELECT product_id, product_name, purchase_price 就是 SELECT 子句。查询出的列的顺序可以任意指

定。查询多列时，需要使用逗号进行分隔。查询结果中列的顺序和 SELECT 子句中的顺序相同 ❷。

注❷

行的顺序也可能存在与上述执行结果不同的情况。如果用户不设定 SELECT 语句执行结果中行的顺序，就可能会发生上述情况。行的排序方法将在第 3 章进行学习。

KEYWORD

● 星号（＊）

查询出表中所有的列

想要查询出全部列时，可以使用代表所有列的星号（＊）。

语法2-2 查询全部的列

```
SELECT  *
  FROM <表名>;
```

例如，查询 Product 表中全部列的语句如代码清单 2-2 所示。

代码清单2-2 输出 Product 表中全部的列

```
SELECT *
  FROM Product;
```

得到的结果和代码清单 2-3 中的 SELECT 语句的结果相同。

代码清单2-3 与代码清单2-2具有相同含义的 SELECT 语句

```
SELECT product_id, product_name, product_type, sale_price,
       purchase_price, regist_date
  FROM Product;
```

执行结果如下所示。

执行结果

product_id	product_name	product_type	sale_price	purchase_price	regist_date
0001	T恤衫	衣服	1000	500	2009-09-20
0002	打孔器	办公用品	500	320	2009-09-11
0003	运动T恤	衣服	4000	2800	
0004	菜刀	厨房用具	3000	2800	2009-09-20
0005	高压锅	厨房用具	6800	5000	2009-01-15
0006	叉子	厨房用具	500		2009-09-20
0007	擦菜板	厨房用具	880	790	2008-04-28
0008	圆珠笔	办公用品	100		2009-11-11

法则2-1

星号（＊）代表全部列的意思。

但是，如果使用星号的话，就无法设定列的显示顺序了。这时就会按照 CREATE TABLE 语句的定义对列进行排序。

专　栏

随意使用换行符

　　SQL 语句使用换行符或者半角空格来分隔单词，在任何位置进行分隔都可以，即使像下面这样通篇都是换行符也不会影响 SELECT 语句的执行。但是这样可能会由于看不清楚而出错。原则上希望大家能够以子句为单位进行换行（子句过长时，为方便起见可以换行）。

```
SELECT
*
FROM
Product
;
```

　　另外，像下面这样插入空行（无任何字符的行）会造成执行错误，请特别注意。

```
SELECT *

  FROM Product;
```

为列设定别名

KEYWORD

● AS 关键字
● 别名

　　SQL 语句可以使用 AS 关键字为列设定别名。请参见代码清单 2-4。

代码清单2-4　为列设定别名

```
SELECT product_id     AS id,
       product_name   AS name,
       purchase_price AS price
  FROM Product;
```

执行结果

```
  id  |  name  | price
------+--------+-------
 0001 | T恤衫   |   500
 0002 | 打孔器  |   320
 0003 | 运动T恤 |  2800
 0004 | 菜刀    |  2800
 0005 | 高压锅  |  5000
 0006 | 叉子    |
 0007 | 擦菜板  |   790
 0008 | 圆珠笔  |
```

KEYWORD

●双引号(")

注❶

使用双引号可以设定包含空格(空白)的别名。但是如果忘记使用双引号就可能出错,因此并不推荐。大家可以像product_list这样使用下划线(_)来代替空白。

别名可以使用中文,使用中文时需要用双引号(")括起来 ❶。请注意不是单引号(')。设定中文别名的 SELECT 语句请参见代码清单 2-5。

代码清单2-5　设定中文别名

```
SELECT product_id      AS "商品编号",
       product_name    AS "商品名称",
       purchase_price  AS "进货单价"
  FROM Product;
```

执行结果

```
 商品编号  | 商品名称  | 进货单价
----------+----------+----------
 0001     | T恤衫     |   500
 0002     | 打孔器    |   320
 0003     | 运动T恤   |  2800
 0004     | 菜刀      |  2800
 0005     | 高压锅    |  5000
 0006     | 叉子      |
 0007     | 擦菜板    |   790
 0008     | 圆珠笔    |
```

通过执行结果来理解就更加容易了。像这样使用别名可以让 SELECT 语句的执行结果更加容易理解和操作。

 法则2-2

设定汉语别名时需要使用双引号(")括起来。

常数的查询

SELECT 子句中不仅可以书写列名，还可以书写常数。代码清单 2-6 中的 SELECT 子句中的第一列 '商品' 是字符串常数，第 2 列 38 是数字常数，第 3 列 '2009-02-24' 是日期常数，它们将与 product_id 列和 product_name 列一起被查询出来。❶

KEYWORD
● 字符串常数
● 数字常数
● 日期常数

注❶

在 SQL 语句中使用字符串或者日期常数时，必须使用单引号(')将其括起来。

代码清单2-6　查询常数

```
SELECT '商品' AS string, 38 AS number, '2009-02-24' AS date,
       product_id, product_name
  FROM Product;
```

执行结果

```
string  | number |    date      | product_id | product_name
--------+--------+--------------+------------+--------------
商品    |   38   | 2009-02-24   | 0001       | T恤衫
商品    |   38   | 2009-02-24   | 0002       | 打孔器
商品    |   38   | 2009-02-24   | 0003       | 运动T恤
商品    |   38   | 2009-02-24   | 0004       | 菜刀
商品    |   38   | 2009-02-24   | 0005       | 高压锅
商品    |   38   | 2009-02-24   | 0006       | 叉子
商品    |   38   | 2009-02-24   | 0007       | 擦菜板
商品    |   38   | 2009-02-24   | 0008       | 圆珠笔
```

如上述执行结果所示，所有的行中都显示出了 SELECT 子句中的常数。

此外，SELECT 子句中除了书写常数，还可以书写计算式。我们将在下一节中学习如何书写计算式。

从结果中删除重复行

想知道 Product 表中保存了哪些商品种类（product_type）时，如果能像图 2-2 那样删除重复的数据该有多好啊。

图2-2 除去重复数据后的商品种类

product_id （商品编号）	product_name （商品名称）	product_type （商品种类）	sale_price （销售单价）	purchase_price （进货单价）	regist_date （登记日期）
0001	T恤衫	衣服	1000	500	2009-09-20
0002	打孔器	办公用品	500	320	2009-09-11
0003	运动T恤	衣服	4000	2800	
0004	菜刀	厨房用具	3000	2800	2009-09-20
0005	高压锅	厨房用具	6800	5000	2009-01-15
0006	叉子	厨房用具	500		2009-09-20
0007	擦菜板	厨房用具	880	790	2008-04-28
0008	圆珠笔	办公用品	100		2009-11-11

删除重复数据

product_type （商品种类）
衣服
办公用品
厨房用具

KEYWORD

● DISTINCT 关键字

如上所示，想要删除重复行时，可以通过在 SELECT 子句中使用 DISTINCT 来实现（代码清单 2-7）。

代码清单2-7 使用DISTINCT删除product_type列中重复的数据

```
SELECT DISTINCT product_type
  FROM Product;
```

执行结果

```
product_type
---------------
厨房用具
衣服
办公用品
```

 法则2-3

在SELECT语句中使用DISTINCT可以删除重复行。

在使用 DISTINCT 时，NULL 也被视为一类数据。NULL 存在于多行中时，也会被合并为一条 NULL 数据。对含有 NULL 数据的 purchase_ price（进货单价）列使用 DISTINCT 的 SELECT 语句请参见代码清单 2-8。除了两条 2800 的数据外，两条 NULL 的数据也被合并为一条。

代码清单 2-8　对含有 NULL 数据的列使用 DISTINCT 关键字

```
SELECT DISTINCT purchase_price
  FROM Product;
```

执行结果

```
purchase_price
---------------
          5000
                 ←── NULL数据被保留了下来
           790
           500
          2800
           320
```

DISTINCT 也可以像代码清单 2-9 那样在多列之前使用。此时，会将多个列的数据进行组合，将重复的数据合并为一条。代码清单 2-9 中的 SELECT 语句，对 product_type（商品种类）列和 regist_date（登记日期）列的数据进行组合，将重复的数据合并为一条。

代码清单 2-9　在多列之前使用 DISTINCT

```
SELECT DISTINCT product_type, regist_date
  FROM Product;
```

执行结果

```
product_type |regist_date
-------------+------------
衣服          | 2009-09-20
办公用品       | 2009-09-11
办公用品       | 2009-11-11
衣服          |
厨房用具       | 2009-09-20
厨房用具       | 2009-01-15
厨房用具       | 2008-04-28
```

如上述执行结果所示，product_type 列为 '厨房用具'，同时 regist_date 列为 '2009-09-20' 的两条数据被合并成了一条。

DISTINCT 关键字只能用在第一个列名之前。因此，请大家注意不能写成 regist_date, DISTINCT product_type。

根据WHERE语句来选择记录

前面的例子都是将表中存储的数据全都选取出来，但实际上并不是每次都需要选取出全部数据，大部分情况都是要选取出满足"商品种类为衣服""销售单价在 1000 日元以上"等某些条件的数据。

SELECT 语句通过 WHERE 子句来指定查询数据的条件。在 WHERE 子句中可以指定"某一列的值和这个字符串相等"或者"某一列的值大于这个数字"等条件。执行含有这些条件的 SELECT 语句，就可以查询出只符合该条件的记录了。❶

在 SELECT 语句中使用 WHERE 子句的语法如下所示。

注❶

这和Excel中根据过滤条件对行进行过滤的功能是相同的。

语法2-3　SELECT语句中的WHERE子句

```
SELECT <列名>, ……
  FROM <表名>
 WHERE <条件表达式>;
```

图 2-3 显示了从 Product 表中选取商品种类（product_type）为 '衣服' 的记录。

图2-3　选取商品种类为'衣服'的记录

product_id （商品编号）	product_name （商品名称）	product_type （商品种类）	sale_price （销售单价）	purchase_price （进货单价）	regist_date （登记日期）
0001	T恤衫	衣服	1000	500	2009-09-20
0002	打孔器	办公用品	500	320	2009-09-11
0003	运动T恤	衣服	4000	2800	
0004	菜刀	厨房用具	3000	2800	2009-09-20
0005	高压锅	厨房用具	6800	5000	2009-01-15
0006	叉子	厨房用具	500		2009-09-20
0007	擦菜板	厨房用具	880	790	2008-04-28
0008	圆珠笔	办公用品	100		2009-11-11

选取product_type列为'衣服'的记录

从被选取的记录中还可以查询出想要的列。为了更加容易理解，我们在查询 product_type 列的同时，把 product_name 列也读取出来。SELECT 语句请参见代码清单 2-10。

代码清单2-10 用来选取**product_type**列为'**衣服**'的记录的**SELECT**语句

```
SELECT product_name, product_type
  FROM Product
 WHERE product_type = '衣服';
```

执行结果

```
product_name | product_type
---------------+---------------
T恤衫          | 衣服
运动T恤        | 衣服
```

KEYWORD

●条件表达式

WHERE 子句中的"product_type = '衣服'"就是用来表示查询条件的表达式（条件表达式）。等号是比较两边的内容是否相等的符号，上述条件就是将 product_type 列的值和'衣服'进行比较，判断是否相等。Product 表的所有记录都会被进行比较。

接下来会从查询出的记录中选取出 SELECT 语句指定的 product_name 列和 product_type 列，如执行结果所示，也就是首先通过 WHERE 子句查询出符合指定条件的记录，然后再选取出 SELECT 语句指定的列（图 2-4）。

图2-4 选取行之后，再输出列

product_id （商品编号）	product_name （商品名称）	product_type （商品种类）	sale_price （销售单价）	purchase_price （进货单价）	regist_date （登记日期）
0001	T恤衫	衣服	1000	500	2009-09-20
0002	打孔器	办公用品	500	320	2009-09-11
0003	运动T恤	衣服	4000	2800	
0004	菜刀	厨房用具	3000	2800	2009-09-20
0005	高压锅	厨房用具	6800	5000	2009-01-15
0006	叉子	厨房用具	500		2009-09-20
0007	擦菜板	厨房用具	880	790	2008-04-28
0008	圆珠笔	办公用品	100		2009-11-11

① 选取行

② 输出列

代码清单 2-10 中的语句为了确认选取出的数据是否正确，通过 SELECT 子句把作为查询条件的 product_type 列也选取出来了，其实这并不是必须的。如果只想知道商品名称的话，可以像代码清单 2-11 那样只选取出 product_name 列。

代码清单2-11 也可以不选取出作为查询条件的列

```
SELECT product_name
  FROM Product
 WHERE product_type = '衣服';
```

执行结果

```
 product_name
----------------
T恤衫
运动T恤
```

　　SQL 中子句的书写顺序是固定的，不能随意更改。WHERE 子句必须紧跟在 FROM 子句之后，书写顺序发生改变的话会造成执行错误（代码清单 2-12）。

代码清单2-12 随意改变子句的书写顺序会造成错误

```
SELECT product_name, product_type
 WHERE product_type = '衣服'
  FROM Product;
```

执行结果（PostgreSQL）

```
ERROR:  "FROM"或者其前后有语法错误
第3行: FROM Product;
            ^
```

法则2-4

WHERE子句要紧跟在FROM子句之后。

注释的书写方法

KEYWORD

●注释

　　最后给大家介绍一下注释的书写方法。注释是 SQL 语句中用来标识说明或者注意事项的部分。

　　注释对 SQL 的执行没有任何影响。因此，无论是英文字母还是汉字都可以随意使用。

　　注释的书写方法有如下两种。

KEYWORD

● 1行注释
● ----

注❶

MySQL中需要在 "----" 之后加入
半角空格（如果不加的话就不会
被认为是注释）。

KEYWORD

● 多行注释
● /*
● */

● 1行注释

　　书写在 "----" 之后，只能写在同一行。❶

● 多行注释

　　书写在 "/*" 和 "*/" 之间，可以跨多行。

　　实际的示例请参见代码清单 2-13 和代码清单 2-14。

代码清单2-13　1行注释的使用示例

```
-- 本SELECT语句会从结果中删除重复行。
SELECT DISTINCT product_id, purchase_price
  FROM Product;
```

代码清单2-14　多行注释的使用示例

```
/* 本SELECT语句,
   会从结果中删除重复行。*/
SELECT DISTINCT product_id, purchase_price
  FROM Product;
```

　　任何注释都可以插在 SQL 语句中（代码清单 2-15、代码清单 2-16）。

代码清单2-15　在SQL语句中插入1行注释

```
SELECT DISTINCT product_id, purchase_price
-- 本SELECT语句会从结果中删除重复行。
  FROM Product;
```

代码清单2-16　在SQL语句中插入多行注释

```
SELECT DISTINCT product_id, purchase_price
/* 本SELECT语句,
   会从结果中删除重复行。*/
  FROM Product;
```

　　这些 SELECT 语句的执行结果与没有使用注释时完全一样。注释能够帮助阅读者更好地理解 SQL 语句，特别是在书写复杂的 SQL 语句时，希望大家能够尽量多加简明易懂的注释。注释不仅可以写在 SELECT 语句中，而且可以写在任何 SQL 语句当中，写多少都可以。

 法则2-5

注释是SQL语句中用来标识说明或者注意事项的部分。
分为1行注释和多行注释两种。

第2章 查询基础

2-2 算术运算符和比较运算符

学习重点

- 运算符就是对其两边的列或者值进行运算(计算或者比较大小等)的符号。
- 使用算术运算符可以进行四则运算。
- 括号可以提升运算的优先顺序(优先进行运算)。
- 包含NULL的运算,其结果也是NULL。
- 比较运算符可以用来判断列或者值是否相等,还可以用来比较大小。
- 判断是否为NULL,需要使用IS NULL或者IS NOT NULL运算符。

算术运算符

SQL 语句中可以使用计算表达式。代码清单 2-17 中的 SELECT 语句,把各个商品单价的 2 倍(sale_price 的 2 倍)以 "sale_price_x2" 列的形式读取出来。

代码清单2-17 SQL语句中也可以使用运算表达式

```
SELECT product_name, sale_price,
       sale_price * 2 AS "sale_price_x2"
  FROM Product;
```

执行结果

```
product_name | sale_price | sale_price_x2
-------------+------------+----------------
T恤衫        |       1000 |          2000
打孔器       |        500 |          1000
运动T恤      |       4000 |          8000
菜刀         |       3000 |          6000
高压锅       |       6800 |         13600
叉子         |        500 |          1000
擦菜板       |        880 |          1760
圆珠笔       |        100 |           200
```

sale_price_x2 列中的 sale_price * 2 就是计算销售单价的 2 倍的表达式。以 product_name 列的值为 'T 恤衫' 的记录行为例,

sale_price 列的值 1000 的 2 倍是 2000，它以 sale_price_x2
列的形式被查询出来。同样，'打孔器' 记录行的值 500 的 2 倍 1000，
'运动 T 恤' 记录行的值 4000 的 2 倍 8000，都被查询出来了。运算就
是这样以行为单位执行的。

SQL 语句中可以使用的四则运算的主要运算符如表 2-1 所示。

表2-1　SQL 语句中可以使用的四则运算的主要运算符

含义	运算符
加法运算	+
减法运算	-
乘法运算	*
除法运算	/

四则运算所使用的运算符（+、-、*、/）称为算术运算符。运算符就
是使用其两边的值进行四则运算或者字符串拼接、数值大小比较等运算，
并返回结果的符号。加法运算符（+）前后如果是数字或者数字类型的列
名的话，就会返回加法运算后的结果。SQL 中除了算术运算符之外还有其
他各种各样的运算符。

 法则2-6

SELECT 子句中可以使用常数或者表达式。

当然，SQL 中也可以像平常的运算表达式那样使用括号（）。括号中
运算表达式的优先级会得到提升，优先进行运算。例如在运算表达式
（1 + 2）* 3 中，会先计算 1 + 2 的值，然后再对其结果进行 * 3 运算。

括号的使用并不仅仅局限于四则运算，还可以用在 SQL 语句的任何
表达式当中。具体的使用方法今后会慢慢介绍给大家。

需要注意 NULL

像代码清单 2-17 那样，SQL 语句中进行运算时，需要特别注意含有
NULL 的运算。请大家考虑一下在 SQL 语句中进行如下运算时，结果会

是什么呢？

Ⓐ 5 + NULL

Ⓑ 10 - NULL

Ⓒ 1 * NULL

Ⓓ 4 / NULL

Ⓔ NULL / 9

Ⓕ NULL / 0

正确答案全部都是 NULL。大家可能会觉得奇怪，为什么会这样呢？实际上所有包含 NULL 的计算，结果肯定是 NULL。即使像Ⓕ那样用 NULL 除以 0 时这一原则也适用。通常情况下，类似 5/0 这样除数为 0 的话会发生错误，只有 NULL 除以 0 时不会发生错误，并且结果还是 NULL。

尽管如此，很多时候我们还是希望 NULL 能像 0 一样，得到 5 + NULL = 5 这样的结果。不过也不要紧，SQL 中也为我们准备了可以解决这类情况的方法（将会在 6-1 节中进行介绍）。

专　栏

FROM子句真的有必要吗？

在第 1 节中我们介绍过 SELECT 语句是由 SELECT 子句和 FROM 子句组成的。可实际上 FROM 子句在 SELECT 语句中并不是必不可少的，只使用 SELECT 子句进行计算也是可以的。

代码清单2-A　只包含SELECT子句的SELECT语句

`SQL Server` `PostgreSQL` `MySQL`

```
SELECT (100 + 200) * 3 AS calculation;
```

执行结果

```
calculation
-------------
        900
```

实际上，通过执行 SELECT 语句来代替计算器的情况基本上是不存在的。不过在极少数情况下，还是可以通过使用没有 FROM 子句的 SELECT 语句来实现某种业务的。例如，不管内容是什么，只希望得到一行临时数据的情况。

但是也存在像 Oracle 这样不允许省略 SELECT 语句中的 FROM 子句的 RDBMS，请大家注意❶。

注❶

在 Oracle 中，FROM 子句是必需的，这种情况下可以使用 DUAL 这个临时表。另外，DB2 中可以使用 SYSIBM.SYSDUMMY1 这个临时表。

比较运算符

在 2-1 节学习 WHERE 子句时，我们使用符号 = 从 Product 表中选取出了商品种类（product_type）为字符串 '衣服' 的记录。下面让我们再使用符号 = 选取出销售单价（sale_price）为 500 日元（数字 500）的记录（代码清单 2-18）。

代码清单2-18　选取出 sale_price 列为 500 的记录

```
SELECT product_name, product_type
  FROM Product
 WHERE sale_price = 500;
```

执行结果

```
 product_name   | product_type
----------------+--------------
 打孔器         | 办公用品
 叉子           | 厨房用具
```

KEYWORD

● 比较运算符
● = 运算符
● <> 运算符

注❶

有很多 RDBMS 可以使用比较运算符 "!=" 来实现不等于功能。但这是限于不被标准 SQL 所承认的特定 SQL，出于安全的考虑，最好不要使用。

像符号 = 这样用来比较其两边的列或者值的符号称为比较运算符，符号 = 就是比较运算符。在 WHERE 子句中通过使用比较运算符可以组合出各种各样的条件表达式。

接下来，我们使用"不等于"这样代表否定含义的比较运算符 <>❶，选取出 sale_price 列的值不为 500 的记录（代码清单 2-19）。

代码清单2-19　选取出 sale_price 列的值不是 500 的记录

```
SELECT product_name, product_type
  FROM Product
 WHERE sale_price <> 500;
```

执行结果

```
 product_name   | product_type
----------------+--------------
 T恤衫         | 衣服
 运动T恤       | 衣服
 菜刀          | 厨房用具
 高压锅        | 厨房用具
 擦菜板        | 厨房用具
 圆珠笔        | 办公用品
```

SQL 中主要的比较运算符如表 2-2 所示，除了等于和不等于之外，还有进行大小比较的运算符。

表 2-2 比较运算符

运算符	含义
=	和 ~ 相等
<>	和 ~ 不相等
>=	大于等于 ~
>	大于 ~
<=	小于等于 ~
<	小于 ~

KEYWORD

● = 运算符
● <> 运算符
● >= 运算符
● > 运算符
● <= 运算符
● < 运算符；

　　这些比较运算符可以对字符、数字和日期等几乎所有数据类型的列和值进行比较。例如，从 Product 表中选取出销售单价（sale_price）大于等于 1000 日元的记录，或者登记日期（regist_date）在 2009 年 9 月 27 日之前的记录，可以使用比较运算符 >= 和 <，在 WHERE 子句中生成如下条件表达式（代码清单 2-20、代码清单 2-21）。

代码清单 2-20　选取出销售单价大于等于 1000 日元的记录

```
SELECT product_name, product_type, sale_price
  FROM Product
 WHERE sale_price >= 1000;
```

执行结果

```
 product_name | product_type | sale_price
--------------+--------------+------------
 T恤衫        | 衣服         |       1000
 运动T恤      | 衣服         |       4000
 菜刀        | 厨房用具     |       3000
 高压锅       | 厨房用具     |       6800
```

代码清单 2-21　选取出登记日期在 2009 年 9 月 27 日之前的记录

```
SELECT product_name, product_type, regist_date
  FROM Product
 WHERE regist_date < '2009-09-27';
```

执行结果

```
 product_name | product_type |regist_date
--------------+--------------+-----------
 T恤衫        | 衣服         | 2009-09-20
 打孔器       | 办公用品     | 2009-09-11
 菜刀        | 厨房用具     | 2009-09-20
 高压锅       | 厨房用具     | 2009-01-15
 叉子        | 厨房用具     | 2009-09-20
 擦菜板       | 厨房用具     | 2008-04-28
```

小于某个日期就是在该日期之前的意思。想要实现在某个特定日期(包含该日期)之后的查询条件时,可以使用代表大于等于的 >= 运算符。

另外,在使用大于等于(>=)或者小于等于(<=)作为查询条件时,一定要注意不等号(<、>)和等号(=)的位置不能颠倒。一定要让不等号在左,等号在右。如果写成(=<)或者(=>)就会出错。当然,代表不等于的比较运算符也不能写成(><)。

法则2-7

使用比较运算符时一定要注意不等号和等号的位置。

除此之外,还可以使用比较运算符对计算结果进行比较。代码清单 2-22 在 WHERE 子句中指定了销售单价(sale_price)比进货单价(purchase_price)高出 500 日元以上的条件表达式。为了判断是否高出 500 日元,需要用 sale_price 列的值减去 purchase_price 列的值。

代码清单2-22　WHERE 子句的条件表达式中也可以使用计算表达式

```
SELECT product_name, sale_price, purchase_price
  FROM Product
 WHERE sale_price - purchase_price >= 500;
```

执行结果

```
 product_name | sale_price | purchase_price
--------------+------------+----------------
 T恤衫        |       1000 |            500
 运动T恤      |       4000 |           2800
 高压锅       |       6800 |           5000
```

对字符串使用不等号时的注意事项

对字符串使用大于等于或者小于等于不等号时会得到什么样的结果呢?接下来我们使用表 2-3 中的 Chars 表来进行确认。虽然该表中存储的都是数字,但 chr 是字符串类型(CHAR 类型)的列。

表2-3 **Chars**表

chr(字符串类型)
1
2
3
10
11
222

可以使用代码清单 2-23 中的 SQL 语句来创建 Chars 表。

代码清单2-23 创建Chars表并插入数据

```
-- DDL：创建表
CREATE TABLE Chars
(chr CHAR(3) NOT NULL,
PRIMARY KEY (chr));
```

SQL Server | PostgreSQL
```
-- DML：插入数据
BEGIN TRANSACTION; ——————————①

INSERT INTO Chars VALUES ('1');
INSERT INTO Chars VALUES ('2');
INSERT INTO Chars VALUES ('3');
INSERT INTO Chars VALUES ('10');
INSERT INTO Chars VALUES ('11');
INSERT INTO Chars VALUES ('222');

COMMIT;
```

> 特定的SQL
>
> 　　代码清单2-23中的DML语句根据DBMS的不同而略有差异。在MySQL中执行该语句时，请大家把①的部分改成 "START TRANSACTION;"。在Oracle和DB2中执行时不需用到①的部分，请删除。

那么，对 Chars 表执行代码清单 2-24 中的 SELECT 语句（查询条件是 chr 列大于 '2'）会得到什么样的结果呢？

代码清单2-24 选取出大于'2'的数据的SELECT语句

```
SELECT chr
  FROM Chars
 WHERE chr > '2';
```

大家是不是觉得应该选取出比 2 大的 3、10、11 和 222 这 4 条记录呢？下面就让我们来看看该 SELECT 语句的执行结果吧。

执行结果

```
chr
-----
 3
 222
```

没想到吧？是不是觉得 10 和 11 比 2 大，所以也应该选取出来呢？大家之所以这样想，是因为混淆了数字和字符串，也就是说 2 和 '2' 并不一样。

现在，chr 列被定为字符串类型，并且在对字符串类型的数据进行大小比较时，使用的是和数字比较不同的规则。典型的规则就是按照字典顺序进行比较，也就是像姓名那样，按照条目在字典中出现的顺序来进行排序。该规则最重要的一点就是，以相同字符开头的单词比不同字符开头的单词更相近。

Chars 表 chr 列中的数据按照字典顺序进行排序的结果如下所示。

```
1
10
11
2
222
3
```

'10' 和 '11' 同样都是以 '1' 开头的字符串，首先判定为比 '2' 小。这就像在字典中"提问""提议"和"问题"按照如下顺序排列一样。

```
提问
提议
问题
```

或者我们以书籍的章节为例也可以。1-1 节包含在第 1 章当中，所以肯定比第 2 章更靠前。

```
1
1-1
1-2
1-3
2
2-1
2-2
3
```

进行大小比较时，得到的结果是 '1-3' 比 '2' 小（'1-3' <
'2'），'3' 大于 '2-2'（'3' > '2'）。

比较字符串类型大小的规则今后还会经常使用，所以请大家牢记 。

法则2-8

字符串类型的数据原则上按照字典顺序进行排序，不能与数字的大小顺序混淆。

注❶
该规则对定长字符串和可变长字符串都适用。

不能对NULL使用比较运算符

关于比较运算符还有一点十分重要，那就是作为查询条件的列中含有
NULL 的情况。例如，我们把进货单价（purchase_price）作为查
询条件。请注意，商品"叉子"和"圆珠笔"的进货单价是 NULL。

我们先来选取进货单价为 2800 日元（purchase_price = 2800）
的记录（代码清单 2-25）。

代码清单2-25 选取进货单价为2800日元的记录

```
SELECT product_name, purchase_price
  FROM Product
 WHERE purchase_price = 2800;
```

执行结果

```
product_name  |purchase_price
--------------+--------------
运动T恤        |          2800
菜刀          |          2800
```

大家对这个结果应该都没有疑问吧？接下来我们再尝试选取出进货单价不是 2800 日元（purchase_price <> 2800）的记录（代码清单 2-26）。

代码清单2-26　选取出进货单价不是2800日元的记录

```
SELECT product_name, purchase_price
  FROM Product
 WHERE purchase_price <> 2800;
```

执行结果

```
product_name |purchase_price
---------------+---------------
T恤衫          |           500
打孔器         |           320
高压锅         |          5000
擦菜板         |           790
```

执行结果中并没有"叉子"和"圆珠笔"。这两条记录由于进货单价不明（NULL），因此无法判定是不是 2800 日元。

那如果想选取进货单价为 NULL 的记录的话，条件表达式该怎么写呢？历经一番苦思冥想后，用"purchase_price = NULL"试了试，还是一条记录也取不出来。

代码清单2-27　错误的SELECT语句（一条记录也取不出来）

```
SELECT product_name, purchase_price
  FROM Product
 WHERE purchase_price = NULL;
```

执行结果

```
product_name |purchase_price
---------------+---------------
```
　　　　　　　　　　　　　　　　←———一条记录也没取到（0行）

即使使用 <> 运算符也还是无法选取出 NULL 的记录❶。因此，SQL 提供了专门用来判断是否为 NULL 的 IS NULL 运算符。想要选取 NULL 的记录时，可以像代码清单 2-28 那样来书写条件表达式。

代码清单2-28　选取NULL的记录

```
SELECT product_name, purchase_price
  FROM Product
 WHERE purchase_price IS NULL;
```

执行结果

```
product_name |purchase_price
---------------+---------------
叉子           |
圆珠笔         |
```

反之，希望选取不是 NULL 的记录时，需要使用 IS NOT NULL 运算符（代码清单 2-29）。

代码清单2-29　选取不为NULL的记录

```
SELECT product_name, purchase_price
  FROM Product
 WHERE purchase_price IS NOT NULL;
```

执行结果

```
product_name |purchase_price
---------------+---------------
T恤衫          |           500
打孔器        |           320
运动T恤        |          2800
菜刀           |          2800
高压锅        |          5000
擦菜板        |           790
```

 法则2-9

希望选取NULL记录时，需要在条件表达式中使用IS NULL运算符。希望选取不是NULL的记录时，需要在条件表达式中使用IS NOT NULL运算符。

除此之外，对 NULL 使用比较运算符的方法还有很多，详细内容将会在接下来的第 6 章中进行介绍。

2-3 逻辑运算符

- 通过使用逻辑运算符，可以将多个查询条件进行组合。
- 通过NOT运算符可以生成"不是~"这样的查询条件。
- 两边条件都成立时，使用AND运算符的查询条件才成立。
- 只要两边的条件中有一个成立，使用OR运算符的查询条件就可以成立。
- 值可以归结为真（TRUE）和假（FALSE）其中之一的值称为真值。比较运算符在比较成立时返回真，不成立时返回假。但是，在SQL中还存在另外一个特定的真值——不确定（UNKNOWN）。
- 将根据逻辑运算符对真值进行的操作及其结果汇总成的表称为真值表。
- SQL中的逻辑运算是包含对真、假和不确定进行运算的三值逻辑。

NOT 运算符

在 2-2 节中我们介绍过，想要指定"不是 ~"这样的否定条件时，需要使用 <> 运算符。除此之外还存在另外一个表示否定，并且使用范围更广的运算符 NOT。

NOT 不能单独使用，必须和其他查询条件组合起来使用。例如，选取出销售单价（sale_price）大于等于 1000 日元的记录的 SELECT 语句如下所示（代码清单 2-30）。

代码清单2-30　选取出销售单价大于等于1000日元的记录

```
SELECT product_name, product_type, sale_price
  FROM Product
 WHERE sale_price >= 1000;
```

执行结果

```
 product_name | product_type| sale_price
--------------+-------------+------------
 T恤衫         | 衣服        |       1000
 运动T恤       | 衣服        |       4000
 菜刀         | 厨房用具     |       3000
 高压锅       | 厨房用具     |       6800
```

向上述 SELECT 语句的查询条件中添加 NOT 运算符之后的结果如下所示（代码清单 2-31）。

代码清单2-31　向代码清单2-30的查询条件中添加NOT运算符

```
SELECT product_name, product_type, sale_price
  FROM Product
 WHERE NOT sale_price >= 1000;
```

执行结果

```
product_name | product_type | sale_price
-------------+--------------+-------------
打孔器        | 办公用品      |         500
叉子          | 厨房用具      |         500
擦菜板        | 厨房用具      |         880
圆珠笔        | 办公用品      |         100
```

明白了吗？通过否定销售单价大于等于 1000 日元（sale_price >= 1000）这个查询条件，就可以选取出销售单价小于 1000 日元的商品。也就是说，代码清单 2-31 中 WHERE 子句指定的查询条件，与代码清单 2-32 中 WHERE 子句指定的查询条件（sale_price < 1000）是等价的 ❶（图 2-5）。

注❶

判定的结果相等。

代码清单2-32　WHERE子句的查询条件和代码清单2-31中的查询条件是等价的

```
SELECT product_name, product_type
  FROM Product
 WHERE sale_price < 1000;
```

图2-5　使用NOT运算符时查询条件的变化

sale_price(销售单价)

```
         sale_price < 1000          sale_price >= 1000
          （小于1000日元）           （大于等于1000日元）




                    NOT sale_price >= 1000
```

通过以上的例子大家可以发现，不使用 NOT 运算符也可以编写出效果相同的查询条件。不仅如此，不使用 NOT 运算符的查询条件更容易让人理解。使用 NOT 运算符时，我们不得不每次都在脑海中进行"大于等于 1000 日元以上这个条件的否定就是小于 1000 日元"这样的转换。

虽然如此，但是也不能完全否定 NOT 运算符的作用。在编写复杂的 SQL 语句时，经常会看到 NOT 的身影。这里只是希望大家了解 NOT 运算符的书写方法和工作原理，同时提醒大家不要滥用该运算符。

 法则2-10

NOT运算符用来否定某一条件，但是不能滥用。

AND运算符和OR运算符

到目前为止，我们看到的每条 SQL 语句中都只有一个查询条件。但在实际使用当中，往往都是同时指定多个查询条件对数据进行查询的。例如，想要查询"商品种类为厨房用具、销售单价大于等于 3000 日元"或"进货单价大于等于 5000 日元或小于 1000 日元"的商品等情况。

KEYWORD

● AND 运算符
● OR 运算符

在 WHERE 子句中使用 AND 运算符或者 OR 运算符，可以对多个查询条件进行组合。

AND 运算符在其两侧的查询条件都成立时整个查询条件才成立，其意思相当于"并且"。

OR 运算符在其两侧的查询条件有一个成立时整个查询条件都成立，其意思相当于"或者"[1]。

注❶

需要注意的是，并不是只有一个条件成立时整个查询条件才成立，两个条件都成立时整个查询条件也同样成立。这与"到场的客人可以选择钥匙链或者迷你包作为礼品（任选其一）"中的"或者"有所不同。

例如，从 Product 表中选取出"商品种类为厨房用具（`product_type = '厨房用具'`)，并且销售单价大于等于 3000 日元（`sale_price >= 3000`) 的商品"的查询条件中就使用了 AND 运算符（代码清单 2-33）。

代码清单2-33　在WHERE子句的查询条件中使用AND运算符

```sql
SELECT product_name, purchase_price
  FROM Product
 WHERE product_type = '厨房用具'
   AND sale_price >= 3000;
```

执行结果

```
product_name |purchase_price
---------------+---------------
菜刀           |          2800
高压锅         |          5000
```

KEYWORD

●文氏图

将集合（事物的聚集）的关系通过更加容易理解的图形进行可视化展示。

该查询条件的文氏图如图 2-6 所示。左侧的圆圈代表符合查询条件"商品种类为厨房用具"的商品，右侧的圆圈代表符合查询条件"销售单价大于等于 3000 日元"的商品。两个圆重合的部分（同时满足两个查询条件的商品）就是通过 AND 运算符能够选取出的记录。

图2-6　AND运算符的工作效果图

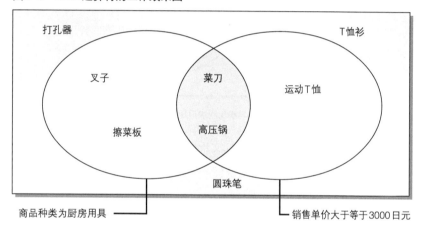

选取出"商品种类为厨房用具（product_type = '厨房用具'），或者销售单价大于等于 3000 日元（sale_price >= 3000）的商品"的查询条件中使用了 OR 运算符（代码清单 2-34）。

代码清单2-34　在WHERE子句的查询条件中使用OR运算符

```
SELECT product_name, purchase_price
  FROM Product
 WHERE product_type = '厨房用具'
    OR sale_price >= 3000;
```

执行结果

```
product_name |purchase_price
---------------+---------------
运动T恤        |          2800
菜刀           |          2800
高压锅         |          5000
叉子           |
擦菜板         |           790
```

还是让我们来看看查询条件的文氏图吧（图 2-7）。包含在左侧的圆圈（商品种类为厨房用具的商品）或者右侧的圆圈（销售单价大于等于 3000 日元的商品）中的部分（两个查询条件中满足任何一个的商品）就是通过 OR 运算符能够取出的记录。

图2-7　OR运算符的工作效果图

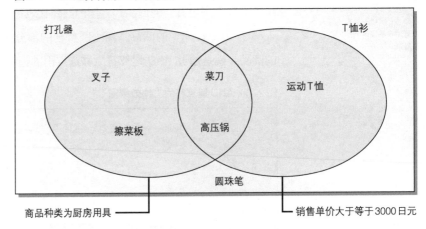

通过文氏图可以方便地确认由多个条件组合而成的复杂的 SQL 语句的查询条件，大家可以多多加以利用。

法则2-11

多个查询条件进行组合时，需要使用AND运算符或者OR运算符。

法则2-12

文氏图很方便。

通过括号强化处理

接下来我们尝试书写稍微复杂一些的查询条件。例如，使用下面的查询条件对 Product 表进行查询的 SELECT 语句，其 WHERE 子句的条件表达式该怎么写呢？

"商品种类为办公用品"

并且

"登记日期是 2009 年 9 月 11 日或者 2009 年 9 月 20 日"

满足上述查询条件的商品（product_name）只有"打孔器"。

把上述查询条件原封不动地写入 WHERE 子句中，得到的 SELECT
语句似乎就可以满足需求了（代码清单 2-35）。

代码清单2-35　将查询条件原封不动地写入条件表达式

```
SELECT product_name, product_type, regist_date
  FROM Product
 WHERE product_type = '办公用品'
   AND regist_date = '2009-09-11'
    OR regist_date = '2009-09-20';
```

让我们马上执行上述 SELECT 语句试试看，会得到下面这样的错误结果。

执行结果

```
 product_name | product_type |regist_date
--------------+--------------+------------
 T恤衫        | 衣服          | 2009-09-20
 打孔器        | 办公用品      | 2009-09-11
 菜刀          | 厨房用具      | 2009-09-20
 叉子          | 厨房用具      | 2009-09-20
```

不想要的 T 恤衫、菜刀和叉子也被选出来了，真是头疼呀。到底为什
么会得到这样的结果呢？

这是 AND 运算符优先于 OR 运算符所造成的。代码清单 2-35 中的条
件表达式会被解释成下面这样。

```
「product_type = '办公用品' AND regist_date = '2009-09-11'」
 OR
「regist_date = '2009-09-20'」
```

也就是，

"商品种类为办公用品，并且登记日期是 2009 年 9 月 11 日"
或者
"登记日期是 2009 年 9 月 20 日"

这和想要指定的查询条件并不相符。想要优先执行 OR 运算符时，可以像代

KEYWORD
●()

码清单2-36那样使用半角括号( )将OR运算符及其两侧的查询条件括起来。

代码清单2-36 通过使用括号让OR运算符先于AND运算符执行

```
SELECT product_name, product_type, regist_date
  FROM Product
 WHERE product_type = '办公用品'
   AND (   regist_date = '2009-09-11'
        OR regist_date = '2009-09-20');
```

执行结果

```
 product_name | product_type |regist_date
--------------+--------------+------------
 打孔器        | 办公用品      | 2009-09-11
```

这样就选取出了想要得到的"打孔器"。

法则2-13

AND运算符的优先级高于OR运算符。想要优先执行OR运算符时需要使用括号。

逻辑运算符和真值

KEYWORD
●逻辑运算符
●真值
●真(TRUE)
●假(FALSE)

本节介绍的三个运算符 NOT、AND 和 OR 称为逻辑运算符。这里所说的逻辑就是对真值进行操作的意思。真值就是值为真（TRUE）或假（FALSE）其中之一的值 ●。

注❶
但是在SQL中还存在"不确定"（UNKNOWN）这样的值。接下来会进行详细说明。

上一节介绍的比较运算符会把运算结果以真值的形式进行返回。比较结果成立时返回真（TRUE），比较结果不成立时返回假（FALSE）❷。例如，对于 purchase_price >= 3000 这个查询条件来说，由于 product_name 列为 '运动 T 恤' 的记录的 purchase_price 列的值是 2800，因此会返回假（FALSE），而 product_name 列为 '高压锅' 的记录的 purchase_price 列的值是 5000，所以返回真（TRUE）。

注❷
算术运算符返回的结果是数字。除了返回结果的类型不同之外，和比较运算符一样都会返回运算结果。

逻辑运算符对比较运算符等返回的真值进行操作。AND 运算符两侧的真值都为真时返回真，除此之外都返回假。OR 运算符两侧的真值只要有一个不为假就返回真，只有当其两侧的真值都为假时才返回假。NOT 运算符只是单纯的将真转换为假，将假转换为真。真值表（truth table）就是对这类操作及其结果进行的总结（表 2-4）。

KEYWORD
●真值表

表2-4　**真值表**

AND		
P	Q	P AND Q
真	真	真
真	假	假
假	真	假
假	假	假

OR		
P	Q	P OR Q
真	真	真
真	假	真
假	真	真
假	假	假

NOT	
P	NOT P
真	假
假	真

请将表 2-4 中的 P 和 Q 想象为"销售单价为 500 日元"这样的条件。逻辑运算的结果只有真和假两种,对其进行排列组合将会得到 2×2 = 4 种结果。

在 SELECT 语句的 WHERE 子句中,通过 AND 运算符将两个查询条件连接起来时,会查询出这两个查询条件都为真的记录。通过 OR 运算符将两个查询条件连接起来时,会查询出某一个查询条件为真或者两个查询条件都为真的记录。在条件表达式中使用 NOT 运算符时,会选取出查询条件为假的记录(反过来为真)。

虽然表 2-4 中的真值表只是使用一个逻辑运算符时得到的结果,但即使使用两个以上的逻辑运算符连接三个以上的查询条件,通过反复进行逻辑运算求出真值,不论多复杂的条件也可以得到相应的结果。

表 2-5 就是根据之前例子中的查询条件"商品种类为办公用品",并且"登记日期是 2009 年 9 月 11 日或者 2009 年 9 月 20 日"(product_type = '办公用品' AND (regist_date = '2009-09-11' OR regist_date = '2009-09-20'))做成的真值表。

表2-5　**查询条件为 P AND(Q OR R)的真值表**

P **AND** (Q OR R)

P	Q	R	Q OR R	P AND (Q OR R)
真	真	真	真	真
真	真	假	真	真
真	假	真	真	真
真	假	假	假	假
假	真	真	真	假
假	真	假	真	假
假	假	真	真	假
假	假	假	假	假

P:商品种类为办公用品
Q:登记日期是 2009 年 9 月 11 日
R:登记日期是 2009 年 9 月 20 日
Q OR R:登记日期是 2009 年 9 月 11 日或者 2009 年 9 月 20 日
P AND (Q OR R):商品种类为办公用品,并且,登记日期是 2009 年 9 月 11 日或者 2009 年 9 月 20 日代码清单2-36中的SELECT语句,查询出了唯一满足P AND(Q OR R)为真的记录"打孔器"。

法则2-14

通过创建真值表,无论多复杂的条件,都会更容易理解。

专　栏

逻辑积与逻辑和

　　将表2-4的真值表中的真变为1、假变为0,意外地得到了下述规则。

表2-A　真为1、假为0的真值表

AND(逻辑积)				OR(逻辑和)				NOT		
P	Q	积	P AND Q	P	Q	和	P OR Q	P	反转	NOT P
1	1	1×1	1	1	1	1+1	1	1	1→0	0
1	0	1×0	0	1	0	1+0	1	0	0→1	1
0	1	0×1	0	0	1	0+1	1			
0	0	0×0	0	0	0	0+0	0			

　　NOT 运算符并没有什么特别的改变,但是 AND 运算的结果与乘法运算(积),OR 运算的结果与加法运算(和)的结果却是一样的❶。因此,使用 AND 运算符进行的逻辑运算称为逻辑积,使用 OR 运算符进行的逻辑运算称为逻辑和。

注❶

严格来说,此处的1+1=1与通常的整数运算并不相同。只是因为真值中只存在0和1两种情况,所以才有了这样的结果。

KEYWORD

● 逻辑积
● 逻辑和

含有NULL时的真值

　　上一节我们介绍了查询 NULL 时不能使用比较运算符(= 或者 <>),需要使用 IS NULL 运算符或者 IS NOT NULL 运算符。实际上,使用逻辑运算符时也需要特别对待 NULL。

　　我们来看一下 Product(商品)表,商品"叉子"和"圆珠笔"的进货单价(purchase_price)为NULL。那么,对这两条记录使用查询条件 purchase_price = 2800(进货单价为2800日元)会得到什么样的真值呢?如果结果为真,则通过该条件表达式就可以选取出"叉子"和"圆珠笔"这两条记录。但是在之前介绍"不能对 NULL 使用比较运算符"（2-2 节）时，我们就知道结果并不是这样的，也就是说结果不为真。

那结果会为假吗？实际上结果也不是假。如果结果为假，那么对其进行否定的条件 NOT purchase_price = 2800（进货单价不是 2800 日元）的结果应该为真，也就能选取出这两条记录了（因为假的对立面为真），但实际结果却并不是这样。

既不是真也不是假，那结果到底是什么呢？其实这是 SQL 中特有的情况。这时真值是除真假之外的第三种值——不确定（UNKNOWN）。一般的逻辑运算并不存在这第三种值。SQL 之外的语言也基本上只使用真和假这两种真值。与通常的逻辑运算被称为二值逻辑相对，只有 SQL 中的逻辑运算被称为三值逻辑。

因此，表 2-4 中的真值表并不完整，完整的真值表应该像表 2-6 这样包含"不确定"这个值。

KEYWORD
● 不确定
● 二值逻辑
● 三值逻辑

表 2-6　三值逻辑中的 AND 和 OR 真值表

AND

P	Q	P AND Q
真	真	真
真	假	假
真	不确定	不确定
假	真	假
假	假	假
假	不确定	假
不确定	真	不确定
不确定	假	假
不确定	不确定	不确定

OR

P	Q	P OR Q
真	真	真
真	假	真
真	不确定	真
假	真	真
假	假	假
假	不确定	不确定
不确定	真	真
不确定	假	不确定
不确定	不确定	不确定

专　栏

Product 表中设置 NOT NULL 约束的原因

原本只有 4 行的真值表，如果要考虑 NULL 的话就会像表 2-6 那样增加为 3×3=9 行，看起来也变得更加繁琐，考虑 NULL 时的条件判断也会变得异常复杂，这与我们希望的结果大相径庭。因此，数据库领域的有识之士们达成了"尽量不使用 NULL"的共识。

这就是为什么在创建 Product 表时要给某些列设置 NOT NULL 约束（禁止录入 NULL）的缘故。

练习题

2.1 编写一条 SQL 语句，从 Product（商品）表中选取出 "登记日期（regist_date）在 2009 年 4 月 28 日之后" 的商品。查询结果要包含 product_name 和 regist_date 两列。

2.2 请说出对 Product 表执行如下 3 条 SELECT 语句时的返回结果。

```
① SELECT *
     FROM Product
    WHERE purchase_price = NULL;

② SELECT *
     FROM Product
    WHERE purchase_price <> NULL;

③ SELECT *
     FROM Product
    WHERE product_name > NULL;
```

2.3 代码清单 2-22（2-2 节）中的 SELECT 语句能够从 Product 表中取出 "销售单价（sale_price）比进货单价（purchase_price）高出 500 日元以上" 的商品。请写出两条可以得到相同结果的 SELECT 语句。执行结果如下所示。

执行结果

product_name	sale_price	purchase_price
T恤衫	1000	500
运动T恤	4000	2800
高压锅	6800	5000

2.4 请写出一条 SELECT 语句，从 Product 表中选取出满足 "销售单价打九折之后利润高于 100 日元的办公用品和厨房用具" 条件的记录。查询结果要包括 product_name 列、product_type 列以及销售单价打九折之后的利润（别名设定为 profit）。

提示：销售单价打九折，可以通过 sale_price 列的值乘以 0.9 获得，利润可以通过该值减去 purchase_price 列的值获得。

第3章 聚合与排序

SQL

本章重点

　　随着表中记录（数据行）的不断积累，存储数据逐渐增加，有时我们可能希望计算出这些数据的合计值或者平均值等。本章我们将学习使用 SQL 语句进行汇总操作的方法。此外，我们还会学习在汇总操作时指定条件，以及对汇总结果进行升序、降序的排序方法。

3-1　对表进行聚合查询
- 聚合函数
- 计算表中数据的行数
- 计算NULL之外的数据的行数
- 计算合计值
- 计算平均值
- 计算最大值和最小值
- 使用聚合函数删除重复值（关键字DISTINCT）

3-2　对表进行分组
- GROUP BY子句
- 聚合键中包含NULL的情况
- 使用WHERE子句时GROUP BY的执行结果
- 与聚合函数和GROUP BY子句有关的常见错误

3-3　为聚合结果指定条件
- HAVING子句
- HAVING子句的构成要素
- 相对于HAVING子句，更适合写在WHERE子句中的条件

3-4　对查询结果进行排序
- ORDER BY子句
- 指定升序或降序
- 指定多个排序键
- NULL的顺序
- 在排序键中使用显示用的别名
- ORDER BY子句中可以使用的列
- 不要使用列编号

第3章 聚合与排序

3-1 对表进行聚合查询

学习重点

- 使用聚合函数对表中的列进行计算合计值或者平均值等的汇总操作。
- 通常，聚合函数会对NULL以外的对象进行汇总。但是只有COUNT函数例外，使用COUNT(*)可以查出包含NULL在内的全部数据的行数。
- 使用DISTINCT关键字删除重复值。

聚合函数

KEYWORD
- 函数
- COUNT函数

通过 SQL 对数据进行某种操作或计算时需要使用函数。例如，计算表中全部数据的行数时，可以使用 COUNT 函数。该函数就是使用 COUNT（计数）来命名的。除此之外，SQL 中还有很多其他用于汇总的函数，请大家先记住以下 5 个常用的函数。

COUNT：计算表中的记录数（行数）
SUM： 计算表中数值列中数据的合计值
AVG： 计算表中数值列中数据的平均值
MAX： 求出表中任意列中数据的最大值
MIN： 求出表中任意列中数据的最小值

KEYWORD
- 聚合函数
- 聚集函数
- 聚合

如上所示，用于汇总的函数称为聚合函数或者聚集函数，本书中统称为聚合函数。所谓聚合，就是将多行汇总为一行。实际上，所有的聚合函数都是这样，输入多行输出一行。

接下来，本章将继续使用在第 1 章中创建的 Product 表（图 3-1）来学习函数的使用方法。

图3-1 Product表的内容

product_id （商品编号）	product_name （商品名称）	product_type （商品种类）	sale_price （销售单价）	purchase_price （进货单价）	regist_date （登记日期）
0001	T恤衫	衣服	1000	500	2009-09-20
0002	打孔器	办公用品	500	320	2009-09-11

该列的最小值

（续）

product_id （商品编号）	product_name （商品名称）	product_type （商品种类）	sale_price （销售单价）	purchase_price （进货单价）	regist_date （登记日期）
0003	运动T恤	衣服	4000	2800	NULL
0004	菜刀	厨房用具	3000	2800	2009-09-20
0005	高压锅	厨房用具	6800	5000	2009-01-15
0006	叉子	厨房用具	500	NULL	2009-09-20
0007	擦菜板	厨房用具	880	790	2008-04-28
0008	圆珠笔	办公用品	100	NULL	2009-11-11

该列的最大值

该列的最小值　　该列的最大值

计算表中数据的行数

首先，我们以 COUNT 函数为例让大家对函数形成一个初步印象。函数这个词，与我们在学校数学课上学到的意思是一样的，就像是输入某个值就能输出相应结果的盒子一样 **①**。

注**①**

函数中的函就是盒子的意思。

使用 COUNT 函数时，输入表的列，就能够输出数据行数。如图 3-2 所示，将表中的列放入名称为 COUNT 的盒子中，咔嗒咔嗒地进行计算，咕咚一下行数就出来了……就像自动售货机那样，很容易理解吧。

图3-2　COUNT 函数的操作演示图

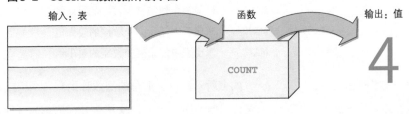

接下来让我们看一下 SQL 中的具体书写方法。COUNT 函数的语法本身非常简单，像代码清单 3-1 那样写在 SELECT 子句中就可以得到表中全部数据的行数了。

代码清单3-1　计算全部数据的行数

参数（parameter）
```
SELECT COUNT(*)
  FROM Product;
```

执行结果

```
count
-------
      8 ←返回值
```

COUNT（ ）中的星号，我们在 2-1 节中已经学过，代表全部列的意思。COUNT 函数的输入值就记述在其后的括号中。

KEYWORD

●参数（parameter）
●返回值

此处的输入值称为参数或者 parameter，输出值称为返回值。这些称谓不仅本书中会使用，在多数编程语言中使用函数时都会频繁出现，请大家牢记。

计算 NULL 之外的数据的行数

想要计算表中全部数据的行数时，可以像 SELECT COUNT(*)~ 这样使用星号。如果想得到 purchase_price 列（进货单价）中非空行数的话，可以像代码清单 3-2 那样，通过将对象列设定为参数来实现。

代码清单 3-2　计算 NULL 之外的数据行数

```
SELECT COUNT(purchase_price)
  FROM Product;
```

执行结果

```
count
-------
      6
```

此时，如图 3-1 所示，purchase_price 列中有两行数据是 NULL，因此并不应该计算这两行。对于 COUNT 函数来说，参数列不同计算的结果也会发生变化，这一点请大家特别注意。为了有助于大家理解，请看如下这个只包含 NULL 的表的极端例子。

图 3-3　只包含 NULL 的表

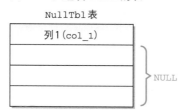

NullTbl 表

列1(col_1)

我们来看一下针对上述表，将星号（*）和列名作为参数传递给
COUNT 函数时所得到的结果（代码清单 3-3）。

代码清单3-3　将包含NULL的列作为参数时，COUNT（＊）和COUNT（<列名>）的
　　　　　　结果并不相同

```
SELECT COUNT(*), COUNT(col_1)
  FROM NullTbl;
```

执行结果

```
count | count
-------+------            count (col_1) 的结果
    3 |     0
```

count (*) 的结果

如上所示，即使对同一个表使用 COUNT 函数，输入的参数不同得到
的结果也会不同。由于将列名作为参数时会得到 NULL 之外的数据行数，
所以得到的结果是 0 行。

该特性是 COUNT 函数所特有的，其他函数并不能将星号作为参数（如
果使用星号会出错）。

法则3-1

COUNT 函数的结果根据参数的不同而不同。COUNT（＊）会得到包含 NULL 的数据
行数，而 COUNT（<列名>）会得到 NULL 之外的数据行数。

计算合计值

接下来我们学习其他 4 个聚合函数的使用方法。这些函数的语法基本
上与 COUNT 函数相同，但就像我们此前所说的那样，在这些函数中不能
使用星号作为参数。

KEYWORD

● SUM 函数

首先，我们使用计算合计值的 SUM 函数，求出销售单价的合计值（代
码清单 3-4）。

代码清单3-4　计算销售单价的合计值

```
SELECT SUM(sale_price)
  FROM Product;
```

执行结果

```
 sum
------
16780
```

得到的结果 16780 日元，是所有销售单价（sale_price 列）的合计，与下述计算式的结果相同。

```
      1000
       500
      4000
      3000
      6800
       500
       880
+      100
      16780
```

接下来，我们将销售单价和进货单价（purchase_price 列）的合计值一起计算出来（代码清单 3-5）。

代码清单 3-5　计算销售单价和进货单价的合计值

```
SELECT SUM(sale_price), SUM(purchase_price)
  FROM Product;
```

执行结果

```
 sum  |  sum
------+-------   ◄── SUM(purchase_price)的结果
16780 | 12210
```
SUM(sale_price)的结果

这次我们通过 SUM（purchase_price）将进货单价的合计值也一起计算出来了，但有一点需要大家注意。具体的计算过程如下所示。

```
       500
       320
      2800
      2800
      5000
       790
      NULL
+     NULL
      12210
```

大家都已经注意到了吧，与销售单价不同，进货单价中有两条不明数据 NULL。对于 SUM 函数来说，即使包含 NULL，也可以计算出合计值。还记得前一章内容的读者可能会产生如下疑问。

"四则运算中如果存在 NULL，结果一定是 NULL，那此时进货单价的合计值会不会也是 NULL 呢？"

有这样疑问的读者思维很敏锐，但实际上这两者并不矛盾。从结果上说，所有的聚合函数，如果以列名为参数，那么在计算之前就已经把 NULL 排除在外了。因此，无论有多少个 NULL 都会被无视。这与"等价为 0"并不相同 ❶。

因此，上述进货单价的计算表达式，实际上应该如下所示。

注❶

虽然使用SUM函数时，"将 NULL除外"和"等同于0"的结果相同，但使用AVG函数时，这两种情况的结果就完全不同了。接下来我们会详细介绍在AVG函数中使用包含NULL的列作为参数的例子。

```
      500
      320
     2800
     2800
     5000
 +    790        ←── NULL并不在计算式之中
    12210
```

法则 3-2

聚合函数会将NULL排除在外。但COUNT(*)例外，并不会排除NULL。

计算平均值

接下来，我们练习一下计算多行数据的平均值。为此，我们需要使用 AVG 函数，其语法和 SUM 函数完全相同（代码清单 3-6）。

KEYWORD

● AVG 函数

代码清单3-6　计算销售单价的平均值

```
SELECT AVG(sale_price)
  FROM Product;
```

执行结果

```
          avg
---------------------
2097.5000000000000000
```

平均值的计算式如下所示。

$$\frac{1000+500+4000+3000+6800+500+880+100}{8}$$

（值的合计）/（值的个数）就是平均值的计算公式了。下面我们也像使用 SUM 函数那样，计算一下包含 NULL 的进货单价的平均值（代码清单 3-7）。

代码清单3-7 计算销售单价和进货单价的平均值

```
SELECT AVG(sale_price), AVG(purchase_price)
  FROM Product;
```

执行结果

```
        avg          |         avg
---------------------+---------------------
2097.5000000000000000| 2035.0000000000000000
```

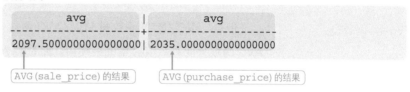

`AVG(sale_price)`的结果　　`AVG(purchase_price)`的结果

计算进货单价平均值的情况与 SUM 函数相同，会事先删除 NULL 再进行计算，因此计算式如下所示。

$$\frac{500+320+2800+2800+5000+790}{6}=2035$$

需要注意的是分母是 6 而不是 8，减少的两个也就是那两条 NULL 的数据。

但是有时也想将 NULL 作为 0 进行计算，具体的实现方式请参考第 6 章。

$$\frac{500+320+2800+2800+5000+790\boxed{+0+0}}{8}=1526.25$$

将NULL改变为0

计算最大值和最小值

KEYWORD
● MAX 函数
● MIN 函数

想要计算出多条记录中的最大值或最小值，可以分别使用 MAX 和 MIN 函数，它们是英语 maximum（最大值）和 minimum（最小值）的缩写，很容易记住。

这两个函数的语法与 SUM 的语法相同，使用时需要将列作为参数（代码清单 3-8）。

代码清单3-8　计算销售单价的最大值和进货单价的最小值

```
SELECT MAX(sale_price), MIN(purchase_price)
  FROM Product;
```

执行结果

```
 max  | min
------+----
 6800 | 320
```

如图 3-1 所示，我们取得了相应的最大值和最小值。

但是，MAX/MIN 函数和 SUM/AVG 函数有一点不同，那就是 SUM/AVG 函数只能对数值类型的列使用，而 MAX/MIN 函数原则上可以适用于任何数据类型的列。例如，对图 3-1 中日期类型的列 regist_date 使用 MAX/MIN 函数进行计算的结果如下所示（代码清单 3-9）。

代码清单3-9　计算登记日期的最大值和最小值

```
SELECT MAX(regist_date), MIN(regist_date)
  FROM Product;
```

执行结果

```
    max     |    min
------------+-----------
 2009-11-11 | 2008-04-28
```

MAX(regist_date)的结果　　MIN(regist_date)的结果

刚刚我们说过 MAX/MIN 函数适用于任何数据类型的列，也就是说，只要是能够排序的数据，就肯定有最大值和最小值，也就能够使用这两个函数。对日期来说，平均值和合计值并没有什么实际意义，因此不能使用 SUM/AVG 函数。这点对于字符串类型的数据也适用，字符串类型的数据能够使用 MAX/MIN 函数，但不能使用 SUM/AVG 函数。

 法则3-3

MAX/MIN函数几乎适用于所有数据类型的列。SUM/AVG函数只适用于数值类型的列。

使用聚合函数删除重复值（关键字DISTINCT）

接下来我们考虑一下下面这种情况。

在图 3-1 中我们可以看到，商品种类（product_type 列）和销售单价（sale_price 列）的数据中，存在多行数据相同的情况。

例如，拿商品种类来说，表中总共有 3 种商品共 8 行数据，其中衣服 2 行，办公用品 2 行，厨房用具 4 行。如果想要计算出商品种类的个数，怎么做比较好呢？删除重复数据然后再计算数据行数似乎是个不错的办法。实际上，在使用 COUNT 函数时，将 2-1 节中介绍过的 DISTINCT 关键字作为参数，就能得到我们想要的结果了（代码清单 3-10）。

KEYWORD

● DISTINCT 关键字

代码清单3-10　计算去除重复数据后的数据行数

```
SELECT COUNT(DISTINCT product_type)
  FROM Product;
```

执行结果

```
 count
-------
     3
```

请注意，这时 DISTINCT 必须写在括号中。这是因为必须要在计算行数之前删除 product_type 列中的重复数据。如果像代码清单 3-11 那样写在括号外的话，就会先计算出数据行数，然后再删除重复数据，结果就得到了 product_type 列的所有行数（也就是 8）。

代码清单3-11　先计算数据行数再删除重复数据的结果

```
SELECT DISTINCT COUNT(product_type)
  FROM Product;
```

执行结果

```
 count
-------
     8
```

 法则3-4

想要计算值的种类时，可以在COUNT函数的参数中使用DISTINCT。

不仅限于 COUNT 函数，所有的聚合函数都可以使用 DISTINCT。下面我们来看一下使用 DISTINCT 和不使用 DISTINCT 时 SUM 函数的执行结果（代码清单 3-12）。

代码清单3-12　使不使用DISTINCT时的动作差异（SUM函数）

```
SELECT SUM(sale_price), SUM(DISTINCT sale_price)
  FROM Product;
```

执行结果

左侧是未使用 DISTINCT 时的合计值，和我们之前计算的结果相同，都是 16780 日元。右侧是使用 DISTINCT 后的合计值，比之前的结果少了 500 日元。这是因为表中销售单价为 500 日元的商品有两种——"打孔器"和"叉子"，在删除重复数据之后，计算对象就只剩下一条记录了。

 法则3-5

在聚合函数的参数中使用DISTINCT，可以删除重复数据。

第3章 聚合与排序

3-2 对表进行分组

- 使用GROUP BY子句可以像切蛋糕那样将表分割。通过使用聚合函数和GROUP BY子句，可以根据"商品种类"或者"登记日期"等将表分割后再进行汇总。
- 聚合键中包含NULL时，在结果中会以"不确定"行（空行）的形式表现出来。
- 使用聚合函数和GROUP BY子句时需要注意以下4点。
  ① 只能写在SELECT子句之中
  ② GROUP BY子句中不能使用SELECT子句中列的别名
  ③ GROUP BY子句的聚合结果是无序的
  ④ WHERE子句中不能使用聚合函数

GROUP BY子句

目前为止，我们看到的聚合函数的使用方法，无论是否包含NULL，无论是否删除重复数据，都是针对表中的所有数据进行的汇总处理。下面，我们先把表分成几组，然后再进行汇总处理。也就是按照"商品种类""登记日期"等进行汇总。

这里我们将要第一次接触到 GROUP BY 子句，其语法结构如下所示。

KEYWORD

● GROUP BY子句

语法3-1 使用GROUP BY子句进行汇总

```
SELECT <列名1>, <列名2>, <列名3>, ……
  FROM <表名>
 GROUP BY <列名1>, <列名2>, <列名3>, ……;
```

下面我们就按照商品种类来统计一下数据行数（＝商品数量）（代码清单 3-13）。

代码清单3-13 按照商品种类统计数据行数

```
SELECT product_type, COUNT(*)
  FROM Product
 GROUP BY product_type;
```

执行结果

```
product_type |count
-------------+------
衣服          |    2
办公用品       |    2
厨房用具       |    4
```

　　如上所示，未使用 GROUP BY 子句时，结果只有 1 行，而这次的结果却是多行。这是因为不使用 GROUP BY 子句时，是将表中的所有数据作为一组来对待的。而使用 GROUP BY 子句时，会将表中的数据分为多个组进行处理。如图 3-4 所示，GROUP BY 子句对表进行了切分。

图3-4 按照商品种类对表进行切分

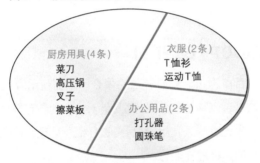

KEYWORD
●聚合键
●分组列

　　这样，GROUP BY 子句就像切蛋糕那样将表进行了分组。在 GROUP BY 子句中指定的列称为聚合键或者分组列。由于能够决定表的切分方式，所以是非常重要的列。当然，GROUP BY 子句也和 SELECT 子句一样，可以通过逗号分隔指定多列。

　　如果用画线的方式来切分表中数据的话，就会得到图 3-5 那样以商品种类为界线的三组数据。然后再计算每种商品的数据行数，就能得到相应的结果了。

图3-5 按照商品种类对表进行切分

product_type （商品种类）	product_name （商品名称）	product_id （商品编号）	sale_price （销售单价）	purchase_price （进货单价）	regist_date （登记日期）
衣服	T恤衫	0001	1000	500	2009-09-20
	运动T恤	0003	4000	2800	
办公用品	打孔器	0002	500	320	2009-09-11
	圆珠笔	0008	100		2009-11-11
厨房用具	菜刀	0004	3000	2800	2009-09-20
	高压锅	0005	6800	5000	2009-01-15
	叉子	0006	500		2009-09-20
	擦菜板	0007	880	790	2008-04-28

 法则3-6

GROUP BY就像是切分表的一把刀。

此外，GROUP BY 子句的书写位置也有严格要求，一定要写在 FROM 语句之后（如果有 WHERE 子句的话需要写在 WHERE 子句之后）。如果无视子句的书写顺序，SQL 就一定会无法正常执行而出错。目前 SQL 的子句还没有全部登场，已经出现的各子句的暂定顺序如下所示。

▶子句的书写顺序（暂定）

1. SELECT → 2. FROM → 3. WHERE → 4. GROUP BY

 法则3-7

SQL子句的顺序不能改变，也不能互相替换。

聚合键中包含NULL的情况

接下来我们将进货单价（purchase_price）作为聚合键对表进行切分。在 GROUP BY 子句中指定进货单价的结果请参见代码清单 3-14。

代码清单3-14 按照进货单价统计数据行数

```
SELECT purchase_price, COUNT(*)
  FROM Product
 GROUP BY purchase_price;
```

上述 SELECT 语句的结果如下所示。

执行结果

```
purchase_price | count
---------------+-------
               |     2      聚合键为NULL的结果
           320 |     1
           500 |     1
          5000 |     1
          2800 |     2
           790 |     1
```

像 790 日元或者 500 日元这样进货单价很清楚的数据行不会有什么问题，结果与之前的情况相同。问题是结果中的第一行，也就是进货单价为 NULL 的组。从结果我们可以看出，当聚合键中包含 NULL 时，也会将 NULL 作为一组特定的数据，如图 3-6 所示。

图3-6　按照进货单价对表进行切分

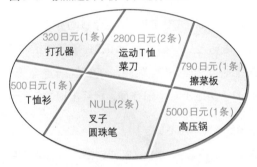

这里的 NULL，大家可以理解为"不确定"。

　法则3-8

聚合键中包含 NULL 时，在结果中会以"不确定"行（空行）的形式表现出来。

使用WHERE子句时GROUP BY的执行结果

在使用了 GROUP BY 子句的 SELECT 语句中，也可以正常使用 WHERE 子句。子句的排列顺序如前所述，语法结果如下所示。

语法 3-2　使用 WHERE 子句和 GROUP BY 子句进行汇总处理

```
SELECT <列名1>, <列名2>, <列名3>, ……
  FROM <表名>
 WHERE
 GROUP BY <列名1>, <列名2>, <列名3>, ……;
```

　　像这样使用 WHERE 子句进行汇总处理时，会先根据 WHERE 子句指定的条件进行过滤，然后再进行汇总处理。请看代码清单 3-15。

代码清单 3-15　同时使用 WHERE 子句和 GROUP BY 子句

```
SELECT purchase_price, COUNT(*)
  FROM Product
 WHERE product_type = '衣服'
 GROUP BY purchase_price;
```

　　因为上述 SELECT 语句首先使用了 WHERE 子句对记录进行过滤，所以实际上作为聚合对象的记录只有 2 行，如表 3-1 所示。

表 3-1　WHERE 子句过滤的结果

product_type（商品种类）	product_name（商品名称）	product_id（商品编号）	sale_price（销售单价）	purchase_price（进货单价）	regist_date（登记日期）
衣服	T恤衫	0001	1000	500	2009-09-20
衣服	运动T恤	0003	4000	2800	

　　使用进货单价对这 2 条记录进行分组，就得到了如下的执行结果。

执行结果

```
purchase_price |count
---------------+------
          500 |    1
         2800 |    1
```

　　GROUP BY 和 WHERE 并用时，SELECT 语句的执行顺序如下所示。

▶ GROUP BY 和 WHERE 并用时 SELECT 语句的执行顺序

FROM → WHERE → GROUP BY → SELECT

　　这与之前语法 3-2 中的说明顺序有些不同，这是由于在 SQL 语句中，书写顺序和 DBMS 内部的执行顺序并不相同。这也是 SQL 难以理解的原因之一。

与聚合函数和GROUP BY子句有关的常见错误

截至目前，我们已经学习了聚合函数和 GROUP BY 子句的基本使用方法。虽然由于使用方便而经常被使用，但是书写 SQL 时却很容易出错，希望大家特别小心。

■常见错误① ——在SELECT子句中书写了多余的列

在使用 COUNT 这样的聚合函数时，SELECT 子句中的元素有严格的限制。实际上，使用聚合函数时，SELECT 子句中只能存在以下三种元素。

- 常数
- 聚合函数
- GROUP BY子句中指定的列名（也就是聚合键）

第 1 章中我们介绍过，常数就是像数字 123，或者字符串 '测试' 这样写在 SQL 语句中的固定值，将常数直接写在 SELECT 子句中没有任何问题。此外还可以书写聚合函数或者聚合键，这些在之前的示例代码中都已经出现过了。

这里经常会出现的错误就是把聚合键之外的列名书写在 SELECT 子句之中。例如代码清单 3-16 中的 SELECT 语句就会发生错误，无法正常执行。

代码清单3-16　在SELECT子句中书写聚合键之外的列名会发生错误

```
SELECT product_name, purchase_price, COUNT(*)
  FROM Product
 GROUP BY purchase_price;
```

执行结果（使用PostgreSQL的情况）

```
ERROR：列"product,product_name"必须包含在GROUP BY子句之中，或者必须在聚合 ➡
函数内使用
行 1: SELECT product_name, purchase_price, COUNT(*)
```

➡表示下一行接续本行，只是由于版面所限而换行。

列名 product_name 并没有包含在 GROUP BY 子句当中。因此，该列名也不能书写在 SELECT 子句之中 ❶。

注❶

不过，只有MySQL认同这种语法，所以能够执行，不会发生错误（在多列候补中只要有一列满足要求就可以了）。但是MySQL以外的DBMS都不支持这样的语法，因此请不要使用这样的写法。

不支持这种语法的原因，大家仔细想一想应该就明白了。通过某个聚合键将表分组之后，结果中的一行数据就代表一组。例如，使用进货单价将表进行分组之后，一行就代表了一个进货单价。问题就出在这里，聚合键和商品名并不一定是一对一的。

例如，进货单价是 2800 日元的商品有"运动 T 恤"和"菜刀"两种，但是 2800 日元这一行应该对应哪个商品名呢（图 3-7）？如果规定了哪种商品优先表示的话则另当别论，但其实并没有这样的规则。

图3-7 聚合键和商品名不是一对一的情况

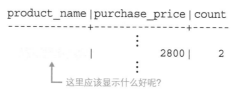

像这样与聚合键相对应的、同时存在多个值的列出现在 SELECT 子句中的情况，理论上是不可能的。

> **法则3-9**
>
> 使用 GROUP BY 子句时，SELECT 子句中不能出现聚合键之外的列名。

■常见错误② ——在 GROUP BY 子句中写了列的别名

这也是一个非常常见的错误。在 2-2 节中我们学过，SELECT 子句中的项目可以通过 AS 关键字来指定别名。但是，在 GROUP BY 子句中是不能使用别名的。代码清单 3-17 中的 SELECT 语句会发生错误 ❶。

代码清单3-17 GROUP BY 子句中使用列的别名会引发错误

```
SELECT product_type AS pt, COUNT(*)
  FROM Product
 GROUP BY pt;
```

在 GROUP BY 子句中使用在 SELECT 子句中定义的别名

上述语句发生错误的原因之前已经介绍过了，是 SQL 语句在 DBMS 内部的执行顺序造成的——SELECT 子句在 GROUP BY 子句之后执行。在执行 GROUP BY 子句时，SELECT 子句中定义的别名，DBMS 还并不知道。

使用本书提供的 PostgreSQL 执行上述 SQL 语句并不会发生错误，而

注❶

需要注意的是，虽然这样的写法在 PostgreSQL 和 MySQL 都不会发生执行错误，但是这并不是通常的使用方法

会得到如下结果。但是这样的写法在其他 DBMS 中并不是通用的，因此
请大家不要使用。

执行结果（使用 PostgreSQL 的情况）

```
    pt      | count
------------+------
衣服        |   2
办公用品    |   2
厨房用具    |   4
```

法则 3-10

在 GROUP BY 子句中不能使用 SELECT 子句中定义的别名。

■常见错误③——GROUP BY 子句的结果能排序吗

GROUP BY 子句的结果通常都包含多行，有时可能还会是成百上千
行。那么，这些结果究竟是按照什么顺序排列的呢？

答案是："随机的。"

我们完全不知道结果记录是按照什么规则进行排序的。可能乍一看是
按照行数的降序或者聚合键的升序进行排列的，但其实这些全都是偶然的。
当你再次执行同样的 SELECT 语句时，得到的结果可能会按照完全不同
的顺序进行排列。

KEYWORD
●排序

通常 SELECT 语句的执行结果的显示顺序都是随机的，因此想要按
照某种特定顺序进行排序的话，需要在 SELECT 语句中进行指定。具体
的方法将在本章第 4 节中学习。

法则 3-11

GROUP BY 子句结果的显示是无序的。

■常见错误④——在 WHERE 子句中使用聚合函数

最后要介绍的是初学者非常容易犯的一个错误。我们还是先来看一下
之前提到的按照商品种类（product_type 列）对表进行分组，计算
每种商品数据行数的例子吧。SELECT 语句如代码清单 3-18 所示。

代码清单3-18 按照商品种类统计数据行数

```
SELECT product_type, COUNT(*)
  FROM Product
 GROUP BY product_type;
```

执行结果

product_type	count
衣服	2
办公用品	2
厨房用具	4

如果我们想要取出恰好包含 2 行数据的组该怎么办呢？满足要求的是"办公用品"和"衣服"。

想要指定选择条件时就要用到 WHERE 子句，初学者通常会想到使用代码清单 3-19 中的 SELECT 语句吧。

代码清单3-19 在WHERE子句中使用聚合函数会引发错误

```
SELECT product_type, COUNT(*)
  FROM Product
 WHERE COUNT(*) = 2
 GROUP BY product_type;
```

遗憾的是，这样的 SELECT 语句在执行时会发生错误。

执行结果 (使用PostgreSQL的情况)

```
ERROR:  不能在WHERE子句中使用聚合
行 3:  WHERE COUNT(*) = 2
              ^
```

实际上，只有 SELECT 子句和 HAVING 子句（以及之后将要学到的 ORDER BY 子句）中能够使用 COUNT 等聚合函数。并且，HAVING 子句可以非常方便地实现上述要求。下一节我们将会学习 HAVING 子句。

 **法则3-12**

只有SELECT子句和HAVING子句（以及ORDER BY子句）中能够使用聚合函数。

专　栏

DISTINCT 和 GROUP BY

　　细心的读者可能会发现，3-1 节中介绍的 DISTINCT 和 3-2 节介绍的 GROUP BY 子句，都能够删除后续列中的重复数据。例如，代码清单 3-A 中的 2 条 SELECT 语句会返回相同的结果。

代码清单3-A　DISTINCT 和 GROUP BY 能够实现相同的功能

```
SELECT DISTINCT product_type
  FROM Product;

SELECT product_type
  FROM Product
 GROUP BY product_type;
```

执行结果

```
product_type
--------------
衣服
办公用品
厨房用具
```

　　除此之外，它们还都会把 NULL 作为一个独立的结果返回，对多列使用时也会得到完全相同的结果。其实不仅处理结果相同，执行速度也基本上差不多 [1]，那么到底应该使用哪一个呢？

　　但其实这个问题本身就是本末倒置的，我们应该考虑的是该 SELECT 语句是否满足需求。选择的标准其实非常简单，在 "想要删除选择结果中的重复记录" 时使用 DISTINCT，在 "想要计算汇总结果" 时使用 GROUP BY。

　　不使用 COUNT 等聚合函数，而只使用 GROUP BY 子句的 SELECT 语句，会让人觉得非常奇怪，使人产生 "到底为什么要对表进行分组呢？这样做有必要吗？" 等疑问。

　　SQL 语句的语法与英语十分相似，理解起来非常容易，如果大家浪费了这一优势，编写出一些难以理解的 SQL 语句，那就太可惜了。

3-3 为聚合结果指定条件

学习重点

- 使用COUNT函数等对表中数据进行汇总操作时，为其指定条件的不是WHERE子句，而是HAVING子句。
- 聚合函数可以在SELECT子句、HAVING子句和ORDER BY子句中使用。
- HAVING子句要写在GROUP BY子句之后。
- WHERE子句用来指定数据行的条件，HAVING子句用来指定分组的条件。

HAVING子句

使用前一节学过的 GROUP BY 子句，可以得到将表分组后的结果。在此，我们来思考一下通过指定条件来选取特定组的方法。例如，如何才能取出"聚合结果正好为 2 行的组"呢（图 3-8）？

图3-8 取出符合指定条件的组

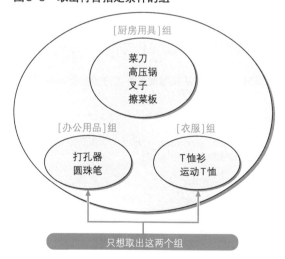

说到指定条件，估计大家都会首先想到 WHERE 子句。但是，WHERE 子句只能指定记录（行）的条件，而不能用来指定组的条件（例如，"数据行数为 2 行"或者"平均值为 500"等）。

KEYWORD

● HAVING 子句

注 ❶

HAVING是HAVE（拥有）的现在分
词，并不是通常使用的英语单词。

因此，对集合指定条件就需要使用其他的子句了，此时便可以用
HAVING 子句 ❶。

HAVING 子句的语法如下所示。

语法3-3　HAVING子句

```
SELECT <列名1>, <列名2>, <列名3>, ……
  FROM <表名>
 GROUP BY <列名1>, <列名2>, <列名3>, ……
HAVING <分组结果对应的条件>
```

HAVING 子句必须写在 GROUP BY 子句之后，其在 DBMS 内部的
执行顺序也排在 GROUP BY 子句之后。

▶使用 HAVING 子句时 SELECT 语句的顺序

SELECT → FROM → WHERE → GROUP BY → HAVING

 法则3-13

HAVING子句要写在GROUP BY子句之后。

接下来就让我们练习一下 HAVING 子句吧。例如，针对按照商品种
类进行分组后的结果，指定"包含的数据行数为 2 行"这一条件的
SELECT 语句，请参见代码清单 3-20。

**代码清单3-20　从按照商品种类进行分组后的结果中, 取出"包含的数据行数为2
行"的组**

```
SELECT product_type, COUNT(*)
  FROM Product
 GROUP BY product_type
HAVING COUNT(*) = 2;
```

执行结果

```
product_type |count
-------------+------
衣服         |   2
办公用品     |   2
```

我们可以看到执行结果中并没有包含数据行数为 4 行的"厨房用具"。
未使用 HAVING 子句时的执行结果中包含"厨房用具"，但是通过设置

HAVING 子句的条件，就可以选取出只包含 2 行数据的组了（代码清单 3-21）。

代码清单3-21　不使用HAVING子句的情况

```
SELECT product_type, COUNT(*)
  FROM Product
 GROUP BY product_type;
```

执行结果

```
product_type |count
-------------+------
衣服          |    2
办公用品      |    2
厨房用具      |    4  ← 行数不是2的组也显示出来了
```

　　下面我们再来看一个使用 HAVING 子句的例子。这次我们还是按照商品种类对表进行分组，但是条件变成了"销售单价的平均值大于等于 2500 日元"。

　　首先来看一下不使用 HAVING 子句的情况，请参见代码清单 3-22。

代码清单3-22　不使用HAVING子句的情况

```
SELECT product_type, AVG(sale_price)
  FROM Product
 GROUP BY product_type;
```

执行结果

```
product_type |          avg
-------------+----------------------
衣服          | 2500.0000000000000000
办公用品      |  300.0000000000000000
厨房用具      | 2795.0000000000000000
```

　　按照商品种类进行切分的 3 组数据都显示出来了。下面我们使用 HAVING 子句来设定条件，请参见代码清单 3-23。

代码清单3-23　使用HAVING子句设定条件的情况

```
SELECT product_type, AVG(sale_price)
  FROM Product
 GROUP BY product_type
HAVING AVG(sale_price) >= 2500;
```

执行结果

```
product_type |               avg
-------------+---------------------
衣服             |2500.0000000000000000
厨房用具          |2795.0000000000000000
```

销售单价的平均值为 300 日元的"办公用品"在结果中消失了。

HAVING子句的构成要素

HAVING 子句和包含 GROUP BY 子句时的 SELECT 子句一样，能够使用的要素有一定的限制，限制内容也是完全相同的。HAVING 子句中能够使用的 3 种要素如下所示。

- 常数
- 聚合函数
- GROUP BY子句中指定的列名（即聚合键）

代码清单 3-20 中的例文指定了 HAVING COUNT(*) = 2 这样的条件，其中 COUNT(*) 是聚合函数，2 是常数，全都满足上述要求。反之，如果写成了下面这个样子就会发生错误（代码清单 3-24）。

代码清单3-24　HAVING子句的不正确使用方法

```
SELECT product_type, COUNT(*)
  FROM Product
 GROUP BY product_type
HAVING product_name = '圆珠笔';
```

执行结果

```
ERROR:  列"product,product_name"必须包含在GROUP BY子句当中，或者必须在 ➡
聚合函数中使用
行 4: HAVING product_name = '圆珠笔';
```

➡表示下一行接续本行，只是由于版面所限而换行。

product_name 列并不包含在 GROUP BY 子句之中，因此不允许写在 HAVING 子句里。在思考 HAVING 子句的使用方法时，把一次汇总后的结果（类似表 3-2 的表）作为 HAVING 子句起始点的话更容易理解。

表3-2 按照商品种类分组后的结果

product_type	COUNT(*)
厨房用具	4
衣服	2
办公用品	2

可以把这种情况想象为使用 GROUP BY 子句时的 SELECT 子句。汇总之后得到的表中并不存在 product_name 这个列，SQL 当然无法为表中不存在的列设定条件了。

相对于HAVING子句，更适合写在WHERE子句中的条件

也许有的读者已经发现了，有些条件既可以写在 HAVING 子句当中，又可以写在 WHERE 子句当中。这些条件就是聚合键所对应的条件。原表中作为聚合键的列也可以在 HAVING 子句中使用。因此，代码清单 3-25 中的 SELECT 语句也是正确的。

代码清单3-25 将条件书写在**HAVING**子句中的情况

```
SELECT product_type, COUNT(*)
  FROM Product
 GROUP BY product_type
HAVING product_type = '衣服';
```

执行结果

```
product_type |count
-------------+------
衣服          |    2
```

上述 SELECT 语句的返回结果与代码清单 3-26 中 SELECT 语句的返回结果是相同的。

代码清单3-26 将条件书写在**WHERE**子句中的情况

```
SELECT product_type, COUNT(*)
  FROM Product
 WHERE product_type = '衣服'
 GROUP BY product_type;
```

执行结果

```
product_type |count
-------------+------
衣服          |    2
```

　　虽然条件分别写在 WHERE 子句和 HAVING 子句当中，但是条件的内容以及返回的结果都完全相同。因此，大家可能会觉得两种书写方式都没问题。

　　如果仅从结果来看的话，确实如此。但笔者却认为，聚合键所对应的条件还是应该书写在 WHERE 子句之中。

　　理由有两个。

　　首先，根本原因是 WHERE 子句和 HAVING 子句的作用不同。如前所述，HAVING 子句是用来指定"组"的条件的。因此，"行"所对应的条件还是应该写在 WHERE 子句当中。这样一来，书写出的 SELECT 语句不但可以分清两者各自的功能，理解起来也更加容易。

WHERE 子句 = 指定行所对应的条件

HAVING 子句 = 指定组所对应的条件

　　其次，对初学者来说，研究 DBMS 的内部实现这一话题有些深奥，这里就不做介绍了，感兴趣的读者可以参考随后的专栏——WHERE 子句和 HAVING 子句的执行速度。

 法则3-14

聚合键所对应的条件不应该书写在 HAVING 子句当中，而应该书写在 WHERE 子句当中。

注❶

虽然Oracle等数据库会使用散列（hash）处理来代替排序，但那同样也是加重机器负担的处理。

KEYWORD

● 索引（index）

专　栏

WHERE子句和HAVING子句的执行速度

　　在 WHERE 子句和 HAVING 子句中都可以使用的条件，最好写在 WHERE 子句中的另一个理由与性能即执行速度有关系。由于性能不在本书介绍的范围之内，因此暂不进行说明。通常情况下，为了得到相同的结果，将条件写在 WHERE 子句中要比写在 HAVING 子句中的处理速度更快，返回结果所需的时间更短。

　　为了理解其中原因，就要从 DBMS 的内部运行机制来考虑。使用 COUNT 函数等对表中的数据进行聚合操作时，DBMS 内部就会进行排序处理。排序处理是会大大增加机器负担的高负荷的处理 ❶。因此，只有尽可能减少排序的行数，才能提高处理速度。

　　通过 WHERE 子句指定条件时，由于排序之前就对数据进行了过滤，因此能够减少排序的数据量。但 HAVING 子句是在排序之后才对数据进行分组的，因此与在 WHERE 子句中指定条件比起来，需要排序的数据量就会多得多。虽然 DBMS 的内部处理不尽相同，但是对于排序处理来说，基本上都是一样的。

　　此外，WHERE 子句更具速度优势的另一个理由是，可以对 WHERE 子句指定条件所对应的列创建索引，这样也可以大幅提高处理速度。创建索引是一种非常普遍的提高 DBMS 性能的方法，效果也十分明显，这对 WHERE 子句来说也十分有利。

3-4 对查询结果进行排序

学习重点

- 使用ORDER BY子句对查询结果进行排序。
- 在ORDER BY子句中列名的后面使用关键字ASC可以进行升序排序,使用DESC关键字可以进行降序排序。
- ORDER BY子句中可以指定多个排序键。
- 排序健中包含NULL时,会在开头或末尾进行汇总。
- ORDER BY子句中可以使用SELECT子句中定义的列的别名。
- ORDER BY子句中可以使用SELECT子句中未出现的列或者聚合函数。
- ORDER BY子句中不能使用列的编号。

ORDER BY子句

截至目前,我们使用了各种各样的条件对表中的数据进行查询。本节让我们再来回顾一下简单的 SELECT 语句(代码清单 3-27)。

代码清单3-27 显示商品编号、商品名称、销售单价和进货单价的SELECT语句

```sql
SELECT product_id, product_name, sale_price, purchase_price
  FROM Product;
```

执行结果

```
product_id| product_name | sale_price | purchase_price
----------+--------------+------------+---------------
0001      |T恤衫         |       1000 |            500
0002      |打孔器        |        500 |            320
0003      |运动T恤       |       4000 |           2800
0004      |菜刀          |       3000 |           2800
0005      |高压锅        |       6800 |           5000
0006      |叉子          |        500 |
0007      |擦菜板        |        880 |            790
0008      |圆珠笔        |        100 |
```

对于上述结果,在此无需特别说明,本节要为大家介绍的不是查询结果,而是查询结果的排列顺序。

那么,结果中的 8 行记录到底是按照什么顺序排列的呢?乍一看,貌似是按照商品编号从小到大的顺序(升序)排列的。其实,排列顺序是随

KEYWORD

●升序

机的，这只是个偶然。因此，再次执行同一条 SELECT 语句时，顺序可能大为不同。

　　通常，从表中抽取数据时，如果没有特别指定顺序，最终排列顺序便无从得知。即使是同一条 SELECT 语句，每次执行时排列顺序很可能发生改变。

　　但是不进行排序，很可能出现结果混乱的情况。这时，便需要通过在 SELECT 语句末尾添加 ORDER BY 子句来明确指定排列顺序。

KEYWORD
● ORDER BY子句

　　ORDER BY 子句的语法如下所示。

语法3-4　ORDER BY子句

```
SELECT <列名1>, <列名2>, <列名3>, ……
  FROM <表名>
 ORDER BY <排序基准列1>, <排序基准列2>, ……
```

　　例如，按照销售单价由低到高，也就是升序排列时，请参见代码清单 3-28。

代码清单3-28　按照销售单价由低到高（升序）进行排列

```
SELECT product_id, product_name, sale_price, purchase_price
  FROM Product
ORDER BY sale_price;
```

执行结果

product_id	product_name	sale_price	purchase_price
0008	圆珠笔	100	
0006	叉子	500	
0002	打孔器	500	320
0007	擦菜板	880	790
0001	T恤衫	1000	500
0004	菜刀	3000	2800
0003	运动T恤	4000	2800
0005	高压锅	6800	5000

销售单价的升序

　　不论何种情况，ORDER BY 子句都需要写在 SELECT 语句的末尾。这是因为对数据行进行排序的操作必须在结果即将返回时执行。ORDER BY 子句中书写的列名称为排序键。该子句与其他子句的顺序关系如下所示。

KEYWORD
● 排序键

▶子句的书写顺序

1. SELECT 子句 → 2. FROM 子句 → 3. WHERE 子句 → 4. GROUP BY 子句 →

5. HAVING 子句 → 6. ORDER BY 子句

法则3-15

ORDER BY子句通常写在SELECT语句的末尾。

不想指定数据行的排列顺序时，SELECT 语句中不写 ORDER BY 子句也没关系。

指定升序或降序

与上述示例相反，想要按照销售单价由高到低，也就是降序排列时，可以参见代码清单 3-29，在列名后面使用 DESC 关键字。

代码清单3-29　按照销售单价由高到低（降序）进行排列

```
SELECT product_id, product_name, sale_price, purchase_price
  FROM Product
ORDER BY sale_price DESC;
```

执行结果

```
product_id | product_name | sale_price | purchase_price
-----------+--------------+------------+---------------
0005       | 高压锅       |       6800 |           5000
0003       | 运动T恤      |       4000 |           2800
0004       | 菜刀         |       3000 |           2800
0001       | T恤衫        |       1000 |            500
0007       | 擦菜板       |        880 |            790
0002       | 打孔器       |        500 |            320
0006       | 叉子         |        500 |
0008       | 圆珠笔       |        100 |
```

如上所示，这次销售单价最高（6800 日元）的高压锅排在了第一位。其实，使用升序进行排列时，正式的书写方式应该是使用关键字 ASC，但是省略该关键字时会默认使用升序进行排序。这可能是因为实际应用中按照升序排序的情况更多吧。ASC 和 DESC 是 ascendent（上升的）和 descendent（下降的）这两个单词的缩写。

 法则3-16

未指定ORDER BY子句中排列顺序时会默认使用升序进行排列。

　　由于 ASC 和 DESC 这两个关键字是以列为单位指定的，因此可以同时指定一个列为升序，指定其他列为降序。

指定多个排序键

　　本节开头曾提到过对销售单价进行升序排列的 SELECT 语句（代码清单 3-28）的执行结果，我们再来回顾一下。可以发现销售单价为 500 日元的商品有 2 件。相同价格的商品的顺序并没有特别指定，或者可以说是随机排列的。

　　如果想要对该顺序的商品进行更细致的排序的话，就需要再添加一个排序键。在此，我们以添加商品编号的升序为例，请参见代码清单 3-30。

代码清单 3-30　按照销售单价和商品编号的升序进行排序

```
SELECT product_id, product_name, sale_price, purchase_price
  FROM Product
ORDER BY sale_price, product_id;
```

执行结果

```
product_id| product_name | sale_price | purchase_price
----------+--------------+------------+---------------
0008      | 圆珠笔       |        100 |
0002      | 打孔器       |        500 |            320
0006      | 叉子         |        500 |
0007      | 擦菜板       |        880 |            790
0001      | T恤衫        |       1000 |            500
0004      | 菜刀         |       3000 |           2800
0003      | 运动T恤      |       4000 |           2800
0005      | 高压锅       |       6800 |           5000
```

价格相同时按照商品编号的升序排列

　　这样一来，就可以在 ORDER BY 子句中同时指定多个排序键了。规则是优先使用左侧的键，如果该列存在相同值的话，再接着参考右侧的键。当然，也可以同时使用 3 个以上的排序键。

NULL 的顺序

　　在此前的示例中，我们已经使用过销售单价（sale_price 列）作为排序键了，这次让我们尝试使用进货单价（purchase_price 列）

作为排序键吧。此时，问题来了，圆珠笔和叉子对应的值是 NULL，究竟 NULL 会按照什么顺序进行排列呢？NULL 是大于 100 还是小于 100 呢？或者说 5000 和 NULL 哪个更大呢？

请大家回忆一下我们在第 2 章中学过的内容（2-2 节）。没错，不能对 NULL 使用比较运算符，也就是说，不能对 NULL 和数字进行排序，也不能与字符串和日期比较大小。因此，使用含有 NULL 的列作为排序键时，NULL 会在结果的开头或末尾汇总显示（代码清单 3-31）。

代码清单3-31　按照进货单价的升序进行排列

```
SELECT product_id, product_name, sale_price, purchase_price
  FROM Product
ORDER BY purchase_price;
```

执行结果

```
product_id | product_name | sale_price | purchase_price
-----------+--------------+------------+---------------
0002       | 打孔器        |        500 |            320
0001       | T恤衫         |       1000 |            500
0007       | 擦菜板        |        880 |            790
0003       | 运动T恤       |       4000 |           2800
0004       | 菜刀          |       3000 |           2800
0005       | 高压锅        |       6800 |           5000
0006       | 叉子          |        500 |
0008       | 圆珠笔        |        100 |
```

NULL会汇集在开头或者末尾

究竟是在开头显示还是在末尾显示，并没有特殊规定。某些 DBMS 中可以指定 NULL 在开头或末尾显示，希望大家对自己使用的 DBMS 的功能研究一下。

 法则3-17

排序键中包含NULL时，会在开头或末尾进行汇总。

在排序键中使用显示用的别名

在 3-2 节 "常见错误②" 中曾介绍过，在 GROUP BY 子句中不能使用 SELECT 子句中定义的别名，但是在 ORDER BY 子句中却是允许使用别名的。因此，代码清单 3-32 中的 SELECT 语句并不会出错，可正确执行。

代码清单3–32　ORDER BY子句中可以使用列的别名

```
SELECT product_id AS id, product_name, sale_price AS sp, purchase➡
_price
  FROM Product
ORDER BY sp, id;
```

➡表示下一行接续本行，只是由于版面所限而换行。

上述 SELECT 语句与之前按照"销售单价和商品编号的升序进行排列"的 SELECT 语句（代码清单 3-31）意思完全相同。

执行结果

```
 id  | product_name |  sp  |purchase_price
-----+--------------+------+---------------
0008 | 圆珠笔        |  100 |
0002 | 打孔器        |  500 |           320
0006 | 叉子          |  500 |
0007 | 擦菜板        |  880 |           790
0001 | T恤衫         | 1000 |           500
0004 | 菜刀          | 3000 |          2800
0003 | 运动T恤       | 4000 |          2800
0005 | 高压锅        | 6800 |          5000
```

不能在 GROUP BY 子句中使用的别名，为什么可以在 ORDER BY 子句中使用呢？这是因为 SQL 语句在 DBMS 内部的执行顺序被掩盖起来了。SELECT 语句按照子句为单位的执行顺序如下所示。

▶使用 HAVING 子句时 SELECT 语句的顺序

FROM → WHERE → GROUP BY → HAVING → SELECT → ORDER BY

这只是一个粗略的总结，虽然具体的执行顺序根据 DBMS 的不同而不同，但是大家有这样一个大致的印象就可以了。一定要记住 SELECT 子句的执行顺序在 GROUP BY 子句之后，ORDER BY 子句之前。因此，在执行 GROUP BY 子句时，SELECT 语句中定义的别名无法被识别❶。对于在 SELECT 子句之后执行的 ORDER BY 子句来说，就没有这样的问题了。

注❶
也是因为这一原因，HAVING子
句也不能使用别名。

法则3–18

在ORDER BY子句中可以使用SELECT子句中定义的别名。

ORDER BY子句中可以使用的列

ORDER BY 子句中也可以使用存在于表中、但并不包含在 SELECT 子句之中的列（代码清单 3-33）。

代码清单3-33　SELECT 子句中未包含的列也可以在 ORDER BY 子句中使用

```
SELECT product_name, sale_price, purchase_price
  FROM Product
ORDER BY product_id;
```

执行结果

product_name	sale_price	purchase_price
T恤衫	1000	500
打孔器	500	320
运动T恤	4000	2800
菜刀	3000	2800
高压锅	6800	5000
叉子	500	
擦菜板	880	790
圆珠笔	100	

除此之外，还可以使用聚合函数（代码清单 3-34）。

代码清单3-34　ORDER BY 子句中也可以使用聚合函数

```
SELECT product_type, COUNT(*)
  FROM Product
 GROUP BY product_type
ORDER BY COUNT(*);
              ┗━━━━ 也可以使用聚合函数
```

执行结果

product_type	count
衣服	2
办公用品	2
厨房用具	4

 法则3-19

在 ORDER BY 子句中可以使用 SELECT 子句中未使用的列和聚合函数。

不要使用列编号

在 ORDER BY 子句中，还可以使用在 SELECT 子句中出现的列所对

KEYWORD

●列编号

应的编号，是不是没想到？列编号是指 SELECT 子句中的列按照从左到右的顺序进行排列时所对应的编号（1, 2, 3, …）。因此，代码清单 3-35 中的两条 SELECT 语句的含义是相同的。

代码清单3-35　ORDER BY子句中可以使用列的编号

```
-- 通过列名指定
SELECT product_id, product_name, sale_price, purchase_price
  FROM Product
ORDER BY sale_price DESC, product_id;

-- 通过列编号指定
SELECT product_id, product_name, sale_price, purchase_price
  FROM Product
ORDER BY 3 DESC, 1;
```

上述第 2 条 SELECT 语句中的 ORDER BY 子句所代表的含义，就是"按照 SELECT 子句中第 3 列的降序和第 1 列的升序进行排列"，这和第 1 条 SELECT 语句的含义完全相同。

执行结果

```
product_id | product_name | sale_price | purchase_price
-----------+--------------+------------+----------------
0005       | 高压锅        |       6800 |           5000
0003       | 运动T恤       |       4000 |           2800
0004       | 菜刀          |       3000 |           2800
0001       | T恤衫         |       1000 |            500
0007       | 擦菜板        |        880 |            790
0002       | 打孔器        |        500 |            320
0006       | 叉子          |        500 |
0008       | 圆珠笔        |        100 |
```

虽然列编号使用起来非常方便，但我们并不推荐使用，原因有以下两点。

第一，代码阅读起来比较难。使用列编号时，如果只看 ORDER BY 子句是无法知道当前是按照哪一列进行排序的，只能去 SELECT 子句的列表中按照列编号进行确认。上述示例中 SELECT 子句的列数比较少，因此可能并没有什么明显的感觉。但是在实际应用中往往会出现列数很多的情况，而且 SELECT 子句和 ORDER BY 子句之间，还可能包含很复杂的 WHERE 子句和 HAVING 子句，直接人工确认实在太麻烦了。

第二，这也是最根本的问题，实际上，在 SQL-92[1] 中已经明确指出该排序功能将来会被删除。因此，虽然现在使用起来没有问题，但是将来

注❶

1992年制定的 SQL 标准。

随着 DBMS 的版本升级，可能原本能够正常执行的 SQL 突然就会出错。不光是这种单独使用的 SQL 语句，对于那些在系统中混合使用的 SQL 来说，更要极力避免。

 法则3-20

在 ORDER BY 子句中不要使用列编号。

练习题

3.1 请指出下述 SELECT 语句中所有的语法错误。

```
SELECT product_id, SUM(product_name)
-- 本SELECT语句中存在错误。
  FROM Product
 GROUP BY product_type
 WHERE regist_date > '2009-09-01';
```

3.2 请编写一条 SELECT 语句，求出销售单价（sale_price 列）合计值大于进货单价（purchase_price 列）合计值的 1.5 倍的商品种类。执行结果如下所示。

```
product_type | sum  | sum
-------------+------+------
衣服         |5000  | 3300     ← SUM(purchase_price) 的结果
办公用品     | 600  |  320
```
      SUM(sale_price) 的结果

3.3 此前我们曾经使用 SELECT 语句选取出了 Product（商品）表中的全部记录。当时我们使用了 ORDER BY 子句来指定排列顺序，但现在已经无法记起当时如何指定的了。请根据下列执行结果，思考 ORDER BY 子句的内容。

执行结果

product_id	product_name	product_type	sale_price	purchase_price	regist_date
0003	运动T恤	衣服	4000	2800	
0008	圆珠笔	办公用品	100		2009-11-11
0006	叉子	厨房用具	500		2009-09-20
0001	T恤衫	衣服	1000	500	2009-09-20
0004	菜刀	厨房用具	3000	2800	2009-09-20
0002	打孔器	办公用品	500	320	2009-09-11
0005	高压锅	厨房用具	6800	5000	2009-01-15
0007	擦菜板	厨房用具	880	790	2008-04-28

第4章　数据更新

SQL

本章重点

　　此前几章和大家一起学习了查询表中数据的几种方法，所使用的 SQL 语句都是 SELECT 语句。SELECT 语句并不会更改表中数据，也就是说，SELECT 语句是读取专用的指令。

　　本章将会给大家介绍 DBMS 中用来更新表中数据的方法。数据的更新处理大体可以分为插入（INSERT）、删除（DELETE）和更新（UPDATE）三类。本章将会对这三类更新方法进行详细介绍。此外，还会给大家介绍数据库中用来管理数据更新的重要概念——事务。

4-1　数据的插入（**INSERT** 语句的使用方法）
■ 什么是 INSERT
■ INSERT 语句的基本语法
■ 列清单的省略
■ 插入 NULL
■ 插入默认值
■ 从其他表中复制数据

4-2　数据的删除（**DELETE** 语句的使用方法）
■ DROP　TABLE 语句和 DELETE 语句
■ DELETE 语句的基本语法
■ 指定删除对象的 DELETE 语句（搜索型 DELETE）

4-3　数据的更新（**UPDATE** 语句的使用方法）
■ UPDATE 语句的基本语法
■ 指定条件的 UPDATE 语句（搜索型 UPDATE）
■ 使用 NULL 进行更新
■ 多列更新

4-4　事务
■ 什么是事务
■ 创建事务
■ ACID 特性

第4章　数据更新

4-1 数据的插入（INSERT 语句的使用方法）

学习重点

- 使用 INSERT 语句可以向表中插入数据（行）。原则上，INSERT 语句每次执行一行数据的插入。
- 将列名和值用逗号隔开，分别括在（）内，这种形式称为清单。
- 对表中所有列进行 INSERT 操作时可以省略表名后的列清单。
- 插入 NULL 时需要在 VALUES 子句的值清单中写入 NULL。
- 可以为表中的列设定默认值（初始值），默认值可以通过在 CREATE TABLE 语句中为列设置 DEFAULT 约束来设定。
- 插入默认值可以通过两种方式实现，即在 INSERT 语句的 VALUES 子句中指定 DEFAULT 关键字（显式方法），或省略列清单（隐式方法）。
- 使用 INSERT...SELECT 可以从其他表中复制数据。

什么是 INSERT

　　1-4 节给大家介绍了用来创建表的 CREATE TABLE 语句。通过 CREATE TABLE 语句创建出来的表，可以被认为是一个空空如也的箱子。只有把数据装入到这个箱子后，它才能称为数据库。用来装入数据的 SQL 就是 INSERT（插入）（图 4-1）。

KEYWORD

● INSERT 语句

　　本节将会和大家一起学习 INSERT 语句。

图4-1　INSERT（插入）的流程

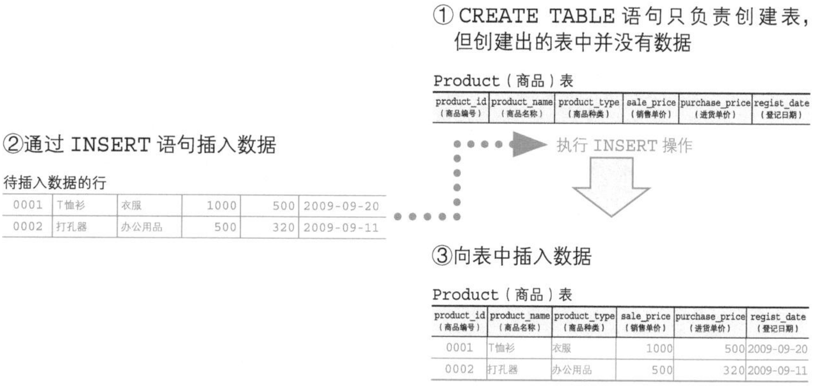

① CREATE TABLE 语句只负责创建表，但创建出的表中并没有数据

Product（商品）表

product_id （商品编号）	product_name （商品名称）	product_type （商品种类）	sale_price （销售单价）	purchase_price （进货单价）	regist_date （登记日期）

② 通过 INSERT 语句插入数据

待插入数据的行

0001	T恤衫	衣服	1000	500	2009-09-20
0002	打孔器	办公用品	500	320	2009-09-11

执行 INSERT 操作

③ 向表中插入数据

Product（商品）表

product_id （商品编号）	product_name （商品名称）	product_type （商品种类）	sale_price （销售单价）	purchase_price （进货单价）	regist_date （登记日期）
0001	T恤衫	衣服	1000	500	2009-09-20
0002	打孔器	办公用品	500	320	2009-09-11

要学习 INSERT 语句，我们得首先创建一个名为 ProductIns 的表。请大家执行代码清单 4-1 中的 CREATE TABLE 语句。该表除了为 sale_price 列（销售单价）设置了 DEFAULT 0 的约束之外，其余内容与之前使用的 Product（商品）表完全相同。DEFAULT 0 的含义将会在随后进行介绍，大家暂时可以忽略。

代码清单4-1　创建 ProductIns 表的 CREATE TABLE 语句

```
CREATE TABLE ProductIns
(product_id        CHAR(4)        NOT NULL,
 product_name      VARCHAR(100)   NOT NULL,
 product_type      VARCHAR(32)    NOT NULL,
 sale_price        INTEGER        DEFAULT 0,
 purchase_price    INTEGER        ,
 regist_date       DATE           ,
 PRIMARY KEY (product_id));
```

如前所述，这里仅仅是创建出了一个表，并没有插入数据。接下来，我们就向 ProductIns 表中插入数据。

INSERT 语句的基本语法

1-5 节中讲到向 CREATE TABLE 语句创建出的 Product 表中插入数据的 SQL 语句时，曾介绍过 INSERT 语句的使用示例，但当时的目的只是为学习 SELECT 语句准备所需的数据，并没有详细介绍其语法。下面就让我们来介绍一下 INSERT 语句的语法结构。

INSERT 语句的基本语法如下所示。

语法4-1　INSERT 语句

```
INSERT INTO <表名> (列1, 列2, 列3, ……) VALUES (值1, 值2, 值3, ……);
```

例如，我们要向 ProductIns 表中插入一行数据，各列的值如下所示。

product_id （商品编号）	product_name （商品名称）	product_type （商品种类）	sale_price （销售单价）	purchase_price （进货单价）	regist_date （登记日期）
0001	T恤衫	衣服	1000	500	2009-09-20

此时使用的 INSERT 语句可参见代码清单 4-2。

代码清单4–2　向表中插入一行数据

```
INSERT INTO ProductIns (product_id, product_name, product_type, ➡
sale_price, purchase_price, regist_date) VALUES ('0001', 'T恤衫', ➡
'衣服', 1000, 500, '2009-09-20');
```

➡表示下一行接续本行，只是由于版面所限而换行。

由于 product_id 列（商品编号）和 product_name 列（商品名称）是字符型，所以插入的数据需要像 '0001' 这样用单引号括起来。日期型的 regist_date（登记日期）列也是如此 ❶。

注❶
有关日期型的介绍，请参考1-4节。

将列名和值用逗号隔开，分别括在 ( ) 内，这种形式称为清单。代码清单 4-2 中的 INSERT 语句包含如下两个清单。

KEYWORD
●清单
●列清单
●值清单

Ⓐ 列清单→(product_id, product_name, product_type, sale_price, purchase_price, regist_date)

Ⓑ 值清单→('0001', 'T恤衫', '衣服', 1000, 500,'2009-09-20')

当然，表名后面的列清单和 VALUES 子句中的值清单的列数必须保持一致。如下所示，列数不一致时会出错，无法插入数据 ❷。

注❷
但是使用默认值时列数无需完全一致。相关内容将会在随后的"插入默认值"中进行介绍。

```
-- VALUES子句中的值清单缺少一列
INSERT INTO ProductIns (product_id, product_name, product_type, ➡
sale_price, purchase_price, regist_date) VALUES ('0001', 'T恤衫', ➡
'衣服', 1000, 500);
```

➡表示下一行接续本行，只是由于版面所限而换行。

注❸
插入多行的情况，请参考专栏"多行INSERT"。

此外，原则上，执行一次 INSERT 语句会插入一行数据 ❸。因此，插入多行时，通常需要循环执行相应次数的 INSERT 语句。

 法则4–1

原则上，执行一次 INSERT 语句会插入一行数据。

专　栏

多行 INSERT

　　法则 4-1 中介绍了"执行一次 INSERT 语句会插入一行数据"的原则。虽然在大多数情况下该原则都是正确的，但它也仅仅是原则而已，其实很多 RDBMS 都支持一次插入多行数据，这样的功能称为多行 INSERT（multi row INSERT）。

　　其语法请参见代码清单 4-A，将多条 VALUES 子句通过逗号进行分隔排列。

代码清单4-A　通常的 INSERT 和多行 INSERT

```
-- 通常的INSERT
INSERT INTO ProductIns VALUES ('0002', '打孔器', ➡
'办公用品', 500, 320, '2009-09-11');
INSERT INTO ProductIns VALUES ('0003', '运动T恤', ➡
'衣服', 4000, 2800, NULL);
INSERT INTO ProductIns VALUES ('0004', '菜刀', ➡
'厨房用具', 3000, 2800, '2009-09-20');

-- 多行INSERT（Oracle以外）
INSERT INTO ProductIns VALUES ('0002', '打孔器', ➡
'办公用品', 500, 320, '2009-09-11'),
                              ('0003', '运动T恤', ➡
'衣服', 4000, 2800, NULL),
                              ('0004', '菜刀', ➡
'厨房用具', 3000, 2800, '2009-09-20');
```

➡表示下一行接续本行，只是由于版面所限而换行。

　　该语法很容易理解，并且减少了书写语句的数量，非常方便。但是，使用该语法时请注意以下几点。

　　首先，INSERT 语句的书写内容及插入的数据是否正确。若不正确会发生 INSERT 错误，但是由于是多行插入，和特定的单一行插入相比，想要找出到底是哪行哪个地方出错了，就变得十分困难。

　　其次，多行 INSERT 的语法并不适用于所有的 RDBMS。该语法适用于 DB2、SQL、SQL Server、PostgreSQL 和 MySQL，但不适用于 Oracle。

特定的SQL

　　Oracle 使用如下语法来巧妙地完成多行 INSERT 操作。

```
-- Oracle中的多行INSERT
INSERT ALL INTO ProductIns VALUES ('0002', '打孔器', ➡
'办公用品', 500, 320, '2009-09-11')
           INTO ProductIns VALUES ('0003', '运动T恤', ➡
'衣服', 4000, 2800, NULL)
           INTO ProductIns VALUES ('0004', '菜刀', ➡
'厨房用具', 3000, 2800, '2009-09-20')
SELECT * FROM DUAL;
```

➡表示下一行接续本行，只是由于版面所限而换行。

　　DUAL 是 Oracle 特有（安装时的必选项）的一种临时表❶。因此"SELECT * FROM DUAL"部分也只是临时性的，并没有实际意义。

注❶

在书写没有参照表的 SELECT 语句时，写在 FROM 子句中的表。它并没有实际意义，也不保存任何数据，同时也不能作为 INSERT 和 UPDATE 的对象。

列清单的省略

对表进行全列 INSERT 时，可以省略表名后的列清单。这时 VALUES 子句的值会默认按照从左到右的顺序赋给每一列。因此，代码清单 4-3 中的两个 INSERT 语句会插入同样的数据。

代码清单4-3　省略列清单

```
-- 包含列清单
INSERT INTO ProductIns (product_id, product_name, product_type, ➡
sale_price, purchase_price, regist_date) VALUES ('0005', '高压锅', ➡
'厨房用具', 6800, 5000, '2009-01-15');

-- 省略列清单
INSERT INTO ProductIns VALUES ('0005', '高压锅', '厨房用具', ➡
6800, 5000, '2009-01-15');
```

➡表示下一行接续本行，只是由于版面所限而换行。

插入 NULL

INSERT 语句中想给某一列赋予 NULL 值时，可以直接在 VALUES 子句的值清单中写入 NULL。例如，要向 purchase_price 列（进货单价）中插入 NULL，就可以使用代码清单 4-4 中的 INSERT 语句。

代码清单4-4　向 purchase_price 列中插入 NULL

```
INSERT INTO ProductIns (product_id, product_name, product_type, ➡
sale_price, purchase_price, regist_date) VALUES ('0006', '叉子', ➡
'厨房用具', 500, NULL, '2009-09-20');
```

➡表示下一行接续本行，只是由于版面所限而换行。

但是，想要插入 NULL 的列一定不能设置 NOT NULL 约束。向设置了 NOT NULL 约束的列中插入 NULL 时，INSERT 语句会出错，导致数据插入失败。

插入失败指的是希望通过 INSERT 语句插入的数据无法正常插入到表中，但之前已经插入的数据并不会被破坏 ●。

注 ●

不仅是 INSERT，DELETE 和 UPDATE 等更新语句也一样，SQL 语句执行失败时都不会对表中数据造成影响。

插入默认值

我们还可以向表中插入默认值（初始值）。可以通过在创建表的
CREATE TABLE 语句中设置 DEFAULT 约束来设定默认值。

KEYWORD
●默认值
●DEFAULT 约束

本章开头创建的 ProductIns 表的定义部分请参见代码清单 4-5。
其中 DEFAULT 0 就是设置 DEFAULT 约束的部分。像这样，我们可以
通过 "DEFAULT <默认值>" 的形式来设定默认值。

代码清单4-5　创建 ProductIns 表的 CREATE TABLE 语句（节选）

```
CREATE TABLE ProductIns
(product_id      CHAR(4)     NOT NULL,
         (略)
 sale_price      INTEGER     DEFAULT 0, -- 销售单价的默认值设定为0；
         (略)
 PRIMARY KEY (product_id));
```

如果在创建表的同时设定了默认值，就可以在 INSERT 语句中自动
为列赋值了。默认值的使用方法通常有显式和隐式两种。

■通过显式方法插入默认值

KEYWORD
●DEFAULT 关键字

在 VALUES 子句中指定 DEFAULT 关键字（代码清单 4-6）。

代码清单4-6　通过显式方法设定默认值

```
INSERT INTO ProductIns (product_id, product_name, product_type, ➡
sale_price, purchase_price, regist_date) VALUES ('0007', ➡
'擦菜板', '厨房用具', DEFAULT, 790, '2009-04-28');
```

➡表示下一行接续本行，只是由于版面所限而换行。

这样一来，RDBMS 就会在插入记录时自动把默认值赋给对应的列。

我们可以使用 SELECT 语句来确认通过 INSERT 语句插入的数据行。

```
-- 确认插入的数据行；
SELECT * FROM ProductIns WHERE product_id = '0007';
```

因为 sale_price 列（销售单价）的默认值是 0，所以 sale_price
列被赋予了值 0。

执行结果

product_id	product_name	product_type	sale_price	purchase_price	regist_date
0007	擦菜板	厨房用具	0	790	2008-04-28

■通过隐式方法插入默认值

插入默认值时也可以不使用 DEFAULT 关键字，只要在列清单和VALUES 中省略设定了默认值的列就可以了。我们可以像代码清单 4-7 那样，从 INSERT 语句中删除 sale_price 列（销售单价）。

代码清单4-7　通过隐式方法设定默认值

```
INSERT INTO ProductIns (product_id, product_name, product_type, ➡
purchase_price, regist_date) VALUES ('0007', '擦菜板', '厨房用具', ➡
790, '2009-04-28');
```

> 省略sale_price列

> 值也省略

➡表示下一行接续本行，只是由于版面所限而换行。

这样也可以给 sale_price 赋上默认值 0。

那么在实际使用中哪种方法更好呢？笔者建议大家使用显式的方法。因为这样可以一目了然地知道 sale_price 列使用了默认值，SQL 语句的含义也更加容易理解。

说到省略列名，还有一点要说明一下。如果省略了没有设定默认值的列，该列的值就会被设定为 NULL。因此，如果省略的是设置了 NOTNULL 约束的列，INSERT 语句就会出错（代码清单 4-8）。请大家一定要注意。

代码清单4-8　未设定默认值的情况

```
-- 省略purchase_price列（无约束）：会赋予 "NULL"
INSERT INTO ProductIns (product_id, product_name, product_type, ➡
sale_price, regist_date) VALUES ('0008', '圆珠笔', '办公用品', ➡
100, '2009-11-11');

-- 省略product_name列（设置了NOT NULL约束）：错误！
INSERT INTO ProductIns (product_id, product_type, sale_price,➡
 purchase_price, regist_date) VALUES ('0009', '办公用品', 1000, 500, ➡
'2009-12-12');
```

➡表示下一行接续本行，只是由于版面所限而换行。

 法则4-2

省略 INSERT 语句中的列名，就会自动设定为该列的默认值（没有默认值时会设定为 NULL）。

从其他表中复制数据

要插入数据，除了使用 VALUES 子句指定具体的数据之外，还可以从其他表中复制数据。下面我们就来学习如何从一张表中选取数据，复制到另外一张表中。

要学习该方法，我们首先得创建一张表（代码清单 4-9）。

代码清单 4-9　创建 ProductCopy 表的 CREATE TABLE 语句

```
-- 用来插入数据的商品复制表
CREATE TABLE ProductCopy
(product_id        CHAR(4)       NOT NULL,
 product_name      VARCHAR(100)  NOT NULL,
 product_type      VARCHAR(32)   NOT NULL,
 sale_price        INTEGER       ,
 purchase_price    INTEGER       ,
 regist_date       DATE          ,
 PRIMARY KEY (product_id));
```

ProductCopy（商品复制）表的结构与之前使用的 Product（商品）表完全一样，只是更改了一下表名而已。

接下来，就让我们赶快尝试一下将 Product 表中的数据插入到 ProductCopy 表中吧。代码清单 4-10 中的语句可以将查询的结果直接插入到表中。

代码清单 4-10　INSERT ... SELECT 语句

```
-- 将商品表中的数据复制到商品复制表中
INSERT INTO ProductCopy (product_id, product_name, product_type, ➡
sale_price, purchase_price, regist_date)
SELECT product_id, product_name, product_type, sale_price, ➡
purchase_price, regist_date
  FROM Product;
```

➡表示下一行接续本行，只是由于版面所限而换行。

KEYWORD
● INSERT ... SELECT 语句

执行该 INSERT ... SELECT 语句时，如果原来 Product 表中有 8 行数据，那么 ProductCopy 表中也会插入完全相同的 8 行数据。当然，Product 表中的原有数据不会发生改变。因此，INSERT ... SELECT 语句可以在需要进行数据备份时使用（图 4-2）。

图4-2　**INSERT ... SELECT** 语句

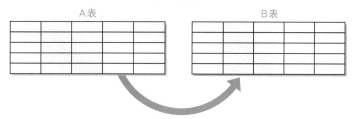

使用INSERT ... SELECT 语句
可以在关联的表之间传递数据

■**多种多样的 SELECT 语句**

　　该 INSERT 语句中的 SELECT 语句，也可以使用 WHERE 子句或者 GROUP BY 子句等。目前为止学到的各种 SELECT 语句也都可以使用 ❶。对在关联表之间存取数据来说，这是非常方便的功能。

　　接下来我们尝试一下使用包含 GROUP BY 子句的 SELECT 语句进行插入。代码清单 4-11 中的语句创建了一个用来插入数据的表。

代码清单4-11　创建 ProductType 表的 CREATE TABLE 语句

```
-- 根据商品种类进行汇总的表；
CREATE TABLE ProductType
(product_type       VARCHAR(32)    NOT NULL,
 sum_sale_price     INTEGER        ,
 sum_purchase_price INTEGER        ,
 PRIMARY KEY (product_type));
```

　　该表是用来存储根据商品种类（product_type）计算出的销售单价合计值以及进货单价合计值的表。下面就让我们使用代码清单 4-12 中的 INSERT ... SELECT 语句，从 Product 表中选取出数据插入到这张表中吧。

代码清单4-12　插入其他表中数据合计值的 INSERT ... SELECT 语句

```
INSERT INTO ProductType (product_type, sum_sale_price, ➡
sum_purchase_price)
SELECT product_type, SUM(sale_price), SUM(purchase_price)
  FROM Product
 GROUP BY product_type;
```

➡表示下一行接续本行，只是由于版面所限而换行。

注❶

但即使指定了 ORDER BY 子句也没有任何意义，因为无法保证表内部记录的排列顺序。

通过 SELECT 语句对插入结果进行确认，我们发现 ProductType 表中插入了以下 3 行数据。

```
-- 确认插入的数据行
SELECT * FROM ProductType;
```

执行结果

```
product_type | sum_sale_price | sum_purchase_price
-------------+----------------+--------------------
衣服         |           5000 |               3300
办公用品     |            600 |                320
厨房用具     |          11180 |               8590
```

 法则 4-3

INSERT 语句的 SELECT 语句中，可以使用 WHERE 子句或者 GROUP BY 子句等任何 SQL 语法（但使用 ORDER BY 子句并不会产生任何效果）。

第4章 数据更新

4-2 数据的删除（DELETE语句的使用方法）

- 如果想将整个表全部删除，可以使用DROP TABLE语句，如果只想删除表中全部数据，需使用DELETE语句。
- 如果想删除部分数据行，只需在WHERE子句中书写对象数据的条件即可。通过WHERE子句指定删除对象的DELETE语句称为搜索型DELETE语句。

DROP TABLE语句和DELETE语句

上一节我们学习了插入数据的方法，本节我们来学习如何删除数据。删除数据的方法大体可以分为以下两种。

KEYWORD
- DROP TABLE语句
- DELETE语句

① DROP TABLE 语句可以将表完全删除

② DELETE 语句会留下表（容器），而删除表中的全部数据

①中的 DROP TABLE 语句我们已经在 1-5 节中学过了，此处再简单回顾一下。DROP TABLE 语句会完全删除整张表，因此删除之后再想插入数据，就必须使用 CREATE TABLE 语句重新创建一张表。

反之，②中的 DELETE 语句在删除数据（行）的同时会保留数据表，因此可以通过 INSERT 语句再次向表中插入数据。

本节所要介绍的删除数据，指的就是只删除数据的 DELETE 语句。

此外，我们在第 1 章中也提到过，不管使用哪种方法，删除数据时都要慎重，一旦误删，想要恢复数据就会变得十分困难。

DELETE语句的基本语法

DELETE 语句的基本语法如下所示，十分简单。

语法4-2 保留数据表，仅删除全部数据行的**DELETE**语句

```
DELETE FROM <表名>;
```

执行使用该基本语法的 DELETE 语句，就可以删除指定的表中的全部数据行了。因此，想要删除 Product 表中全部数据行，就可以参照代码清单 4-13 来书写 DELETE 语句。

代码清单4-13　清空Product表

```
DELETE FROM Product;
```

如果语句中忘了写 FROM，而是写成了"DELETE <表名>"，或者写了多余的列名，都会出错，无法正常执行，请大家特别注意。

前者无法正常执行的原因是删除对象不是表，而是表中的数据行（记录）。这样想的话就很容易理解了吧 ❶。

后者错误的原因也是如此。因为 DELETE 语句的对象是行而不是列，所以 DELETE 语句无法只删除部分列的数据。因此，在 DELETE 语句中指定列名是错误的。当然，使用星号的写法（DELETE ＊ FROM Product；）也是不对的，同样会出错。

法则4-4

DELETE语句的删除对象并不是表或者列，而是记录（行）。

指定删除对象的DELETE语句（搜索型DELETE）

想要删除部分数据行时，可以像 SELECT 语句那样使用 WHERE 子句指定删除条件。这种指定了删除对象的 DELETE 语句称为搜索型 DELETE ❷。

搜索型 DELETE 的语法如下所示。

语法4-3　删除部分数据行的搜索型DELETE

```
DELETE FROM <表名>
  WHERE <条件>;
```

下面让我们以 Product（商品）表为例，来具体研究一下如何进行数据删除（表 4-1）。

注❶

与 INSERT 语句相同，数据的更新也是以记录为基本单位进行的。下一节将要学习的UPDATE语句也是如此。

KEYWORD

● 搜索型DELETE

虽然"搜索型DELETE"是正式用语，但实际上这种说法并不常用，而是简单地称为DELETE语句。

表4-1　**Product 表**

product_id （商品编号）	product_name （商品名称）	product_type （商品种类）	sale_price （销售单价）	purchase_price （进货单价）	regist_date （登记日期）
0001	T恤衫	衣服	1000	500	2009-09-20
0002	打孔器	办公用品	500	320	2009-09-11
0003	运动T恤	衣服	4000	2800	
0004	菜刀	厨房用具	3000	2800	2009-09-20
0005	高压锅	厨房用具	6800	5000	2009-01-15
0006	叉子	厨房用具	500		2009-09-20
0007	擦菜板	厨房用具	880	790	2008-04-28
0008	圆珠笔	办公用品	100		2009-11-11

　　假设我们要删除销售单价（sale_price）大于等于 4000 日元的
数据（代码清单 4-14）。上述表中满足该条件的是"运动 T 恤"和"高压锅"。

代码清单4-14　删除销售单价（sale_price）大于等于4000日元的数据

```
DELETE FROM Product
 WHERE sale_price >= 4000;
```

　　WHERE 子句的书写方式与此前介绍的 SELECT 语句完全一样。

　　通过使用 SELECT 语句确认，表中的数据被删除了 2 行，只剩下 6 行。

```
-- 确认删除后的结果
SELECT * FROM Product;
```

执行结果

```
product_id | product_name | product_type | sale_price | purchase_price | regist_date
-----------+--------------+--------------+------------+----------------+------------
0001       | T恤衫        | 衣服         |       1000 |            500 | 2009-09-20
0002       | 打孔器       | 办公用品     |        500 |            320 | 2009-09-11
0004       | 菜刀         | 厨房用具     |       3000 |           2800 | 2009-09-20
0006       | 叉子         | 厨房用具     |        500 |                | 2009-09-20
0007       | 擦菜板       | 厨房用具     |        880 |            790 | 2008-04-28
0008       | 圆珠笔       | 办公用品     |        100 |                | 2009-11-11
```

 法则4-5

可以通过 WHERE 子句指定对象条件来删除部分数据。

与 SELECT 语句不同的是，DELETE 语句中不能使用 GROUP BY、HAVING 和 ORDER BY 三类子句，而只能使用 WHERE 子句。原因很简单，GROUP BY 和 HAVING 是从表中选取数据时用来改变抽取数据形式的，而 ORDER BY 是用来指定取得结果显示顺序的。因此，在删除表中数据时它们都起不到什么作用。

专　栏

删除和舍弃

KEYWORD

● TRUNCATE 语句

标准 SQL 中用来从表中删除数据的只有 DELETE 语句。但是，很多数据库产品中还存在另外一种被称为 TRUNCATE 的语句。这些产品主要包括 Oracle、SQL Server、PostgreSQL、MySQL 和 DB2。

TRUNCATE 是舍弃的意思，具体的使用方法如下所示。

语法 4-A　只能删除表中全部数据的 TRUNCATE 语句

```
TRUNCATE <表名>;
```

与 DELETE 不同的是，TRUNCATE 只能删除表中的全部数据，而不能通过 WHERE 子句指定条件来删除部分数据。也正是因为它不能具体地控制删除对象，所以其处理速度比 DELETE 要快得多。实际上，DELETE 语句在 DML 语句中也属于处理时间比较长的，因此需要删除全部数据行时，使用 TRUNCATE 可以缩短执行时间。

注❶

因此，Oracle 中的 TRUNCATE 不能使用 ROLLBACK。执行 TRUNCATE 的同时会默认执行 COMMIT 操作。

但是，产品不同需要注意的地方也不尽相同。例如在 Oracle 中，把 TRUNCATE 定义为 DDL，而不是 DML❶。使用 TRUNCATE 时，请大家仔细阅读使用手册，多加注意。便利的工具往往还是会存在一些不足之处的。

第4章 数据更新

4-3 数据的更新(UPDATE 语句的使用方法)

学习重点

- 使用 UPDATE 语句可以更改(更新)表中的数据。
- 更新部分数据行时可以使用 WHERE 来指定更新对象的条件。通过 WHERE 子句指定更新对象的 UPDATE 语句称为搜索型 UPDATE 语句。
- UPDATE 语句可以将列的值更新为 NULL。
- 同时更新多列时,可以在 UPDATE 语句的 SET 子句中,使用逗号分隔更新对象的多个列。

UPDATE 语句的基本语法

KEYWORD
● UPDATE 语句

　　使用 INSERT 语句向表中插入数据之后,有时却想要再更改数据,例如"将商品销售单价登记错了"等的时候。这时并不需要把数据删除之后再重新插入,使用 UPDATE 语句就可以改变表中的数据了。

　　和 INSERT 语句、DELETE 语句一样,UPDATE 语句也属于 DML 语句。通过执行该语句,可以改变表中的数据。其基本语法如下所示。

语法 4-4　改变表中数据的 UPDATE 语句

```
UPDATE <表名>
   SET <列名> = <表达式>;
```

KEYWORD
● SET 子句

　　将更新对象的列和更新后的值都记述在 SET 子句中。我们还是以 Product(商品)表为例,由于之前我们删除了"销售单价大于等于 4000 日元"的 2 行数据,现在该表中只剩下了 6 行数据了(表 4-2)。

表 4-2　Product 表

product_id (商品编号)	product_name (商品名称)	product_type (商品种类)	sale_price (销售单价)	purchase_price (进货单价)	regist_date (登记日期)
0001	T恤衫	衣服	1000	500	2009-09-20
0002	打孔器	办公用品	500	320	2009-09-11
0004	菜刀	厨房用具	3000	2800	2009-09-20
0006	叉子	厨房用具	500		2009-09-20
0007	擦菜板	厨房用具	880	790	2008-04-28
0008	圆珠笔	办公用品	100		2009-11-11

接下来，让我们尝试把 regist_date 列（登记日期）的所有数据统一更新为 "2009-10-10"。具体的 SQL 语句请参见代码清单 4-15。

代码清单4-15　将登记日期全部更新为 "2009-10-10"

```
UPDATE Product
   SET regist_date = '2009-10-10';
```

表中的数据有何变化呢？我们通过 SELECT 语句来确认一下吧。

```
-- 确认更新内容
SELECT * FROM Product ORDER BY product_id;
```

执行结果

```
product_id | product_name | product_type | sale_price | purchase_price | regist_date
-----------+--------------+--------------+------------+----------------+------------
0001       | T恤衫         | 衣服          |       1000 |            500 | 2009-10-10
0002       | 打孔器        | 办公用品       |        500 |            320 | 2009-10-10
0004       | 菜刀          | 厨房用具       |       3000 |           2800 | 2009-10-10
0006       | 叉子          | 厨房用具       |        500 |                | 2009-10-10
0007       | 擦菜板        | 厨房用具       |        880 |            790 | 2009-10-10
0008       | 圆珠笔        | 办公用品       |        100 |                | 2009-10-10
```

> 所有行的数据都被更新为 "2009-10-10"

此时，连登记日期原本为 NULL 的数据行（运动 T 恤）的值也更新为 2009-10-10 了。

```
0003       | 运动T恤       | 衣服          |       4000 |           2800 |
```

↓

```
0003       | 运动T恤       | 衣服          |       4000 |           2800 | 2009-10-10
```

指定条件的UPDATE语句（搜索型UPDATE）

KEYWORD

●搜索型UPDATE

接下来，让我们看一看指定更新对象的情况。更新数据时也可以像 DELETE 语句那样使用 WHERE 子句，这种指定更新对象的 UPDATE 语句称为搜索型 UPDATE 语句。该语句的语法如下所示（与 DELETE 语句十分相似）。

语法4-5　更新部分数据行的搜索型UPDATE

```
UPDATE <表名>
   SET <列名> = <表达式>
 WHERE <条件>;
```

例如，将商品种类（product_type）为厨房用具的记录的销售单价（sale_price）更新为原来的 10 倍，请参见代码清单 4-16。

代码清单4-16　将商品种类为厨房用具的记录的销售单价更新为原来的10倍

```
UPDATE Product
   SET sale_price = sale_price * 10
 WHERE product_type = '厨房用具';
```

我们可以使用如下 SELECT 语句来确认更新后的内容。

```
-- 确认更新内容
SELECT * FROM Product ORDER BY product_id;
```

执行结果

```
product_id | product_name | product_type | sale_price | purchase_price | regist_date
-----------+--------------+--------------+------------+----------------+-----------
0001       | T恤衫        | 衣服         |       1000 |            500 | 2009-10-10
0002       | 打孔器       | 办公用品      |        500 |            320 | 2009-10-10
0004       | 菜刀         | 厨房用具      |      30000 |           2800 | 2009-10-10
0006       | 叉子         | 厨房用具      |       5000 |                | 2009-10-10
0007       | 擦菜板       | 厨房用具      |       8800 |            790 | 2009-10-10
0008       | 圆珠笔       | 办公用品      |        100 |                | 2009-10-10
```

> 仅厨房用具的价格更新为原来的10倍了

该语句通过 WHERE 子句中的 "product_type = '厨房用具'" 条件，将更新对象限定为 3 行。然后通过 SET 子句中的表达式 sale_price * 10，将原来的单价扩大了 10 倍。SET 子句中赋值表达式的右边不仅可以是单纯的值，还可以是包含列的表达式。

使用NULL进行更新

使用 UPDATE 也可以将列更新为 NULL（该更新俗称为 NULL 清空）。此时只需要将赋值表达式右边的值直接写为 NULL 即可。例如，我们可以将商品编号（product_id）为 0008 的数据（圆珠笔）的登记日期（regist_date）更新为 NULL（代码清单 4-17）。

KEYWORD

●NULL 清空

代码清单4-17　将商品编号为0008的数据（圆珠笔）的登记日期更新为NULL

```
UPDATE Product
   SET regist_date = NULL
 WHERE product_id = '0008';
```

```
-- 确认更新内容
SELECT * FROM Product ORDER BY product_id;
```

执行结果

product_id	product_name	product_type	sale_price	purchase_price	regist_date
0001	T恤衫	衣服	1000	500	2009-10-10
0002	打孔器	办公用品	500	320	2009-10-10
0004	菜刀	厨房用具	30000	2800	2009-10-10
0006	叉子	厨房用具	5000		2009-10-10
0007	擦菜板	厨房用具	8800	790	2009-10-10
0008	圆珠笔	办公用品	100		

> 登记日期被更新为NULL

　　和 INSERT 语句一样，UPDATE 语句也可以将 NULL 作为一个值来使用。

　　但是，只有未设置 NOT NULL 约束和主键约束的列才可以清空为 NULL。如果将设置了上述约束的列更新为 NULL，就会出错，这点与 INSERT 语句相同。

法则4-6

使用UPDATE语句可以将值清空为NULL（但只限于未设置NOT NULL约束的列）。

多列更新

　　UPDATE 语句的 SET 子句支持同时将多个列作为更新对象。例如我们刚刚将销售单价（sale_price）更新为原来的 10 倍，如果想同时将进货单价（purchase_price）更新为原来的一半，该怎么做呢？最容易想到的解决办法可能就是像代码清单 4-18 那样，执行两条 UPDATE 语句。

代码清单4-18　能够正确执行的繁琐的UPDATE语句

```
-- 一条UPDATE语句只更新一列
UPDATE Product
   SET sale_price = sale_price * 10
 WHERE product_type = '厨房用具';

UPDATE Product
   SET purchase_price = purchase_price / 2
 WHERE product_type = '厨房用具';
```

　　虽然这样也能够正确地更新数据，但执行两次 UPDATE 语句不但有些浪费，而且增加了 SQL 语句的书写量。其实，我们可以将其合并为

一条 UPDATE 语句来处理。合并的方法有两种，请参见代码清单 4-19 和
代码清单 4-20。

方法①：代码清单4-19 将代码清单4-18的处理合并为一条UPDATE语句

```
-- 使用逗号对列进行分隔排列
UPDATE Product
   SET sale_price = sale_price * 10,
       purchase_price = purchase_price / 2
 WHERE product_type = '厨房用具';
```

方法②：代码清单4-20 将代码清单4-18的处理合并为一条UPDATE语句

```
-- 将列用()括起来的清单形式
UPDATE Product
   SET (sale_price, purchase_price) = (sale_price * 10, ➡
purchase_price / 2)
 WHERE product_type = '厨房用具';
```

➡表示下一行接续本行，只是由于版面所限而换行。

执行上述两种 UPDATE 语句，都可以得到相同的结果：只有厨房用
具的销售单价（sale_price）和进货单价（purchase_price）被
更新了。

```
-- 确认更新内容
SELECT * FROM Product ORDER BY product_id;
```

执行结果

```
product_id | product_name | product_type | sale_price | purchase_price | regist_date
-----------+--------------+--------------+------------+----------------+------------
0001       | T恤衫        | 衣服         |      1000  |           500  | 2009-10-10
0002       | 打孔器       | 办公用品     |       500  |           320  | 2009-10-10
0004       | 菜刀         | 厨房用具     |    300000  |          1400  | 2009-10-10
0006       | 叉子         | 厨房用具     |     50000  |                | 2009-10-10
0007       | 擦菜板       | 厨房用具     |     88000  |           395  | 2009-10-10
0008       | 圆珠笔       | 办公用品     |       100  |                |
```

> 厨房用具的销售单价更新为原来的10倍

> 厨房用具的进货单价更新为原来的一半

当然，SET 子句中的列不仅可以是两列，还可以是三列或者更多。

需要注意的是第一种方法——使用逗号将列进行分隔排列（代码清单
4-19），这一方法在所有的 DBMS 中都可以使用。但是第二种方法——将
列清单化（代码清单 4-20），这一方法在某些 DBMS 中是无法使用的 ❶。因
此，实际应用中通常都会使用第一种方法。

注❶

可以在PostgreSQL和DB2中使用。

4-4 　事务

学习重点

● 事务是需要在同一个处理单元中执行的一系列更新处理的集合。通过使用事务，可以对数据库中的数据更新处理的提交和取消进行管理。
● 事务处理的终止指令包括 COMMIT（提交处理）和 ROLLBACK（取消处理）两种。
● DBMS 的事务具有原子性（Atomicity）、一致性（Consistency）、隔离性（Isolation）和持久性（Durability）四种特性。通常将这四种特性的首字母结合起来，统称为 ACID 特性。

什么是事务

　　估计有些读者对事务（transaction）这个词并不熟悉，它通常被用于商务贸易或者经济活动中，但是在 RDBMS 中，事务是对表中数据进行更新的单位。简单来讲，事务就是需要在同一个处理单元中执行的一系列更新处理的集合。

　　如前几节所述，对表进行更新需要使用 INSERT、DELETE 或者 UPDATE 三种语句。但通常情况下，更新处理并不是执行一次就结束了，而是需要执行一系列连续的操作。这时，事务就能体现出它的价值了。

　　说到事务的例子，请大家思考一下下述情况。

　　现在，请大家把自己想象为管理 Product（商品）表的程序员或者软件工程师。销售部门的领导对你提出了如下要求。

　　"某某，经会议讨论，我们决定把运动 T 恤的销售单价下调 1000 日元，同时把 T 恤衫的销售单价上浮 1000 日元，麻烦你去更新一下数据库。"

　　由于大家已经学习了更新数据的方法 —— 只需要使用 UPDATE 进行更新就可以了，所以肯定会直接回答"知道了，请您放心吧"。

　　此时的事务由如下两条更新处理所组成。

●更新商品信息的事务

① 将运动T恤的销售单价降低1000日元

```
UPDATE Product
   SET sale_price = sale_price - 1000
 WHERE product_name = '运动T恤';
```

② 将T恤衫的销售单价上浮1000日元

```
UPDATE Product
   SET sale_price = sale_price + 1000
 WHERE product_name = 'T恤衫';
```

上述①和②的操作一定要作为同一个处理单元执行。如果只执行了①的操作而忘记了执行②的操作，或者反过来只执行了②的操作而忘记了执行①的操作，一定会受到领导的严厉批评。遇到这种需要在同一个处理单元中执行一系列更新操作的情况，一定要使用事务来进行处理。

 法则4-7

事务是需要在同一个处理单元中执行的一系列更新处理的集合。

一个事务中包含多少个更新处理或者包含哪些处理，在 DBMS 中并没有固定的标准，而是根据用户的要求决定的（例如，运动 T 恤和 T 恤衫的销售单价需要同时更新这样的要求，DBMS 是无法了解的）。

创建事务

如果想在 DBMS 中创建事务，可以按照如下语法结构编写 SQL 语句。

语法4-6　事务的语法

```
事务开始语句；

    DML 语句①；
    DML 语句②；
    DML 语句③；
         ⋮

事务结束语句（COMMIT或者ROLLBACK）；
```

使用事务开始语句和事务结束语句，将一系列 DML 语句（INSERT/UPDATE/DELETE 语句）括起来，就实现了一个事务处理。

KEYWORD
- BEGIN TRANSACTION
- START TRANSACTION

这时需要特别注意的是事务的开始语句 ❶。实际上，在标准 SQL 中并没有定义事务的开始语句，而是由各个 DBMS 自己来定义的。比较有代表性的语法如下所示。

- SQL Server、PostgreSQL
  BEGIN TRANSACTION

- MySQL
  START TRANSACTION

- Oracle、DB2
  无

例如使用之前的那两个 UPDATE（①和②）创建出的事务如代码清单 4-21 所示。

代码清单4-21　更新商品信息的事务

```
SQL Server  PostgreSQL
BEGIN TRANSACTION;

    -- 将运动T恤的销售单价降低1000日元
    UPDATE Product
       SET sale_price = sale_price - 1000
     WHERE product_name = '运动T恤';

    -- 将T恤衫的销售单价上浮1000日元
    UPDATE Product
       SET sale_price = sale_price + 1000
     WHERE product_name = 'T恤衫';

COMMIT;
```

```
MySQL
START TRANSACTION;

    -- 将运动T恤的销售单价降低1000日元
    UPDATE Product
       SET sale_price = sale_price - 1000
     WHERE product_name = '运动T恤';

    -- 将T恤衫的销售单价上浮1000日元
    UPDATE Product
       SET sale_price = sale_price + 1000
     WHERE product_name = 'T恤衫';

COMMIT;
```

```
Oracle    DB2
-- 将运动T恤的销售单价降低1000日元
UPDATE Product
   SET sale_price = sale_price - 1000
 WHERE product_name = '运动T恤';
```

```
-- 将T恤衫的销售单价上浮1000日元
UPDATE Product
   SET sale_price = sale_price + 1000
 WHERE product_name = 'T恤衫';

COMMIT;
```

如上所示，各个 DBMS 事务的开始语句都不尽相同，其中 Oracle 和 DB2 并没有定义特定的开始语句。可能大家觉得这样的设计很巧妙，其实是因为标准 SQL 中规定了一种悄悄开始事务处理 ❶ 的方法。因此，即使是经验丰富的工程师也经常会忽略事务处理开始的时间点。大家可以试着通过询问"是否知道某个 DBMS 中事务是什么时候开始的"，来测试学校或者公司前辈的数据库知识。

反之，事务的结束需要用户明确地给出指示。结束事务的指令有如下两种。

注❶

《标准 SQL 手册 修订第4版》中的记述：希望大家注意事务默认开始的时间点。没有 "BEGIN TRANSACTION" 这样明确的开始标志。

KEYWORD
● COMMIT
● 提交

■COMMIT——提交处理

COMMIT 是提交事务包含的全部更新处理的结束指令（图 4-3），相当于文件处理中的覆盖保存。一旦提交，就无法恢复到事务开始前的状态了。因此，在提交之前一定要确认是否真的需要进行这些更新。

图4-3 COMMIT的流程=直线进行

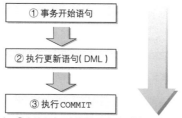

结束后的状态：②中的所有更新都被反映到了数据库中

万一由于误操作提交了包含错误更新的事务，就只能回到重新建表、重新插入数据这样繁琐的老路上了。由于可能会造成数据无法恢复的后果，请大家一定要注意（特别是在执行 DELETE 语句的 COMMIT 时尤其要小心）。

 法则4-8

虽然我们可以不清楚事务开始的时间点，但是在事务结束时一定要仔细进行确认。

■ ROLLBACK——取消处理

KEYWORD
● ROLLBACK
● 回滚

ROLLBACK 是取消事务包含的全部更新处理的结束指令（图 4-4），相当于文件处理中的放弃保存。一旦回滚，数据库就会恢复到事务开始之前的状态（代码清单 4-22）。通常回滚并不会像提交那样造成大规模的数据损失。

图4-4　ROLLBACK的流程＝掉头回到起点

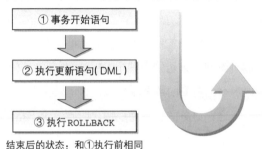

① 事务开始语句

② 执行更新语句(DML)

③ 执行ROLLBACK

结束后的状态：和①执行前相同

代码清单4-22　事务回滚的例子

```
SQL Server | PostgreSQL
BEGIN TRANSACTION; ——————————①

    -- 将运动T恤的销售单价降低1000日元
    UPDATE Product
       SET sale_price = sale_price - 1000
     WHERE product_name = '运动T恤';

    -- 将T恤衫的销售单价上浮1000日元
    UPDATE Product
       SET sale_price = sale_price + 1000
     WHERE product_name = 'T恤衫';

ROLLBACK;
```

> **特定的SQL**
>
> 　　至此，我们已经知道各个DBMS中关于事务的语法不尽相同。代码清单4-22中的语句在 MySQL 中执行时需要将①语句改写为 "START TRANSACTION"，而在 Oracle 和 DB2 中执行时则无需①语句（请将其删除），具体请参考4-4节的"创建事务"。

上述事务处理执行之后，表中的数据不会发生任何改变。这是因为执行最后一行的 ROLLBACK 之后，所有的处理都被取消了。因此，回滚执行起来就无需像提交时那样小心翼翼了（即使是想要提交的情况，也只需要重新执行事务处理就可以了）。

专 栏

事务处理何时开始

之前我们说过,事务并没有标准的开始指令存在,而是根据 DBMS 的不同而不同。

实际上,几乎所有的数据库产品的事务都无需开始指令。这是因为大部分情况下,事务在数据库连接建立时就已经悄悄开始了,并不需要用户再明确发出开始指令。例如,使用 Oracle 时,数据库连接建立之后,第一条 SQL 语句执行的同时,事务就已经悄悄开始了。

像这样不使用指令而悄悄开始事务的情况下,应该如何区分各个事务呢? 通常会有如下两种情况。

Ⓐ 每条SQL语句就是一个事务 (自动提交模式)

Ⓑ 直到用户执行COMMIT或者ROLLBACK为止算作一个事务

KEYWORD

● 自动提交模式

注❶

例如,PostgreSQL 的用户手册中有如下记述 : "PostgreSQL 中所有的 SQL 指令语句都在事务内执行。即使不执行BEGIN,这些命令语句也会在执行时悄悄被括在BEGIN和COMMIT(如果成功的话)之间。"(《PostgreSQL 9.5.2 文档》"3-4节 事务")

通常的 DBMS 都可以选择其中任意一种模式。默认使用自动提交模式的 DBMS 有 SQL Server、PostgreSQL 和 MySQL 等❶。该模式下的 DML 语句如下所示,每一条语句都括在事务的开始语句和结束语句之中。

```
BEGIN TRANSACTION;
    -- 将运动T恤的销售单价降低1000日元
    UPDATE Product
        SET sale_price = sale_price - 1000
    WHERE product_name = '运动T恤';
COMMIT;

BEGIN TRANSACTION;
    -- 将T恤衫的销售单价上浮1000日元
    UPDATE Product
        SET sale_price = sale_price + 1000
    WHERE product_name = 'T恤衫';
COMMIT;
```

在默认使用 B 模式的 Oracle 中,事务都是直到用户自己执行提交或者回滚指令才会结束。

自动提交的情况需要特别注意的是 DELETE 语句。如果不是自动提交,即使使用 DELETE 语句删除了数据表,也可以通过 ROLLBACK 命令取消该事务的处理,恢复表中的数据。但这仅限于明示开始事务,或者关闭自动提交的情况。如果不小心在自动提交模式下执行了 DELETE 操作,即使再回滚也无济于事了。这是一个很严重的问题,初学者难免会碰到这样的麻烦。一旦误删了数据,如果无法重新插入,是不是想哭的心都有了? 所以一定要特别小心。

ACID 特性

KEYWORD
●ACID 特性

DBMS 的事务都遵循四种特性，将这四种特性的首字母结合起来统称为 ACID 特性。这是所有 DBMS 都必须遵守的规则。

KEYWORD
●原子性(Atomicity)

■原子性(Atomicity)

原子性是指在事务结束时，其中所包含的更新处理要么全部执行，要么完全不执行，也就是要么占有一切要么一无所有。例如，在之前的例子中，在事务结束时，绝对不可能出现运动 T 恤的价格下降了，而 T 恤衫的价格却没有上涨的情况。该事务的结束状态，要么是两者都执行了（COMMIT），要么是两者都未执行（ROLLBACK）。

从事务中途停止的角度去考虑，就能比较容易理解原子性的重要性了。由于用户在一个事务中定义了两条 UPDATE 语句，DBMS 肯定不会只执行其中一条，否则就会对业务处理造成影响。

KEYWORD
●一致性(Consistency)
●完整性

■一致性(Consistency)

一致性指的是事务中包含的处理要满足数据库提前设置的约束，如主键约束或者 NOT NULL 约束等。例如，设置了 NOT NULL 约束的列是不能更新为 NULL 的，试图插入违反主键约束的记录就会出错，无法执行。对事务来说，这些不合法的 SQL 会被回滚。也就是说，这些 SQL 处理会被取消，不会执行。

一致性也称为完整性（图 4-5）。

图4-5　保持完整性的流程

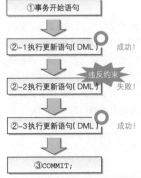

结束后的状态：只有②-2的更新没有被反映到数据库中

KEYWORD

●隔离性(Isolation)

■隔离性(Isolation)

　　隔离性指的是保证不同事务之间互不干扰的特性。该特性保证了事务之间不会互相嵌套。此外，在某个事务中进行的更改，在该事务结束之前，对其他事务而言是不可见的。因此，即使某个事务向表中添加了记录，在没有提交之前，其他事务也是看不到新添加的记录的。

KEYWORD

●持久性(Durability)
●日志

■持久性(Durability)

　　持久性也可以称为耐久性，指的是在事务（不论是提交还是回滚）结束后，DBMS 能够保证该时间点的数据状态会被保存的特性。即使由于系统故障导致数据丢失，数据库也一定能通过某种手段进行恢复。

　　如果不能保证持久性，即使是正常提交结束的事务，一旦发生了系统故障，也会导致数据丢失，一切都需要从头再来。

　　保证持久性的方法根据实现的不同而不同，其中最常见的就是将事务的执行记录保存到硬盘等存储介质中（该执行记录称为日志）。当发生故障时，可以通过日志恢复到故障发生前的状态。

练习题

4.1 A 先生在自己的计算机（电脑）上，使用 CREATE TABLE 语句创建出了一张空的 Product(商品)表，并执行了如下的 SQL 语句向其中插入数据。

```
BEGIN TRANSACTION;
    INSERT INTO Product VALUES ('0001', 'T恤衫', ➡
'衣服', 1000, 500, '2008-09-20');
    INSERT INTO Product VALUES ('0002', '打孔器', ➡
'办公用品', 500, 320, '2008-09-11');
    INSERT INTO Product VALUES ('0003', '运动T恤', ➡
'衣服', 4000, 2800, NULL);
```

➡表示下一行接续本行，只是由于版面所限而换行。

紧接着，B 先生使用其他的计算机连接上该数据库，执行了如下 SELECT 语句。这时 B 先生能得到怎样的查询结果呢？

```
SELECT * FROM Product;
```

提示：如果可以使用DELETE语句，就可以对通过CREATE TABLE语句创建出的空表执行该操作了。

4.2 如下所示，有一张包含 3 条记录的 Product 表。

商品编号	商品名称	商品种类	销售单价	进货单价	登记日期
0001	T恤衫	衣服	1000	500	2009-09-20
0002	打孔器	办公用品	500	320	2009-09-11
0003	运动T恤	衣服	4000	2800	

使用如下的 INSERT 语句复制这 3 行数据，应该就能够将表中的数据增加为 6 行。请说出该语句的执行结果。

```
INSERT INTO Product SELECT * FROM Product;
```

4.3 以练习 4.2 中的 Product 表为基础，再创建另外一张包含利润列的新表 ProductMargin（商品利润）。

```
-- 商品利润表
CREATE TABLE ProductMargin
(product_id      CHAR(4)         NOT NULL,
 product_name    VARCHAR(100)    NOT NULL,
 sale_price      INTEGER,
 purchase_price  INTEGER,
 margin          INTEGER,
 PRIMARY KEY(product_id));
```

请写出向上述表中插入如下数据的 SQL 语句，其中的利润可以简单地通过对 Product 表中的数据进行计算（销售单价 – 进货单价）得出。

product_id	product_name	sale_price	purchase_price	margin
0001	T恤衫	1000	500	500
0002	打孔器	500	320	180
0003	运动T恤	4000	2800	1200

4.4 对练习 4.3 中的 ProductMargin 表的数据进行如下更改。

1. 将运动 T 恤的销售单价从 4000 日元下调至 3000 日元。

2. 根据上述结果再次计算运动 T 恤的利润。

更改后的 ProductMargin 表如下所示。请写出能够实现该变更的 SQL 语句。

product_id	product_name	sale_price	purchase_price	margin
0001	T恤衫	1000	500	500
0002	打孔器	500	320	180
0003	运动T恤	3000	2800	200

销售单价和利润都发生了改变

第5章　复杂查询

视图

子查询

关联子查询

SQL

本章重点

　　前几章我们一起学习了表的创建、查询和更新等数据库的基本操作方法。从本章开始，我们将会在这些基本方法的基础上，学习一些实际应用中的方法。

　　本章将以此前学过的SELECT语句，以及嵌套在SELECT语句中的视图和子查询等技术为中心进行学习。由于视图和子查询可以像表一样进行使用，因此如果能恰当地使用这些技术，就可以写出更加灵活的SQL了。

5-1　视图
■视图和表
■创建视图的方法
■视图的限制①——定义视图时不能使用ORDER　BY子句
■视图的限制②——对视图进行更新
■删除视图

5-2　子查询
■子查询和视图
■子查询的名称
■标量子查询
■标量子查询的书写位置
■使用标量子查询时的注意事项

5-3　关联子查询
■普通的子查询和关联子查询的区别
■关联子查询也是用来对集合进行切分的
■结合条件一定要写在子查询中

5-1 视图

学习重点

- 从SQL的角度来看，视图和表是相同的，两者的区别在于表中保存的是实际的数据，而视图中保存的是SELECT语句（视图本身并不存储数据）。
- 使用视图，可以轻松完成跨多表查询数据等复杂操作。
- 可以将常用的SELECT语句做成视图来使用。
- 创建视图需要使用CREATE VIEW语句。
- 视图包含"不能使用ORDER BY"和"可对其进行有限制的更新"两项限制。
- 删除视图需要使用DROP VIEW语句。

视图和表

KEYWORD

● 视图

我们首先要学习的是一个新的工具 —— 视图。

视图究竟是什么呢？如果用一句话概述的话，就是"从 SQL 的角度来看视图就是一张表"。实际上，在 SQL 语句中并不需要区分哪些是表，哪些是视图，只需要知道在更新时它们之间存在一些不同就可以了，这一点之后会为大家进行介绍。至少在编写 SELECT 语句时并不需要特别在意表和视图有什么不同。

那么视图和表到底有什么不同呢？区别只有一个，那就是"是否保存了实际的数据"。

通常，我们在创建表时，会通过 INSERT 语句将数据保存到数据库之中，而数据库中的数据实际上会被保存到计算机的存储设备（通常是硬盘）中。因此，我们通过 SELECT 语句查询数据时，实际上就是从存储设备（硬盘）中读取数据，进行各种计算之后，再将结果返回给用户这样一个过程。

但是使用视图时并不会将数据保存到存储设备之中，而且也不会将数据保存到其他任何地方。实际上视图保存的是 SELECT 语句（图 5-1）。我们从视图中读取数据时，视图会在内部执行该 SELECT 语句并创建出一张临时表。

图5-1 视图和表

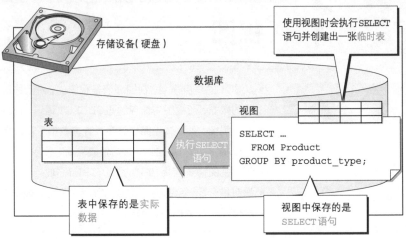

■视图的优点

视图的优点大体有两点。

第一点是由于视图无需保存数据，因此可以节省存储设备的容量。例如，我们在 4-1 节中创建了用来汇总商品种类（product_type）的表。由于该表中的数据最终都会保存到存储设备之中，因此会占用存储设备的数据空间。但是，如果把同样的数据作为视图保存起来的话，就只需要代码清单 5-1 那样的 SELECT 语句就可以了，这样就节省了存储设备的数据空间。

代码清单5-1 通过视图等SELECT语句保存数据

```
SELECT product_type, SUM(sale_price), SUM(purchase_price)
  FROM Product
 GROUP BY product_type;
```

由于本示例中表的数据量充其量只有几行，所以使用视图并不会大幅缩小数据的大小。但是在实际的业务中数据量往往非常大，这时使用视图所节省的容量就会非常可观了。

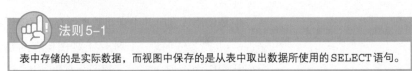

法则5-1

表中存储的是实际数据，而视图中保存的是从表中取出数据所使用的SELECT语句。

第二个优点就是可以将频繁使用的 SELECT 语句保存成视图，这样就不用每次都重新书写了。创建好视图之后，只需在 SELECT 语句中进行调用，就可以方便地得到想要的结果了。特别是在进行汇总以及复杂的查询条件导致 SELECT 语句非常庞大时，使用视图可以大大提高效率。

而且，视图中的数据会随着原表的变化自动更新。视图归根到底就是 SELECT 语句，所谓"参照视图"也就是"执行 SELECT 语句"的意思，因此可以保证数据的最新状态。这也是将数据保存在表中所不具备的优势 ❶。

注❶

数据保存在表中时，必须要显式地执行SQL更新语句才能对数据进行更新。

法则5-2

应该将经常使用的SELECT语句做成视图。

创建视图的方法

KEYWORD

● CREATE VIEW 语句

创建视图需要使用 CREATE VIEW 语句，其语法如下所示。

语法5-1　创建视图的CREATE VIEW语句

```
CREATE VIEW 视图名称 (<视图列名1>, <视图列名2>, ……)
AS
<SELECT语句>
```

SELECT 语句需要书写在 AS 关键字之后。SELECT 语句中列的排列顺序和视图中列的排列顺序相同，SELECT 语句中的第 1 列就是视图中的第 1 列，SELECT 语句中的第 2 列就是视图中的第 2 列，以此类推。视图的列名在视图名称之后的列表中定义。

> **备忘**
>
> 接下来，我们将会以此前使用的 Product（商品）表为基础来创建视图。如果大家已经根据之前章节的内容更新了 Product 表中的数据，请在创建视图之前将数据恢复到初始状态。操作步骤如下所示。
>
> ① 删除 Product 表中的数据，将表清空
>
> DELETE FROM Product;

② 执行代码清单 1-6（1.5 节）中的 SQL 语句，将数据插入到空表 Product 中

　　②中的 SQL 语句（CreateTableProduct.sql）收录在示例程序 \Sample\ CreateTable\PostgreSQL 文件夹中。

　　下面就让我们试着来创建视图吧。和此前一样，这次我们还是将 Product 表（代码清单 5-2）作为基本表。

代码清单5-2　ProductSum视图

```
CREATE VIEW ProductSum (product_type, cnt_product)   ← 视图的列名
AS
SELECT product_type, COUNT(*)                视图定义中的主体（内容
  FROM Product            ←                 只是一条SELECT语句）
 GROUP BY product_type;
```

　　这样我们就在数据库中创建出了一幅名为 ProductSum（商品合计）的视图。请大家一定不要省略第 2 行的关键字 AS。这里的 AS 与定义别名时使用的 AS 并不相同，如果省略就会发生错误。虽然很容易混淆，但是语法就是这么规定的，所以还是请大家牢记。

　　接下来，我们来学习视图的使用方法。视图和表一样，可以书写在 SELECT 语句的 FROM 子句之中（代码清单 5-3）。

代码清单5-3　使用视图

```
SELECT product_type, cnt_product
  FROM ProductSum;   ← 在FROM子句中使用视图来代替表
```

执行结果

```
product_type | cnt_product
-------------+------------
衣服         |           2
办公用品     |           2
厨房用具     |           4
```

　　通过上述视图 ProductSum 定义的主体（SELECT 语句）我们可以看出，该视图将根据商品种类（product_type）汇总的商品数量（cnt_product）作为结果保存了起来。这样如果大家在工作中需要频繁进行汇总时，就不用每次都使用 GROUP BY 和 COUNT 函数写 SELECT 语句来从 Product 表中取得数据了。创建出视图之后，就可

以通过非常简单的 SELECT 语句，随时得到想要的汇总结果。并且如前所述，Product 表中的数据更新之后，视图也会自动更新，非常灵活方便。

　　之所以能够实现上述功能，是因为视图就是保存好的 SELECT 语句。定义视图时可以使用任何 SELECT 语句，既可以使用 WHERE、GROUP BY、HAVING，也可以通过 SELECT * 来指定全部列。

■使用视图的查询

　　在 FROM 子句中使用视图的查询，通常有如下两个步骤：

① 首先执行定义视图的 SELECT 语句

② 根据得到的结果，再执行在 FROM 子句中使用视图的 SELECT 语句

　　也就是说，使用视图的查询通常需要执行 2 条以上的 SELECT 语句 ❶。

　　这里没有使用"2 条"而使用了"2 条以上"，是因为还可能出现以视图为基础创建视图的多重视图（图 5-2）。例如，我们可以像代码清单 5-4 那样以 ProductSum 为基础创建出视图 ProductSumJim。

注❶

但是根据实现方式的不同，也存在内部使用视图的 SELECT 语句本身进行重组的 DBMS。

KEYWORD

●多重视图

图5-2　可以在视图的基础上创建视图

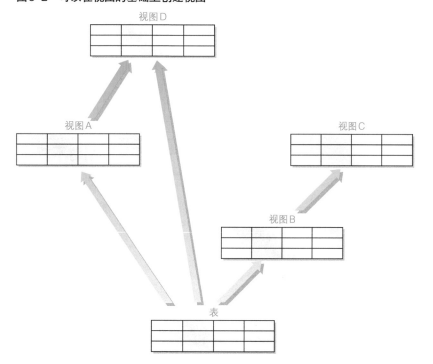

代码清单5-4 视图ProductSumJim

```
CREATE VIEW ProductSumJim (product_type, cnt_product)
AS
SELECT product_type, cnt_product
  FROM ProductSum         以视图为基础创建视图
 WHERE product_type = '办公用品';
```

```
--  确认创建好的视图
SELECT product_type, cnt_product
  FROM ProductSumJim;
```

执行结果

product_type	cnt_product
办公用品	2

　　虽然语法上没有错误，但是我们还是应该尽量避免在视图的基础上创建视图。这是因为对多数 DBMS 来说，多重视图会降低 SQL 的性能。因此，希望大家（特别是刚刚接触视图的读者）能够使用单一视图。

> **法则5-3**
>
> 应该避免在视图的基础上创建视图。

　　除此之外，在使用时还要注意视图有两个限制，接下来会给大家详细介绍。

视图的限制①——定义视图时不能使用ORDER BY子句

　　虽然之前我们说过在定义视图时可以使用任何 SELECT 语句，但其实有一种情况例外，那就是不能使用 ORDER BY 子句，因此下述视图定义语句是错误的。

```
--  不能像这样定义视图
CREATE VIEW ProductSum (product_type, cnt_product)
AS
SELECT product_type, COUNT(*)
  FROM Product
 GROUP BY product_type
 ORDER BY product_type;         定义视图时不能使用ORDER BY子句
```

为什么不能使用 ORDER BY 子句呢？这是因为视图和表一样，数据行都是没有顺序的。实际上，有些 DBMS 在定义视图的语句中是可以使用 ORDER BY 子句的 **❶**，但是这并不是通用的语法。因此，在定义视图时请不要使用 ORDER BY 子句。

法则 5-4

定义视图时不要使用 ORDER BY 子句。

注❶

例如，在 PostgreSQL 中上述 SQL 语句就没有问题，可以执行。

视图的限制② ——对视图进行更新

之前我们说过，在 SELECT 语句中视图可以和表一样使用。那么，对于 INSERT、DELETE、UPDATE 这类更新语句（更新数据的 SQL）来说，会怎么样呢？

实际上，虽然这其中有很严格的限制，但是某些时候也可以对视图进行更新。标准 SQL 中有这样的规定：如果定义视图的 SELECT 语句能够满足某些条件，那么这个视图就可以被更新。下面就给大家列举一些比较具有代表性的条件。

① SELECT 子句中未使用 DISTINCT
② FROM 子句中只有一张表
③ 未使用 GROUP BY 子句
④ 未使用 HAVING 子句

在前几章的例子中，FROM 子句里通常只有一张表。因此，大家可能会觉得②中的条件有些奇怪，但其实 FROM 子句中也可以并列使用多张表。大家在学习完下一章"表结合"的操作之后就明白了。

其他的条件大多数都与聚合有关。简单来说，像这次的例子中使用的 ProductSum 那样，使用视图来保存原表的汇总结果时，是无法判断如何将视图的更改反映到原表中的。

例如，对 ProductSum 视图执行如下 INSERT 语句。

```
INSERT INTO ProductSum VALUES ('电器制品', 5);
```

但是，上述 INSERT 语句会发生错误。这是因为视图 ProductSum 是通过 GROUP BY 子句对原表进行汇总而得到的。为什么通过汇总得到的视图不能进行更新呢？

视图归根结底还是从表派生出来的，因此，如果原表可以更新，那么视图中的数据也可以更新。反之亦然，如果视图发生了改变，而原表没有进行相应更新的话，就无法保证数据的一致性了。

使用前述 INSERT 语句，向视图 ProductSum 中添加数据（'电器制品',5）时，原表 Product 应该如何更新才好呢？按理说应该向表中添加商品种类为"电器制品"的 5 行数据，但是这些商品对应的商品编号、商品名称和销售单价等我们都不清楚(图5-3)。数据库在这里就遇到了麻烦。

图5-3　通过汇总得到的视图无法更新

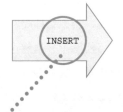

视图 ProductSum（商品合计）

product_id （商品编号）	product_name （商品名称）	product_type （商品种类）	sale_price （销售单价）	purchase_price （进货单价）	regist_date （登记日期）
0001	T恤衫	衣服	1000	500	2009-09-20
0002	打孔器	办公用品	500	320	2009-09-11
0003	运动T恤	衣服	4000	2800	
0004	菜刀	厨房用具	3000	2800	2009-09-20
0005	高压锅	厨房用具	6800	5000	2009-01-15
0006	叉子	厨房用具	500		2009-09-20
0007	擦菜板	厨房用具	880	790	2008-04-28
0008	圆珠笔	办公用品	100		2009-11-11
?	?	电器制品	?	?	?
?	?	电器制品	?	?	?
?	?	电器制品	?	?	?
?	?	电器制品	?	?	?
?	?	电器制品	?	?	?

法则5-5

视图和表需要同时进行更新，因此通过汇总得到的视图无法进行更新。

■能够更新视图的情况

像代码清单 5-5 这样，不是通过汇总得到的视图就可以进行更新。

代码清单5-5　可以更新的视图

```
CREATE VIEW ProductJim (product_id, product_name, product_type, ➡
sale_price, purchase_price, regist_date)
AS
SELECT *
  FROM Product          ←─┤ 既没有聚合又没有结合的SELECT语句 │
 WHERE product_type = '办公用品';
```

➡表示下一行接续本行，只是由于版面所限而换行。

对于上述只包含办公用品类商品的视图 ProductJim 来说，就可以执行类似代码清单 5-6 这样的 INSERT 语句。

代码清单5-6　向视图中添加数据行

```
INSERT INTO ProductJim VALUES ('0009', '印章', '办公用品', 95, 10, ➡
'2009-11-30');
         ┌─ 向视图中添加一行 ─┐
```

➡表示下一行接续本行，只是由于版面所限而换行。

注意事项

由于PostgreSQL中的视图会被初始设定为只读，所以执行代码清单5-6中的INSERT语句时，会发生下面这样的错误。

执行结果 (使用PostgreSQL)

```
ERROR:   不能向视图中插入数据
HINT:    需要一个无条件的ON INSERT DO INSTEAD规则
```

这种情况下，在INSERT语句执行之前，需要使用代码清单5-A中的指令来允许更新操作。在DB2和MySQL等其他DBMS中，并不需要执行这样的指令。

代码清单5-A　允许PostgreSQL对视图进行更新

`PostgreSQL`
```
CREATE OR REPLACE RULE insert_rule
AS ON INSERT
TO  ProductJim DO INSTEAD
INSERT INTO Product VALUES (
            new.product_id,
```

```
                                new.product_name,
                                new.product_type,
                                new.sale_price,
                                new.purchase_price,
                                new.regist_date);
```

下面让我们使用 SELECT 语句来确认数据行是否添加成功吧。

●视图

```
--  确认数据是否已经添加到视图中
SELECT * FROM ProductJim;
```

执行结果

product_id	product_name	product_type	sale_price	purchase_price	regist_date
0002	打孔器	办公用品	500	320	2009-09-11
0008	圆珠笔	办公用品	100		2009-11-11
0009	印章	办公用品	95	10	2009-11-30 ←

数据已经被添加进来了

●原表

```
--  确认数据是否已经添加到原表中
SELECT * FROM Product;
```

执行结果

product_id	product_name	product_type	sale_price	purchase_price	regist_date
0001	T恤衫	衣服	1000	500	2009-09-20
0002	打孔器	办公用品	500	320	2009-09-11
0003	运动T恤	衣服	4000	2800	
0004	菜刀	厨房用具	3000	2800	2009-09-20
0005	高压锅	厨房用具	6800	5000	2009-01-15
0006	叉子	厨房用具	500		2009-09-20
0007	擦菜板	厨房用具	880	790	2008-04-28
0008	圆珠笔	办公用品	100		2009-11-11
0009	印章	办公用品	95	10	2008-11-30 ←

数据已经被添加进来了

　　UPDATE 语句和 DELETE 语句当然也可以像操作表时那样正常执行，但是对于原表来说却需要设置各种各样的约束（主键和 NOT NULL 等），需要特别注意。

删除视图

KEYWORD

● DROP VIEW 语句

删除视图需要使用 DROP VIEW 语句，其语法如下所示。

语法5-2　删除视图的DROP VIEW语句

```
DROP VIEW 视图名称 (<视图列名1>, <视图列名2>, ……)
```

例如，想要删除视图 ProductSum 时，就可以使用代码清单 5-7 中的 SQL 语句。

代码清单5-7　删除视图

```
DROP VIEW ProductSum;
```

特定的SQL

在 PostgreSQL 中，如果删除以视图为基础创建出来的多重视图，由于存在关联的视图，因此会发生如下错误。

执行结果（使用PostgreSQL）

```
ERROR:   由于存在关联视图，因此无法删除视图productsum
DETAIL:  视图productsumjim与视图productsum相关联
HINT:    删除关联对象请使用DROP...CASCADE
```

这时可以像下面这样，使用CASCADE选项来删除关联视图。

PostgreSQL
```
DROP VIEW ProductSum CASCADE;
```

备 忘

下面我们再次将 Product 表恢复到初始状态（8行）。请执行如下 DELETE 语句，删除之前添加的 1 行数据。

代码清单5-B

```
-- 删除商品编号为0009（印章）的数据
DELETE FROM Product WHERE product_id = '0009';
```

5-2 子查询

学习重点

- 一言以蔽之，子查询就是一次性视图（SELECT语句）。与视图不同，子查询在SELECT语句执行完毕之后就会消失。
- 由于子查询需要命名，因此需要根据处理内容来指定恰当的名称。
- 标量子查询就是只能返回一行一列的子查询。

子查询和视图

前一节我们学习了视图这个非常方便的工具，本节将学习以视图为基础的子查询。子查询的特点概括起来就是一张一次性视图。

KEYWORD

● 子查询

我们先来复习一下视图的概念，视图并不是用来保存数据的，而是通过保存读取数据的 SELECT 语句的方法来为用户提供便利。反之，子查询就是将用来定义视图的 SELECT 语句直接用于 FROM 子句当中。接下来，就让我们拿前一节使用的视图 ProductSum（商品合计）来与子查询进行一番比较吧。

首先，我们再来看一下视图 ProductSum 的定义和视图所对应的 SELECT 语句（代码清单 5-8）。

代码清单5-8　视图ProductSum和确认用的SELECT语句

```
-- 根据商品种类统计商品数量的视图
CREATE VIEW ProductSum (product_type, cnt_product)
AS
SELECT product_type, COUNT(*)
  FROM Product
 GROUP BY product_type;

-- 确认创建好的视图
SELECT product_type, cnt_product
  FROM ProductSum;
```

能够实现同样功能的子查询如代码清单 5-9 所示。

代码清单5-9　子查询

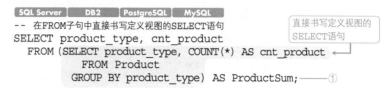

```
-- 在FROM子句中直接书写定义视图的SELECT语句
SELECT product_type, cnt_product
  FROM (SELECT product_type, COUNT(*) AS cnt_product
          FROM Product
         GROUP BY product_type) AS ProductSum;————①
```

> **特定的SQL**
>
> 　　在 Oracle 的 FROM子句中，不能使用 AS（会发生错误），因此，在 Oracle 中执行代码清单5-9时，需要将①中的 ")AS ProductSum;" 变为 ") ProductSum;"。

　　两种方法得到的结果完全相同。

执行结果

```
product_type | cnt_product
-------------+------------
衣服         |           2
办公用品      |           2
厨房用具      |           4
```

　　如上所示，子查询就是将用来定义视图的 SELECT 语句直接用于 FROM 子句当中。虽然 "AS ProductSum" 就是子查询的名称，但由于该名称是一次性的，因此不会像视图那样保存在存储介质（硬盘）之中，而是在 SELECT 语句执行之后就消失了。

　　实际上，该 SELECT 语句包含嵌套的结构，首先会执行 FROM 子句中的 SELECT 语句，然后才会执行外层的 SELECT 语句（图 5-4）。

图5-4　SELECT语句的执行顺序

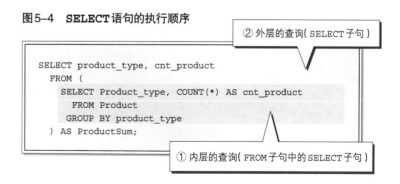

① 首先执行 FROM 子句中的 SELECT 语句（子查询）

```
SELECT product_type, COUNT(*) AS cnt_product
  FROM Product
 GROUP BY product_type;
```

② 根据①的结果执行外层的 SELECT 语句

```
SELECT product_type, cnt_product
  FROM ProductSum;
```

 法则5-6

子查询作为内层查询会首先执行。

■增加子查询的层数

由于子查询的层数原则上没有限制，因此可以像"子查询的 FROM 子句中还可以继续使用子查询，该子查询的 FROM 子句中还可以再使用子查询……"这样无限嵌套下去（代码清单 5-10）。

代码清单5-10　尝试增加子查询的嵌套层数

`SQL Server`　`DB2`　`PostgreSQL`　`MySQL`
```
SELECT product_type, cnt_product
  FROM (SELECT *
          FROM (SELECT product_type, COUNT(*) AS cnt_product
                  FROM Product
                 GROUP BY product_type) AS ProductSum ──①
         WHERE cnt_product = 4) AS ProductSum2; ──②
```

> **特定的SQL**
>
> 在 Oracle 的 FROM 子句中不能使用 AS（会发生错误），因此，在 Oracle 中执行代码清单5-10时，需要将①中的") AS ProductSum"变为") ProductSum"，将②中的") AS ProductSum2;"变为") ProductSum2;"。

执行结果

```
product_type | cnt_product
-------------+------------
厨房用具      |           4
```

最内层的子查询（ProductSum）与之前一样，根据商品种类（product_type）对数据进行汇总，其外层的子查询将商品数量（cnt_product）限定为 4，结果就得到了 1 行厨房用具的数据。

但是，随着子查询嵌套层数的增加，SQL 语句会变得越来越难读懂，性能也会越来越差。因此，请大家尽量避免使用多层嵌套的子查询。

子查询的名称

之前的例子中我们给子查询设定了 ProductSum 等名称。原则上子查询必须设定名称，因此请大家尽量从处理内容的角度出发为子查询设定恰当的名称。在上述例子中，子查询用来对 Product 表的数据进行汇总，因此我们使用了后缀 Sum 作为其名称。

为子查询设定名称时需要使用 AS 关键字，该关键字有时也可以省略 ❶。

注❶

其中也有像 Oracle 这样，在名称之前使用 AS 关键字就会发生错误的数据库，大家可以将其视为例外的情况。

标量子查询

接下来我们学习子查询中的标量子查询（scalar subquery）。

■什么是标量

标量就是单一的意思，在数据库之外的领域也经常使用。

上一节我们学习的子查询基本上都会返回多行结果（虽然偶尔也会只返回 1 行数据）。由于结构和表相同，因此也会有查询不到结果的情况。

而标量子查询则有一个特殊的限制，那就是必须而且只能返回 1 行 1 列的结果，也就是返回表中某一行的某一列的值，例如"10"或者"东京都"这样的值。

KEYWORD
- ●标量子查询
- ●标量

KEYWORD
- ●返回值

返回值就是函数或者 SQL 语句等处理执行之后作为结果返回的值。

 法则 5-7

标量子查询就是返回单一值的子查询。

细心的读者可能会发现，由于返回的是单一的值，因此标量子查询的返回值可以用在 = 或者 <> 这样需要单一值的比较运算符之中。这也正是标量子查询的优势所在。下面就让我们赶快来试试看吧。

■在WHERE子句中使用标量子查询

在 4-2 节中，我们练习了通过各种各样的条件从 Product（商品）表中读取数据。大家有没有想过通过下面这样的条件查询数据呢？

"查询出销售单价高于平均销售单价的商品。"

或者说想知道价格处于上游的商品时，也可以通过上述条件进行查询。

然而这并不是用普通方法就能解决的。如果我们像下面这样使用 AVG 函数的话，就会发生错误。

```
-- 在WHERE子句中不能使用聚合函数
SELECT product_id, product_name, sale_price
  FROM Product
 WHERE sale_price > AVG(sale_price);
```
大于销售平均单价"这样的条件

虽然这样的 SELECT 语句看上去能够满足我们的要求，但是由于在 WHERE 子句中不能使用聚合函数，因此这样的 SELECT 语句是错误的。

那么究竟什么样的 SELECT 语句才能满足上述条件呢？

这时标量子查询就可以发挥它的功效了。首先，如果想要求出 Product 表中商品的平均销售单价（sale_price），可以使用代码清单 5-11 中的 SELECT 语句。

代码清单5-11　计算平均销售单价的标量子查询

```
SELECT AVG(sale_price)
  FROM Product;
```

执行结果

```
        avg
---------------------
2097.5000000000000000
```

AVG 函数的使用方法和 COUNT 函数相同，其计算式如下所示。

$(1000 + 500 + 4000 + 3000 + 6800 + 500 + 880 + 100) / 8 = 2097.5$

这样计算出的平均单价大约就是 2100 日元。不难发现，代码清单 5-11 中的 SELECT 语句的查询结果是单一的值（2097.5）。因此，我们可以直接将这个结果用到之前失败的查询之中。正确的 SQL 如代码清单 5-12 所示。

代码清单5-12 选取出销售单价(`sale_price`)高于全部商品的平均单价的商品

```
SELECT product_id, product_name, sale_price
  FROM Product
 WHERE sale_price > (SELECT AVG(sale_price)
                       FROM Product);
```
计算平均销售单价的标量子查询

执行结果

```
product_id | product_name | sale_price
-----------+--------------+-----------
0003       | 运动T恤      |       4000
0004       | 菜刀         |       3000
0005       | 高压锅       |       6800
```

　　前一节我们已经介绍过，使用子查询的 SQL 会从子查询开始执行。因此，这种情况下也会先执行下述计算平均单价的子查询（图5-5）。

```
--  ① 内层的子查询
SELECT AVG(sale_price)
  FROM Product;
```

　　子查询的结果是 2097.5，因此会用该值替换子查询的部分，生成如下 SELECT 语句。

```
--  ② 外层的查询
SELECT product_id, product_name, sale_price
  FROM Product
 WHERE sale_price > 2097.5
```

　　大家都能看出该 SQL 没有任何问题可以正常执行，结果如上所述。

图5-5 SELECT 语句的执行顺序(标量子查询)

标量子查询的书写位置

标量子查询的书写位置并不仅仅局限于 WHERE 子句中，通常任何可以使用单一值的位置都可以使用。也就是说，能够使用常数或者列名的地方，无论是 SELECT 子句、GROUP BY 子句、HAVING 子句，还是 ORDER BY 子句，几乎所有的地方都可以使用。

例如，在 SELECT 子句当中使用之前计算平均值的标量子查询的 SQL 语句，如代码清单 5-13 所示。

代码清单5-13 在 SELECT 子句中使用标量子查询

```
SELECT product_id,
       product_name,
       sale_price,
       (SELECT AVG(sale_price)
          FROM Product) AS avg_price    ←标量子查询
  FROM Product;
```

执行结果

```
product_id| product_name | sale_price |      avg_price
----------+--------------+------------+---------------------
0001      | T恤衫        |       1000 | 2097.5000000000000000
0002      | 打孔器      |        500 | 2097.5000000000000000
0003      | 运动T恤     |       4000 | 2097.5000000000000000
0004      | 菜刀        |       3000 | 2097.5000000000000000
0005      | 高压锅      |       6800 | 2097.5000000000000000
0006      | 叉子        |        500 | 2097.5000000000000000
0007      | 擦菜板      |        880 | 2097.5000000000000000
0008      | 圆珠笔      |        100 | 2097.5000000000000000
```

从上述结果可以看出，在商品一览表中加入了全部商品的平均单价。有时我们会需要这样的单据。

此外，我们还可以像代码清单 5-14 中的 SELECT 语句那样，在 HAVING 子句中使用标量子查询。

代码清单5-14 在 HAVING 子句中使用标量子查询

```
SELECT product_type, AVG(sale_price)
  FROM Product
 GROUP BY product_type
HAVING AVG(sale_price) > (SELECT AVG(sale_price)
                            FROM Product);    ←标量子查询
```

执行结果

```
product_type |          avg
-------------+----------------------
衣服          | 2500.0000000000000000
厨房用具       | 2795.0000000000000000
```

　　该查询的含义是想要选取出按照商品种类计算出的销售单价高于全部商品的平均销售单价的商品种类。如果在 SELECT 语句中不使用 HAVING 子句的话，那么平均销售单价为 300 日元的办公用品也会被选取出来。但是，由于全部商品的平均销售单价是 2097.5 日元，因此低于该平均值的办公用品会被 HAVING 子句中的条件排除在外。

使用标量子查询时的注意事项

　　最后我们来介绍一下使用标量子查询时的注意事项，那就是该子查询绝对不能返回多行结果。也就是说，如果子查询返回了多行结果，那么它就不再是标量子查询，而仅仅是一个普通的子查询了，因此不能被用在 = 或者 <> 等需要单一输入值的运算符当中，也不能用在 SELECT 等子句当中。

　　例如，如下的 SELECT 子查询会发生错误。

```
-- 由于不是标量子查询，因此不能在SELECT子句中使用
SELECT product_id,
       product_name,
       sale_price,
       (SELECT AVG(sale_price)
          FROM Product                              ← 子查询
         GROUP BY product_type) AS avg_price
  FROM Product;
```

　　发生错误的原因很简单，就是因为会返回如下多行结果。

```
          avg
----------------------
2500.0000000000000000
 300.0000000000000000
2795.0000000000000000
```

　　在 1 行 SELECT 子句之中当然不可能使用 3 行数据。因此，上述 SELECT 语句会返回"因为子查询返回了多行数据所以不能执行"这样的错误信息 ❶。

5-3

关联子查询

学习重点

- 关联子查询会在细分的组内进行比较时使用。
- 关联子查询和GROUP BY子句一样，也可以对表中的数据进行切分。
- 关联子查询的结合条件如果未出现在子查询之中就会发生错误。

普通的子查询和关联子查询的区别

按此前所学，使用子查询就能选取出销售单价（sale_price）高于全部商品平均销售单价的商品。这次我们稍稍改变一下条件，选取出各商品种类中高于该商品种类的平均销售单价的商品。

■按照商品种类与平均销售单价进行比较

只通过语言描述可能难以理解，还是让我们来看看具体示例吧。我们以厨房用具中的商品为例，该分组中包含了表 5-1 所示的 4 种商品。

表5–1　厨房用具中的商品

商品名称	销售单价
菜刀	3000
高压锅	6800
叉子	500
擦菜板	880

因此，计算上述 4 种商品的平均价格的算术式如下所示。

$(3000 + 6800 + 500 + 880) / 4 = 2795$ (日元)

这样我们就能得知该分组内高于平均价格的商品是菜刀和高压锅了，这两种商品就是我们要选取的对象。

我们可以对余下的分组继续使用同样的方法。衣服分组的平均销售单价是：

$$(1000 + 4000) / 2 = 2500 \text{ (日元)}$$

因此运动T恤就是要选取的对象。办公用品分组的平均销售单价是：

$$(500 + 100) / 2 = 300 \text{ (日元)}$$

因此打孔器就是我们要选取的对象。

这样大家就能明白该进行什么样的操作了吧。我们并不是要以全部商品为基础，而是要以细分的组为基础，对组内商品的平均价格和各商品的销售单价进行比较。

按照商品种类计算平均价格并不是什么难事，我们已经学习过了，只需按照代码清单 5-15 那样，使用 GROUP BY 子句就可以了。

代码清单5-15　按照商品种类计算平均价格

```
SELECT AVG(sale_price)
  FROM Product
 GROUP BY product_type;
```

但是，如果我们使用前一节（标量子查询）的方法，直接把上述SELECT 语句使用到 WHERE 子句当中的话，就会发生错误。

```
-- 发生错误的子查询
SELECT product_id, product_name, sale_price
  FROM Product
 WHERE sale_price > (SELECT AVG(sale_price)
                       FROM Product
                      GROUP BY product_type);
```

出错原因前一节已经讲过了，该子查询会返回 3 行结果（2795、2500、300），并不是标量子查询。在 WHERE 子句中使用子查询时，该子查询的结果必须是单一的。

但是，如果以商品种类分组为单位，对销售单价和平均单价进行比较，除此之外似乎也没有其他什么办法了。到底应该怎么办才好呢？

■使用关联子查询的解决方案

KEYWORD
●关联子查询

这时就轮到我们的好帮手——关联子查询登场了。

只需要在刚才的 SELECT 语句中追加一行，就能得到我们想要的结

注❶

事实上，对于代码清单5-16中的 SELECT 语句，即使在子查询中不使用GROUP BY子句，也能得到正确的结果。这是因为在WHERE子句中追加了"P1.product_ type=P2.product_type" 这个条件，使得AVG函数按照商品种类进行了平均值计算。但是为了跟前面出错的查询进行对比，这里还是加上了 GROUP BY 子句。

果了 ❶。事实胜于雄辩，还是让我们先来看看修改之后的 SELECT 语句吧（代码清单 5-16）。

代码清单5-16　通过关联子查询按照商品种类对平均销售单价进行比较

| SQL Server | DB2 | PostgreSQL | MySQL |

```
SELECT product_type, product_name, sale_price
  FROM Product AS P1 ─────────────────────────────①
 WHERE sale_price > (SELECT AVG(sale_price)
                       FROM Product AS P2 ─────────②
  该条件就是成功的关键! ──→ WHERE P1.product_type = P2.product_type
                      GROUP BY product_type);
```

特定的SQL

　　Oracle中不能使用AS（会发生错误）。因此，在Oracle中执行代码清单5-16时，请大家把①中的FROM Product AS P1变为FROM Product P1，把②中的FROM Product AS P2变为FROM Product P2。

执行结果

```
product_type | product_name | sale_price
-------------+--------------+------------
办公用品      | 打孔器        |        500
衣服         | 运动T恤       |       4000
厨房用具      | 菜刀          |       3000
厨房用具      | 高压锅        |       6800
```

　　这样我们就能选取出办公用品、衣服和厨房用具三类商品中高于该类商品的平均销售单价的商品了。

　　这里起到关键作用的就是在子查询中添加的 WHERE 子句的条件。该条件的意思就是，在同一商品种类中对各商品的销售单价和平均单价进行比较。

　　这次由于作为比较对象的都是同一张 Product 表，因此为了进行区别，分别使用了 P1 和 P2 两个别名。在使用关联子查询时，需要在表所对应的列名之前加上表的别名，以 "< 表名 >.< 列名 >" 的形式记述。

　　在对表中某一部分记录的集合进行比较时，就可以使用关联子查询。因此，使用关联子查询时，通常会使用 "限定（绑定）" 或者 "限制" 这样的语言，例如本次示例就是限定 "商品种类" 对平均单价进行比较。

 法则5-8

在细分的组内进行比较时，需要使用关联子查询。

关联子查询也是用来对集合进行切分的

换个角度来看，其实关联子查询也和 GROUP BY 子句一样，可以对集合进行切分。

大家还记得我们用来说明 GROUP BY 子句的图（图 5-6）吗？

图5-6　根据商品种类对表进行切分的图示

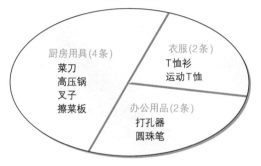

上图显示了作为记录集合的表是如何按照商品种类被切分的。使用关联子查询进行切分的图示也基本相同（图 5-7）。

图5-7　根据关联子查询进行切分的图示

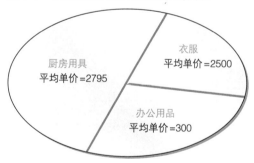

我们首先需要计算各个商品种类中商品的平均销售单价，由于该单价会用来和商品表中的各条记录进行比较，因此关联子查询实际只能返回 1 行结果。这也是关联子查询不出错的关键。关联子查询执行时，DBMS 内部的执行情况如图 5-8 所示。

图5-8　关联子查询执行时DBMS内部的执行情况

```
SELECT 衣服,       T恤衫,     1000 FROM Product WHERE 1000 > 2500;
SELECT 衣服,       运动T恤    4000 FROM Product WHERE 4000 > 2500;
-----------------------------------------------------------
SELECT 厨房用具,   菜刀,      3000 FROM Product WHERE 3000 > 2795;
SELECT 厨房用具,   高压锅,    6800 FROM Product WHERE 6800 > 2795;
SELECT 厨房用具,   叉子,       500 FROM Product WHERE  500 > 2795;
SELECT 厨房用具,   擦菜板,     880 FROM Product WHERE  880 > 2795;
-----------------------------------------------------------
SELECT 办公用品,   圆珠笔,     100 FROM Product WHERE  100 >  300;
SELECT 办公用品,   打孔器,     500 FROM Product WHERE  500 >  300;
```

> 满足条件

如果商品种类发生了变化，那么用来进行比较的平均单价也会发生变化，这样就可以将各种商品的销售单价和平均单价进行比较了。关联子查询的内部执行结果对于初学者来说是比较难以理解的，但是像上图这样将其内部执行情况可视化之后，理解起来就变得非常容易了吧。

结合条件一定要写在子查询中

下面给大家介绍一下 SQL 初学者在使用关联子查询时经常犯的一个错误，那就是将关联条件写在子查询之外的外层查询之中。请大家看一下下面这条 SELECT 语句。

```
-- 错误的关联子查询书写方法
SELECT product_type, product_name, sale_price
  FROM Product AS P1
 WHERE P1.product_type = P2.product_type      ← 将关联条件移到子
   AND sale_price > (SELECT AVG(sale_price)       查询之外
                       FROM Product AS P2
                      GROUP BY product_type);
```

上述 SELECT 语句只是将子查询中的关联条件移到了外层查询之中，其他并没有任何更改。但是，该 SELECT 语句会发生错误，不能正确执行。允许存在这样的书写方法可能并不奇怪，但是 SQL 的规则禁止这样的书写方法。

该书写方法究竟违反了什么规则呢？那就是关联名称的作用域。虽然这一术语看起来有些晦涩难懂，但是一解释大家就明白了。关联名称就是像 P1、P2 这样作为表别名的名称，作用域（scope）就是生存范围

KEYWORD

● 关联名称
● 作用域

（有效范围）。也就是说，关联名称存在一个有效范围的限制。

具体来讲，子查询内部设定的关联名称，只能在该子查询内部使用（图 5-9）。换句话说，就是"内部可以看到外部，而外部看不到内部"。

请大家一定不要忘记关联名称具有一定的有效范围。如前所述，SQL 是按照先内层子查询后外层查询的顺序来执行的。这样，子查询执行结束时只会留下执行结果，作为抽出源的 P2 表其实已经不存在了 **❶**。因此，在执行外层查询时，由于 P2 表已经不存在了，因此就会返回"不存在使用该名称的表"这样的错误。

注❶

当然，消失的其实只是 P2 这个名称而已，Product 表以及其中的数据还是存在的。

图5-9　子查询内的关联名称的有效范围

```
SELECT product_type, product_name, sale_price                    P1
  FROM Product AS P1                                        P2
 WHERE sale_price>(SELECT AVG(sale_price)
              FROM Product AS P2
              WHERE P1.product_type=P2.product_type
              GROUP BY product_type);
                                              (仅在子查询
                                               中有效)
```

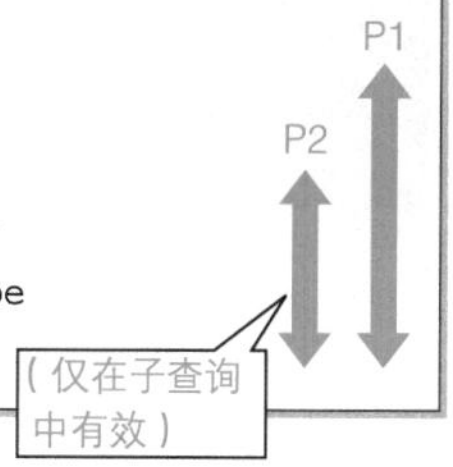

练习题

5.1 创建出满足下述三个条件的视图（视图名称为 ViewPractice5_1）。使用 Product（商品）表作为参照表，假设表中包含初始状态的 8 行数据。

条件 1：销售单价大于等于 1000 日元。

条件 2：登记日期是 2009 年 9 月 20 日。

条件 3：包含商品名称、销售单价和登记日期三列。

对该视图执行 SELECT 语句的结果如下所示。

```
SELECT * FROM ViewPractice5_1;
```

执行结果

```
product_name | sale_price | regist_date
-------------+------------+------------
T恤衫        |       1000 | 2009-09-20
菜刀         |       3000 | 2009-09-20
```

5.2 向习题 5.1 中创建的视图 ViewPractice5_1 中插入如下数据，会得到什么样的结果呢？

```
INSERT INTO ViewPractice5_1 VALUES ('刀子', 300, '2009-11-02');
```

5.3 请根据如下结果编写 SELECT 语句，其中 sale_price_all 列为全部商品的平均销售单价。

执行结果

```
product_id | product_name | product_type | sale_price |   sale_price_all
-----------+--------------+--------------+------------+---------------------
0001       | T恤衫         | 衣服         |       1000 | 2097.5000000000000000
0002       | 打孔器       | 办公用品     |        500 | 2097.5000000000000000
0003       | 运动T恤      | 衣服         |       4000 | 2097.5000000000000000
0004       | 菜刀         | 厨房用具     |       3000 | 2097.5000000000000000
0005       | 高压锅       | 厨房用具     |       6800 | 2097.5000000000000000
0006       | 叉子         | 厨房用具     |        500 | 2097.5000000000000000
0007       | 擦菜板       | 厨房用具     |        880 | 2097.5000000000000000
0008       | 圆珠笔       | 办公用品     |        100 | 2097.5000000000000000
```

5.4 请根据习题 5.1 中的条件编写一条 SQL 语句，创建一幅包含如下数据的视图（名称为 AvgPriceByType）。

执行结果

```
product_id | product_name | product_type | sale_price |    avg_sale_price
-----------+--------------+--------------+------------+---------------------
0001       | T恤衫         | 衣服         |       1000 | 2500.0000000000000000
0002       | 打孔器       | 办公用品     |        500 |  300.0000000000000000
0003       | 运动T恤      | 衣服         |       4000 | 2500.0000000000000000
0004       | 菜刀         | 厨房用具     |       3000 | 2795.0000000000000000
0005       | 高压锅       | 厨房用具     |       6800 | 2795.0000000000000000
0006       | 叉子         | 厨房用具     |        500 | 2795.0000000000000000
0007       | 擦菜板       | 厨房用具     |        880 | 2795.0000000000000000
0008       | 圆珠笔       | 办公用品     |        100 |  300.0000000000000000
```

提示：其中的关键是 avg_sale_price 列。与习题 5.3 不同，这里需要计算出的是各商品种类的平均销售单价。这与 5-3 节中使用关联子查询所得到的结果相同。也就是说，该列可以使用关联子查询进行创建。问题就是应该在什么地方使用这个关联子查询。

第6章 函数、谓词、CASE表达式

各种各样的函数
谓词
CASE表达式

SQL

本章重点

　　不仅 SQL，对所有的编程语言来说，函数都起着至关重要的作用。函数就像是编程语言的"道具箱"，每种编程语言都准备了非常多的函数。使用函数，我们可以实现计算、字符串操作、日期计算等各种各样的运算。

　　本章将会和大家一起学习具有代表性的函数以及特殊版本的函数（谓词和 CASE 表达式）的使用方法。

6-1　各种各样的函数
■ 函数的种类
■ 算术函数
■ 字符串函数
■ 日期函数
■ 转换函数

6-2　谓词
■ 什么是谓词
■ LIKE 谓词——字符串的部分一致查询
■ BETWEEN 谓词——范围查询
■ IS NULL、IS NOT NULL——判断是否为 NULL
■ IN 谓词——OR 的简便用法
■ 使用子查询作为 IN 谓词的参数
■ EXIST 谓词

6-3　CASE 表达式
■ 什么是 CASE 表达式
■ CASE 表达式的语法
■ CASE 表达式的使用方法

第6章 函数、谓词、CASE表达式

6-1 各种各样的函数

- 根据用途，函数可以大致分为算术函数、字符串函数、日期函数、转换函数和聚合函数。
- 函数的种类很多，无需全都记住，只需要记住具有代表性的函数就可以了，其他的可以在使用时再进行查询。

函数的种类

KEYWORD

- 函数
- 参数 (parameter)
- 返回值

前几章和大家一起学习了 SQL 的语法结构等必须要遵守的规则。本章将会进行一点改变，来学习一些 SQL 自带的便利工具——函数。

我们在 3-1 节中已经学习了函数的概念，这里再回顾一下。所谓函数，就是输入某一值得到相应输出结果的功能，输入值称为参数 (parameter)，输出值称为返回值。

函数大致可以分为以下几种。

KEYWORD

- 算术函数
- 字符串函数
- 日期函数
- 转换函数
- 聚合函数

- 算术函数 (用来进行数值计算的函数)
- 字符串函数 (用来进行字符串操作的函数)
- 日期函数 (用来进行日期操作的函数)
- 转换函数 (用来转换数据类型和值的函数)
- 聚合函数 (用来进行数据聚合的函数)

我们已经在第 3 章中学习了聚合函数的相关内容，大家应该对函数有初步的了解了吧。聚合函数基本上只包含 COUNT、SUM、AVG、MAX、MIN 这 5 种，而其他种类的函数总数则超过 200 种。可能大家会觉得怎么会有那么多函数啊，但其实并不需要担心，虽然数量众多，但常用函数只有 30～50 个。不熟悉的函数大家可以查阅参考文档（词典）来了解❶。

本节我们将学习一些具有代表性的函数。大家并不需要一次全部记住，只需要知道有这样的函数就可以了，实际应用时可以查阅参考文档。

注❶

参考文档是DBMS手册的一部分。大家也可以从介绍各种函数的书籍以及Web网站上获取相关信息。

接下来，让我们来详细地看一看这些函数。

算术函数

KEYWORD

●算术函数

算术函数是最基本的函数，其实之前我们已经学习过了，可能有些读者已经想起来了。没错，就是 2-2 节介绍的加减乘除四则运算。

KEYWORD

●+ 运算符
● – 运算符
●* 运算符
●/ 运算符

- +（加法）
- –（减法）
- *（乘法）
- /（除法）

由于这些算术运算符具有"根据输入值返回相应输出结果"的功能，因此它们是出色的算术函数。在此我们将会给大家介绍除此之外的具有代表性的函数。

为了学习算术函数，我们首先根据代码清单 6-1 创建一张示例用表（SampleMath）。

NUMERIC 是大多数 DBMS 都支持的一种数据类型，通过 NUMBERIC（全体位数，小数位数）的形式来指定数值的大小。接下来，将会给大家介绍常用的算术函数——ROUND 函数，由于 PostgreSQL 中的 ROUND 函数只能使用 NUMERIC 类型的数据，因此我们在示例中也使用了该数据类型。

代码清单6-1　创建SampleMath表

```
-- DDL：创建表
CREATE TABLE SampleMath
(m   NUMERIC (10,3),
 n   INTEGER,
 p   INTEGER);
```

`SQL Server` `PostgreSQL`
```
-- DML：插入数据
BEGIN TRANSACTION; ——①

INSERT INTO SampleMath(m, n, p) VALUES (500,  0,    NULL);
INSERT INTO SampleMath(m, n, p) VALUES (-180, 0,    NULL);
INSERT INTO SampleMath(m, n, p) VALUES (NULL, NULL, NULL);
INSERT INTO SampleMath(m, n, p) VALUES (NULL, 7,    3);
```

```
INSERT INTO SampleMath(m, n, p) VALUES (NULL, 5,      2);
INSERT INTO SampleMath(m, n, p) VALUES (NULL, 4,      NULL);
INSERT INTO SampleMath(m, n, p) VALUES (8,       NULL, 3);
INSERT INTO SampleMath(m, n, p) VALUES (2.27, 1,      NULL);
INSERT INTO SampleMath(m, n, p) VALUES (5.555,2,      NULL);
INSERT INTO SampleMath(m, n, p) VALUES (NULL, 1,      NULL);
INSERT INTO SampleMath(m, n, p) VALUES (8.76, NULL, NULL);

COMMIT;
```

> **特定的SQL**
>
> 　　不同的DBMS事务处理的语法也不尽相同。代码清单6-1中的DML语句在 MySQL 中执行时,需要将①部分更改为 "START TRANSACTION;",在 Oracle 和 DB2 中执行时,无需用到①的部分(请删除)。
> 　　详细内容请大家参考4-4节中的"创建事务"。

　　下面让我们来确认一下创建好的表中的内容,其中应该包含了 m、n、p 三列。

```
SELECT * FROM SampleMath;
```

执行结果

```
    m     | n | p
----------+---+--
  500.000 | 0 |
 -180.000 | 0 |
          |   |
          | 7 | 3
          | 5 | 2
          | 4 |
    8.000 |   | 3
    2.270 | 1 |
    5.555 | 2 |
          | 1 |
    8.760 |   |
```

■ABS——绝对值

语法6-1　ABS函数

```
ABS(数值)
```

　　ABS 是计算绝对值的函数。绝对值(absolute value)不考虑数值的符号,表示一个数到原点的距离。简单来讲,绝对值的计算方法就是:0 和正数的绝对值就是其本身,负数的绝对值就是去掉符号后的结果。

代码清单6-2 计算数值的绝对值

```
SELECT m,
       ABS(m) AS abs_col
  FROM SampleMath;
```

执行结果

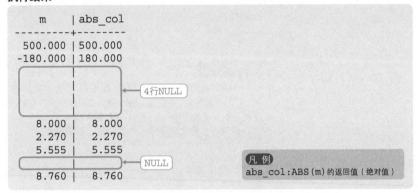

右侧的 `abs_col` 列就是通过 ABS 函数计算出的 m 列的绝对值。请大家注意，`-180` 的绝对值就是去掉符号后的结果 `180`。

通过上述结果我们可以发现，ABS 函数的参数为 NULL 时，结果也是 NULL。并非只有 ABS 函数如此，其实绝大多数函数对于 NULL 都返回 NULL[注❶]。

■ MOD——求余

语法6-2 MOD函数

```
MOD (被除数, 除数)
```

MOD 是计算除法余数（求余）的函数，是 modulo 的缩写。例如，7 / 3 的余数是 1，因此 MOD (7, 3) 的结果也是 1（代码清单 6-3）。因为小数计算中并没有余数的概念，所以只能对整数类型的列使用 MOD 函数。

代码清单6-3 计算除法 (n ÷ p) 的余数

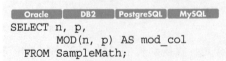

```
SELECT n, p,
       MOD(n, p) AS mod_col
  FROM SampleMath;
```

执行结果

```
 n | p | mod_col
---+---+--------
 0 |   |
 0 |   |
   |   |
 7 | 3 |      1
 5 | 2 |      1
 4 |   |
   | 3 |
 1 |   |
 2 |   |
 1 |   |
   |   |
```

凡 例
mod_col:MOD(n,p)的返回值(n÷p的余数)

　　这里有一点需要大家注意：主流的 DBMS 都支持 MOD 函数，只有
SQL Server 不支持该函数。

特定的SQL

　　SQL Server 使用特殊的运算符（函数）"%" 来计算余数，使用如下的专用语法可以得到与代码清单 6-3 相同的结果。需要使用 SQL Server 的读者需要特别注意。

SQL Server
```
SELECT n, p,
       n % p AS mod_col
  FROM SampleMath;
```

KEYWORD
● % 运算符（SQL Server）

■ROUND——四舍五入

语法6-3　ROUND函数

ROUND（对象数值，保留小数的位数）

KEYWORD
● ROUND 函数

　　ROUND 函数用来进行四舍五入操作。四舍五入在英语中称为 round。如果指定四舍五入的位数为 1，那么就会对小数点第 2 位进行四舍五入处理。如果指定位数为 2，那么就会对第 3 位进行四舍五入处理（代码清单 6-4）。

代码清单6-4　对m列的数值进行n列位数的四舍五入处理

```
SELECT m, n,
       ROUND(m, n) AS round_col
  FROM SampleMath;
```

执行结果

```
    m    | n | round_col
---------+---+-----------
 500.000 | 0 |       500
-180.000 | 0 |      -180
         |   |
         | 7 |
         | 5 |
         | 4 |
   8.000 |   |
   2.270 | 1 |       2.3
   5.555 | 2 |      5.56
         | 1 |
   8.760 |   |
```

> **凡　例**
> m：对象数值
> n：四舍五入位数
> round_col：ROUND(m,n)的返回值（四舍五入的结果）

字符串函数

截至目前，我们介绍的函数都是主要针对数值的算术函数，但其实算术函数只是 SQL（其他编程语言通常也是如此）自带的函数中的一部分。虽然算术函数是我们经常使用的函数，但是字符串函数也同样经常被使用。

在日常生活中，我们经常会像使用数字那样，对字符串进行替换、截取、简化等操作，因此 SQL 也为我们提供了很多操作字符串的功能。

为了学习字符串函数，我们再来创建一张表（SampleStr），参见代码清单 6-5。

KEYWORD

●字符串函数

代码清单6-5　创建SampleStr表

```sql
-- DDL：创建表
CREATE TABLE SampleStr
(str1   VARCHAR(40),
 str2   VARCHAR(40),
 str3   VARCHAR(40));
```

`SQL Server` `PostgreSQL`
```sql
-- DML：插入数据
BEGIN TRANSACTION; ——————————①

INSERT INTO SampleStr (str1, str2, str3) VALUES ('opx'   , ➡
'rt',NULL);
INSERT INTO SampleStr (str1, str2, str3) VALUES ('abc'   , ➡
'def'  ,NULL);
INSERT INTO SampleStr (str1, str2, str3) VALUES ('山田'   , ➡
'太郎'   ,'是我');
```

```
INSERT INTO SampleStr (str1, str2, str3) VALUES ('aaa'      , ➡
NULL   ,NULL);
INSERT INTO SampleStr (str1, str2, str3) VALUES (NULL       , ➡
'xyz',NULL);
INSERT INTO SampleStr (str1, str2, str3) VALUES ('@!#$%'    , ➡
NULL   ,NULL);
INSERT INTO SampleStr (str1, str2, str3) VALUES ('ABC'      , ➡
NULL   ,NULL);
INSERT INTO SampleStr (str1, str2, str3) VALUES ('aBC'      , ➡
NULL   ,NULL);
INSERT INTO SampleStr (str1, str2, str3) VALUES ('abc太郎'   , ➡
'abc' ,'ABC');
INSERT INTO SampleStr (str1, str2, str3) VALUES ('abcdefabc' , ➡
'abc' ,'ABC');
INSERT INTO SampleStr (str1, str2, str3) VALUES ('micmic'   , ➡
'i'    ,'I');

COMMIT;
```

➡表示下一行接续本行，只是由于版面所限而换行。

特定的SQL

不同的DBMS事务处理的语法也不尽相同。代码清单6-5中的DML语句在MySQL中执行时，需要将①部分更改为"START TRANSACTION;"。在Oracle和DB2中执行时，无需用到①的部分（请删除）。

详细内容请大家参考4-4节中的"创建事务"。

下面让我们来确认一下创建好的表中的内容，其中应该包含了str1、str2、str3三列。

```
SELECT * FROM SampleStr;
```

执行结果

```
   str1    | str2 | str3
-----------+------+-----
 opx       | rt   |
 abc       | def  |
 山田       | 太郎  | 是我
 aaa       |      |
           | xyz  |
 @!#$%     |      |
 ABC       |      |
 aBC       |      |
 abc太郎    | abc  | ABC
 abcdefabc | abc  | ABC
 micmic    | i    | I
```

■ ||——拼接

语法6–4 ||函数

> 字符串1||字符串2

在实际业务中，我们经常会碰到 abc + de = abcde 这样希望将字符串进行拼接的情况。在 SQL 中，可以通过由两条并列的竖线变换而成的"||"函数来实现（代码清单 6-6）。

代码清单6–6 拼接两个字符串（str1+str2）

```
[ Oracle ]  [ DB2 ]  [ PostgreSQL ]
SELECT str1, str2,
       str1 || str2 AS str_concat
  FROM SampleStr;
```

执行结果

```
   str1    | str2 | str_concat
-----------+------+------------
 opx       | rt   | opxrt
 abc       | def  | abcdef
 山田      | 太郎 | 山田太郎
 aaa       |      |
           | xyz  |
 @!#$%     |      |
 ABC       |      |
 aBC       |      |
 abc太郎   | abc  | abc太郎abc
 abcdefabc | abc  | abcdefabcabc
 micmic    | i    | micmaci
```

> **凡 例**
> str_concat：str1||str2的返回值
> （拼接结果）

进行字符串拼接时，如果其中包含 NULL，那么得到的结果也是 NULL。这是因为"||"也是变了形的函数。当然，三个以上的字符串也可以进行拼接（代码清单 6-7）。

代码清单6–7 拼接三个字符串（str1+str2+str3）

```
[ Oracle ]  [ DB2 ]  [ PostgreSQL ]
SELECT str1, str2, str3,
       str1 || str2 || str3 AS str_concat
  FROM SampleStr
 WHERE str1 = '山田';
```

执行结果

```
 str1 | str2 | str3 | str_concat
------+------+------+------------
 山田 | 太郎 | 是我 | 山田太郎是我
```

> **凡 例**
> str_concat：str1||str2||str3的返回值
> （拼接结果）

这里也有一点需要大家注意，|| 函数在 SQL Server 和 MySQL 中无法使用。

> **特定的SQL**
>
> SQL Server 使用"+"运算符（函数）来连接字符串A。MySQL 使用 CONCAT 函数来完成字符串的拼接。使用如下 SQL Server/MySQL 的专用语法能够得到与代码清单 6-7 相同的结果。另外，在 SQL Server 2012 及其之后的版本中也可以使用 CONCAT 函数。
>
> `SQL Server`
> ```sql
> SELECT str1, str2, str3,
>        str1 + str2 + str3 AS str_concat
>   FROM SampleStr;
> ```
>
> `MySQL` `SQL Server 2012 及之后`
> ```sql
> SELECT str1, str2, str3,
>        CONCAT(str1, str2, str3) AS str_concat
>   FROM SampleStr;
> ```

■ LENGTH——字符串长度

语法6-5　LENGTH 函数

```
LENGTH(字符串)
```

想要知道字符串中包含多少个字符时，可以使用 LENGTH（长度）函数（代码清单 6-8）。

代码清单6-8　计算字符串长度

`Oracle` `DB2` `PostgreSQL` `MySQL`
```sql
SELECT str1,
       LENGTH(str1) AS len_str
  FROM SampleStr;
```

执行结果

```
   str1   | len_str
----------+--------
 opx      |    3
 abc      |    3
 山田     |    2
 aaa      |    3
          |
 @!#$%    |    5
 ABC      |    3
 aBC      |    3
 abc太郎  |    5
 abcdefabc|    9
 micmic   |    6
```

> **凡 例**
> len_str：LENGTH(str1) 的返回值（str1 的字符长度）

需要注意的是，该函数也无法在 SQL Server 中使用。

> **特定的SQL**
>
> SQL Server 使用 LEN 函数来计算字符串的长度。使用如下 SQL Server 的专用语法能够得到与代码清单6-8相同的结果。
>
> **SQL Server**
> ```
> SELECT str1,
>        LEN(str1) AS len_str
>   FROM SampleStr;
> ```

我想大家应该逐渐明白"SQL 中有很多特定的用法"这句话的含义了吧。

> ### 专　栏
>
> **对1个字符使用LENGTH 函数有可能得到2字节以上的结果**
>
> LENGTH 函数中，还有一点需要大家特别注意，那就是该函数究竟以什么为单位来计算字符串的长度。这部分是初级以上阶段才会学习到的内容，在此先简单介绍一下。
>
> 可能有些读者已经有所了解，与半角英文字母占用 1 字节不同，汉字这样的全角字符会占用 2 个以上的字节（称为多字节字符）。因此，使用 MySQL 中的 LENGTH 这样以字节为单位的函数进行计算时，"LENGTH(山田)"的返回结果是4。同样是 LENGTH 函数，不同 DBMS 的执行结果也不尽相同 ❶。
>
> 虽然有些混乱，但这正是我希望大家能够牢记的。

■ LOWER——小写转换

语法6-6　LOWER 函数

> LOWER (字符串)

LOWER 函数只能针对英文字母使用，它会将参数中的字符串全都转换为小写（代码清单 6-9）。因此，该函数并不适用于英文字母以外的场合。此外，该函数并不影响原本就是小写的字符。

代码清单6-9　大写转换为小写

```
SELECT str1,
       LOWER(str1) AS low_str
```

```
   FROM SampleStr
WHERE str1 IN ('ABC', 'aBC', 'abc', '山田');
```

执行结果

```
str1 | low_str
------+--------
abc  | abc
山田  | 山田
ABC  | abc
aBC  | abc
```

> **凡 例**
> low_str：LOWER(str1)的返回值

既然存在小写转换函数，那么肯定也有大写转换函数，UPPER 就是大写转换函数。

■REPLACE——字符串的替换

语法6-7　REPLACE 函数

> REPLACE（对象字符串，替换前的字符串，替换后的字符串）

KEYWORD

●REPLACE 函数

使用 REPLACE 函数，可以将字符串的一部分替换为其他的字符串（代码清单 6-10）。

代码清单6-10　替换字符串的一部分

```
SELECT str1, str2, str3,
       REPLACE(str1, str2, str3) AS rep_str
  FROM SampleStr;
```

执行结果

str1	str2	str3	rep_str
opx	rt		
abc	def		
山田	太郎	是我	山田
aaa			
	xyz		
@!#$%			
ABC			
aBC			
abc太郎	abc	ABC	ABC太郎
abcdefabc	abc	ABC	ABCdefABC
micmic	i	I	mIcmIc

> **凡 例**
> str1：对象字符串
> str2：替换前的字符串
> str3：替换后的字符串
> rep_str：REPLACE(str1,str2,str3)
> 的返回值（替换结果）

■ **SUBSTRING**——字符串的截取

语法6-8　SUBSTRING 函数（PostgreSQL/MySQL 专用语法）

> SUBSTRING（对象字符串　FROM　截取的起始位置　FOR　截取的字符数）

KEYWORD

● SUBSTRING 函数

注❶

需要大家注意的是，该函数也存
在和 LENGTH 函数同样的多字
节字符的问题。详细内容请大
家参考专栏"对1个字符使用
LENGTH 函数有可能得到2字节
以上的结果"。

使用 SUBSTRING 函数可以截取出字符串中的一部分字符串（代码清单 6-11）。截取的起始位置从字符串最左侧开始计算 ❶。

代码清单6-11　截取出字符串中第3位和第4位的字符

`PostgreSQL` `MySQL`
```
SELECT str1,
       SUBSTRING(str1 FROM 3 FOR 2) AS sub_str
  FROM SampleStr;
```

执行结果

```
   str1   | sub_str
----------+--------
 opx      | x
 abc      | c
 山田     |
 aaa      | a
          |
 @!#$%    | #$
 ABC      | C
 aBC      | C
 abc太郎  | c太
 abcdefabc| cd
 micmic   | cm
```

凡 例
sub_str：SUBSTRING(str1 FROM 3 FOR 2)的返回值

虽然上述 SUBSTRING 函数的语法是标准 SQL 承认的正式语法，但是现在只有 PostgreSQL 和 MySQL 支持该语法。

特定的SQL

　　SQL Server 将语法 6-8a 中的内容进行了简化（语法 6-8b）。

语法6-8a　SUBSTRING函数（SQL Server专用语法）

> SUBSTRING（对象字符串，截取的起始位置，截取的字符数）

　　Oracle 和 DB2 将该语法进一步简化，得到了如下结果。

语法6-8b　SUBSTR函数（Oracle/DB2专用语法）

> SUBSTR（对象字符串，截取的起始位置，截取的字符数）

SQL 有这么多特定的语法，真是有些让人头疼啊。各 DBMS 中能够得到与代码清单 6-11 相同结果的专用语法如下所示。

SQL Server
```
SELECT str1,
       SUBSTRING(str1, 3, 2) AS sub_str
  FROM SampleStr;
```

Oracle **DB2**
```
SELECT str1,
       SUBSTR(str1, 3, 2) AS sub_str
  FROM SampleStr;
```

■UPPER——大写转换

语法6-9　UPPER 函数

```
UPPER(字符串)
```

UPPER 函数只能针对英文字母使用，它会将参数中的字符串全都转换为大写（代码清单 6-12）。因此，该函数并不适用于英文字母以外的情况。此外，该函数并不影响原本就是大写的字符。

代码清单6-12　将小写转换为大写

```
SELECT str1,
       UPPER(str1) AS up_str
  FROM SampleStr
 WHERE str1 IN ('ABC', 'aBC', 'abc', '山田');
```

执行结果

```
 str1 | up_str
------+--------
 abc  | ABC
 山田 | 山田
 ABC  | ABC
 aBC  | ABC
```

凡 例
up_str：UPPER(str1)的返回值

与之相对，进行小写转换的是 LOWER 函数。

KEYWORD

●日期函数

注❶

如果想要了解日期函数的详细
内容，目前只能查阅各个DBMS的
手册。

日期函数

虽然 SQL 中有很多日期函数，但是其中大部分都依存于各自的 DBMS，因此无法统一说明 ❶。本节将会介绍那些被标准 SQL 承认的可以应用于绝大多数 DBMS 的函数。

■ CURRENT_DATE——当前日期

语法6–10 CURRENT_DATE函数

```
CURRENT_DATE
```

KEYWORD

●CURRENT_DATE 函数

CURRENT_DATE 函数能够返回 SQL 执行的日期，也就是该函数执行时的日期。由于没有参数，因此无需使用括号。

执行日期不同，CURRENT_DATE 函数的返回值也不同。如果在 2009 年 12 月 13 日执行该函数，会得到返回值"2009-12-13"。如果在 2010 年 1 月 1 日执行，就会得到返回值"2010-01-01"（代码清单 6-13）。

代码清单6–13 获得当前日期

`PostgreSQL` `MySQL`
```sql
SELECT CURRENT_DATE;
```

执行结果

```
   date
------------
2016-05-25
```

该函数无法在 SQL Server 中执行。此外，Oracle 和 DB2 中的语法略有不同。

特定的SQL

SQL Server使用如下的CURRENT_TIMESTAMP（后述）函数来获得当前日期。

`SQL Server`
```sql
-- 使用CAST（后述）函数将CURRENT_TIMESTAMP转换为日期类型
SELECT CAST(CURRENT_TIMESTAMP AS DATE) AS CUR_DATE;
```

执行结果

```
CUR_DATE
----------
2010-05-25
```

在 Oracle 中使用该函数时，需要在 FROM 子句中指定临时表（DUAL）。而在 DB2 中使用时，需要在 CRUUENT 和 DATE 之间添加半角空格，并且还需要指定临时表 SYSIBM.SYSDUMMY1（相当于 Oracle 中的 DUAL）。这些容易混淆的地方请大家多加注意。

> **Oracle**
```
SELECT CURRENT_DATE
  FROM dual;
```

> **DB2**
```
SELECT CURRENT DATE
  FROM SYSIBM.SYSDUMMY1;
```

■**CURRENT_TIME**——当前时间

语法6-11　CURRENT_TIME 函数

```
CURRENT_TIME
```

KEYWORD
● CURRENT_TIME 函数

CURRENT_TIME 函数能够取得 SQL 执行的时间，也就是该函数执行时的时间（代码清单 6-14）。由于该函数也没有参数，因此同样无需使用括号。

代码清单6-14　取得当前时间

> **PostgreSQL** **MySQL**
```
SELECT CURRENT_TIME;
```

执行结果

```
     timetz
-----------------
17:26:50.995+09
```

该函数同样无法在 SQL Server 中执行，在 Oracle 和 DB2 中的语法同样略有不同。

特定的SQL

　　SQL Server使用如下的CURRENT_TIMESTAMP函数（后述）来获得当前日期。

```
-- 使用CAST函数（后述）将CURRENT_TIMESTAMP转换为时间类型
SELECT CAST(CURRENT_TIMESTAMP AS TIME) AS CUR_TIME;
```

执行结果

```
CUR_TIME
----------------
21:33:59.3400000
```

　　在 Oracle 和 DB2 中使用时的语法如下所示。需要注意的地方和 CURRENT_DATE 函数相同。在 Oracle 中使用时所得到的结果还包含日期。

```
Oracle
-- 指定临时表（DUAL）
SELECT CURRENT_TIMESTAMP
  FROM dual;
```

```
DB2
/* CURRENT和TIME之间使用了半角空格，指定临时表SYSIBM.SYSDUMMY1 */
SELECT CURRENT TIME
  FROM SYSIBM.SYSDUMMY1;
```

■ CURRENT_TIMESTAMP——当前日期和时间

语法6-12　**CURRENT_TIMESTAMP** 函数

```
CURRENT_TIMESTAMP
```

KEYWORD

● CURRENT_TIMESTAMP
　函数

　　CURRENT_TIMESTAMP 函数具有 CURRENT_DATE + CURRENT_TIME 的功能。使用该函数可以同时得到当前的日期和时间，当然也可以从结果中截取日期或者时间。

代码清单6-15　取得当前日期和时间

```
SQL Server   PostgreSQL   MySQL
SELECT CURRENT_TIMESTAMP;
```

执行结果

```
          now
---------------------------
2016-04-25 18:31:03.704+09
```

注❶

之前我们已经介绍过，在SQL Server中无法使用CURRENT_DATE和CURRENT_TIME函数。可能是因为在SQL Server中，CURRENT_TIMESTAMP已经涵盖了这两者的功能吧。

该函数可以在 SQL Server 等各个主要的 DBMS 中使用 ❶。但是，与之前的 CURRENT_DATE 和 CURRENT_TIME 一样，在 Oracle 和 DB2 中该函数的语法略有不同。

特定的SQL

Oracle 和 DB2 使用如下写法可以得到与代码清单 6-15 相同的结果。其中需要注意的地方与 CURRENT_DATE 时完全相同。

Oracle
```
-- 指定临时表（DUAL）
SELECT CURRENT_TIMESTAMP
  FROM dual;
```

DB2
```
/* CURRENT和TIME之间使用了半角空格，指定临时表SYSIBM.SYSDUMMY1 */
SELECT CURRENT TIMESTAMP
  FROM SYSIBM.SYSDUMMY1;
```

■EXTRACT——截取日期元素

语法6-13　EXTRACT 函数

```
EXTRACT（日期元素 FROM 日期）
```

KEYWORD

●EXTRACT 函数

使用 EXTRACT 函数可以截取出日期数据中的一部分，例如"年""月"，或者"小时""秒"等（代码清单 6-16）。该函数的返回值并不是日期类型而是数值类型。

代码清单6-16　截取日期元素

PostgreSQL **MySQL**
```
SELECT CURRENT_TIMESTAMP,
       EXTRACT(YEAR   FROM CURRENT_TIMESTAMP)  AS year,
       EXTRACT(MONTH  FROM CURRENT_TIMESTAMP)  AS month,
       EXTRACT(DAY    FROM CURRENT_TIMESTAMP)  AS day,
       EXTRACT(HOUR   FROM CURRENT_TIMESTAMP)  AS hour,
       EXTRACT(MINUTE FROM CURRENT_TIMESTAMP)  AS minute,
       EXTRACT(SECOND FROM CURRENT_TIMESTAMP)  AS second;
```

执行结果

```
            now           | year | month | day | hour | minute | second
--------------------------+------+-------+-----+------+--------+-------
2010-04-25 19:07:33.987+09| 2010 |     4 |  25 |   19 |      7 | 33.987
```

需要注意的是 SQL Server 也无法使用该函数。

特定的SQL

SQL Server 使用如下的 DATEPART 函数会得到与代码清单 6-16 相同的结果。

```sql
SQL Server
SELECT CURRENT_TIMESTAMP,
        DATEPART(YEAR   , CURRENT_TIMESTAMP) AS year,
        DATEPART(MONTH  , CURRENT_TIMESTAMP) AS month,
        DATEPART(DAY    , CURRENT_TIMESTAMP) AS day,
        DATEPART(HOUR   , CURRENT_TIMESTAMP) AS hour,
        DATEPART(MINUTE , CURRENT_TIMESTAMP) AS minute,
        DATEPART(SECOND , CURRENT_TIMESTAMP) AS second;
```

Oracle 和 DB2 想要得到相同结果的话，需要进行如下改变。注意事项与 CURRENT_DATE 时完全相同。

```sql
Oracle
-- 在FROM子句中指定临时表（DUAL）
SELECT CURRENT_TIMESTAMP,
        EXTRACT(YEAR   FROM CURRENT_TIMESTAMP) AS year,
        EXTRACT(MONTH  FROM CURRENT_TIMESTAMP) AS month,
        EXTRACT(DAY    FROM CURRENT_TIMESTAMP) AS day,
        EXTRACT(HOUR   FROM CURRENT_TIMESTAMP) AS hour,
        EXTRACT(MINUTE FROM CURRENT_TIMESTAMP) AS minute,
        EXTRACT(SECOND FROM CURRENT_TIMESTAMP) AS second
FROM DUAL;
```

```sql
DB2
/* CURRENT和TIME之间使用了半角空格，指定临时表SYSIBM.SYSDUMMY1 */
SELECT CURRENT TIMESTAMP,
        EXTRACT(YEAR   FROM CURRENT TIMESTAMP) AS year,
        EXTRACT(MONTH  FROM CURRENT TIMESTAMP) AS month,
        EXTRACT(DAY    FROM CURRENT TIMESTAMP) AS day,
        EXTRACT(HOUR   FROM CURRENT TIMESTAMP) AS hour,
        EXTRACT(MINUTE FROM CURRENT TIMESTAMP) AS minute,
        EXTRACT(SECOND FROM CURRENT TIMESTAMP) AS second
  FROM SYSIBM.SYSDUMMY1;
```

转换函数

最后将要给大家介绍一类比较特殊的函数 —— 转换函数。虽说有些特殊，但是由于这些函数的语法和之前介绍的函数类似，数量也比较少，因此很容易记忆。

KEYWORD

● 类型转换
● cast

"转换"这个词的含义非常广泛，在 SQL 中主要有两层意思：一是数据类型的转换，简称为类型转换，在英语中称为 cast❶；另一层意思是值的转换。

■CAST——类型转换

注❶
类型转换在一般的编程语言中也会使用，因此并不是 SQL 特有的功能。

语法6-14 CAST 函数

```
CAST（转换前的值  AS  想要转换的数据类型）
```

KEYWORD

● CAST 函数

进行类型转换需要使用 CAST 函数。

之所以需要进行类型转换，是因为可能会插入与表中数据类型不匹配的数据，或者在进行运算时由于数据类型不一致发生了错误，又或者是进行自动类型转换会造成处理速度低下。这些时候都需要事前进行数据类型转换（代码清单 6-17、代码清单 6-18）。

代码清单6-17 将字符串类型转换为数值类型

```
SQL Server  PostgreSQL
SELECT CAST('0001' AS INTEGER) AS int_col;
```

```
MySQL
SELECT CAST('0001' AS SIGNED INTEGER) AS int_col;
```

```
Oracle
SELECT CAST('0001' AS INTEGER) AS int_col
  FROM DUAL;
```

```
DB2
SELECT CAST('0001' AS INTEGER) AS int_col
  FROM SYSIBM.SYSDUMMY1;
```

执行结果

```
int_col
---------
      1
```

代码清单6-18 将字符串类型转换为日期类型

```
SQL Server  PostgreSQL  MySQL
SELECT CAST('2009-12-14' AS DATE) AS date_col;
```

```
Oracle
SELECT CAST('2009-12-14' AS DATE) AS date_col
  FROM DUAL;
```

```
DB2
SELECT CAST('2009-12-14' AS DATE) AS date_col
  FROM SYSIBM.SYSDUMMY1;
```

执行结果

```
date_col
------------
2009-12-14
```

　　从上述结果可以看到，将字符串类型转换为整数类型时，前面的"000"消失了，能够切实感到发生了转换。但是，将字符串转换为日期类型时，从结果上并不能看出数据发生了什么变化，理解起来也比较困难。从这一点我们也可以看出，类型转换其实并不是为了方便用户使用而开发的功能，而是为了方便 DBMS 内部处理而开发的功能。

■ COALESCE——将 NULL 转换为其他值

语法6-15　COALESCE 函数

> COALESCE (数据1, 数据2, 数据3……)

KEYWORD

● COALESCE 函数

注❶

参数的个数并不固定，可以自由设定个数的参数。

　　COALESCE 是 SQL 特有的函数。该函数会返回可变参数 ❶ 中左侧开始第 1 个不是 NULL 的值。参数个数是可变的，因此可以根据需要无限增加。

　　其实转换函数的使用还是非常频繁的。在 SQL 语句中将 NULL 转换为其他值时就会用到转换函数（代码清单 6-19、代码清单 6-20）。就像之前我们学习的那样，运算或者函数中含有 NULL 时，结果全都会变为NULL。能够避免这种结果的函数就是 COALESCE。

代码清单6-19　将 NULL 转换为其他值

```
SQL Server  PostgreSQL   MySQL
SELECT  COALESCE(NULL, 1)                   AS col_1,
        COALESCE(NULL, 'test', NULL)        AS col_2,
        COALESCE(NULL, NULL, '2009-11-01')  AS col_3;

Oracle
SELECT  COALESCE(NULL, 1)                   AS col_1,
        COALESCE(NULL, 'test', NULL)        AS col_2,
        COALESCE(NULL, NULL, '2009-11-01')  AS col_3
  FROM DUAL;
```

`DB2`
```
SELECT COALESCE(NULL, 1)                       AS col_1,
       COALESCE(NULL, 'test', NULL)            AS col_2,
       COALESCE(NULL, NULL, '2009-11-01')      AS col_3
  FROM SYSIBM.SYSDUMMY1;
```

执行结果

```
col_1 | col_2 |   col_3
------+-------+-----------
    1 | test  | 2009-11-01
```

代码清单6-20　使用SampleStr表中的列作为例子

```
SELECT COALESCE(str2, 'NULL')
  FROM SampleStr;
```

执行结果

```
coalesce
----------
rt
def
太郎
'NULL'
xyz
'NULL'
'NULL'
'NULL'
abc
abc
i
```

　　这样，即使包含 NULL 的列，也可以通过 COALESCE 函数转换为其他值之后再应用到函数或者运算当中，这样结果就不再是 NULL 了。

　　此外，多数 DBMS 中都提供了特有的 COALESCE 的简化版函数（如 Oracle 中的 NVL 等），但由于这些函数都依存于各自的 DBMS，因此还是推荐大家使用通用的 COALESCE 函数。

6-2 谓词

学习重点

- 谓词就是返回值为真值的函数。
- 掌握LIKE的三种使用方法 (前方一致、中间一致、后方一致)。
- 需要注意BETWEEN包含三个参数。
- 想要取得NULL数据时必须使用IS NULL。
- 可以将子查询作为IN和EXISTS的参数。

什么是谓词

KEYWORD
● 谓词

本节将会和大家一起学习 SQL 的抽出条件中不可或缺的工具——谓词 (predicate)。虽然之前我们没有提及谓词这个概念，但其实大家已经使用过了。例如，=、<、>、<> 等比较运算符，其正式的名称就是比较谓词。

通俗来讲谓词就是 6-1 节中介绍的函数中的一种，是需要满足特定条件的函数，该条件就是返回值是真值。对通常的函数来说，返回值有可能是数字、字符串或者日期等，但是谓词的返回值全都是真值 (TRUE/FALSE/UNKNOWN)。这也是谓词和函数的最大区别。

本节将会介绍以下谓词。

- LIKE
- BETWEEN
- IS NULL、IS NOT NULL
- IN
- EXISTS

LIKE谓词——字符串的部分一致查询

KEYWORD
● LIKE 谓词

截至目前，我们使用字符串作为查询条件的例子中使用的都是 =。这里的 = 只有在字符串完全一致时才为真。与之相反，LIKE 谓词更加模糊

KEYWORD

●部分一致查询

一些，当需要进行字符串的部分一致查询时需要使用该谓词。

部分一致大体可以分为前方一致、中间一致和后方一致三种类型。接下来就让我们来看一看具体示例吧。

首先我们来创建一张表 6-1 那样的只有 1 列的表。

表6-1 SampleLike表

strcol（字符串）
abcddd
dddabc
abdddc
abcdd
ddabc
abddc

创建上表以及向其中插入数据的 SQL 语句请参考代码清单 6-21。

代码清单6-21 创建SampleLike表

```
-- DDL：创建表
CREATE TABLE SampleLike
( strcol VARCHAR(6) NOT NULL,
  PRIMARY KEY (strcol));
```

`SQL Server` `PostgreSQL`

```
-- DML：插入数据
BEGIN TRANSACTION; ——————①

INSERT INTO SampleLike (strcol) VALUES ('abcddd');
INSERT INTO SampleLike (strcol) VALUES ('dddabc');
INSERT INTO SampleLike (strcol) VALUES ('abdddc');
INSERT INTO SampleLike (strcol) VALUES ('abcdd');
INSERT INTO SampleLike (strcol) VALUES ('ddabc');
INSERT INTO SampleLike (strcol) VALUES ('abddc');

COMMIT;
```

> **特定的SQL**
>
> 不同的DBMS事务处理的语法也不尽相同。代码清单6-21中的DML语句在MySQL中执行时，需要将①部分更改为 "START TRANSACTION;"，在Oracle和DB2中执行时，无需用到①的部分（请删除）。
> 详细内容请大家参考4-4节中的 "创建事务"。

想要从该表中读取出包含字符串 "ddd" 的记录时，可能会得到前方一致、中间一致和后方一致等不同的结果。

● 前方一致 : 选取出 "**ddd**abc"

KEYWORD
● 前方一致
● 中间一致
● 后方一致

所谓前方一致，就是选取出作为查询条件的字符串（这里是 "ddd"）与查询对象字符串起始部分相同的记录的查询方法。

● 中间一致 : 选取出 "abc**ddd**" "**ddd**abc" "ab**ddd**c"

所谓中间一致，就是选取出查询对象字符串中含有作为查询条件的字符串（这里是 "ddd"）的记录的查询方法。无论该字符串出现在对象字符串的最后还是中间都没有关系。

● 后方一致 : 选取出 "abc**ddd**"

后方一致与前方一致相反，也就是选取出作为查询条件的字符串（这里是 "ddd"）与查询对象字符串的末尾部分相同的记录的查询方法。

从本例中我们可以看出，查询条件最宽松，也就是能够取得最多记录的是中间一致。这是因为它同时包含前方一致和后方一致的查询结果。

像这样不使用 "=" 来指定条件字符串，而以字符串中是否包含该条件（本例中是 "包含 ddd"）的规则为基础的查询称为模式匹配，其中的模式也就是前面提到的 "规则"。

KEYWORD
● 模式匹配
● 模式

■ 前方一致查询

下面让我们来实际操作一下，对 SampleLike 表进行前方一致查询（代码清单 6-22）。

代码清单6-22　使用 LIKE 进行前方一致查询

```
SELECT *
  FROM SampleLike
 WHERE strcol LIKE 'ddd%';
```

执行结果

```
 strcol
 --------
 dddabc
```

KEYWORD
● %

其中的 % 是代表 "0 字符以上的任意字符串" 的特殊符号，本例中代表 "以 ddd 开头的所有字符串"。

这样我们就可以使用 LIKE 和模式匹配来进行查询了。

■中间一致查询

接下来让我们看一个中间一致查询的例子,查询出包含字符串 "ddd" 的记录（代码清单 6-23）。

代码清单6-23　使用LIKE进行中间一致查询

```
SELECT *
  FROM SampleLike
 WHERE strcol LIKE '%ddd%';
```

执行结果

```
 strcol
 --------
 abcddd
 dddabc
 abdddc
```

在字符串的起始和结束位置加上 %，就能取出 "包含 ddd 的字符串" 了。

■后方一致查询

最后我们来看一下后方一致查询，选取出以字符串 "ddd" 结尾的记录（代码清单 6-24）。

代码清单6-24　使用LIKE进行后方一致查询

```
SELECT *
  FROM SampleLike
 WHERE strcol LIKE '%ddd';
```

执行结果

```
 strcol
 --------
 abcddd
```

大家可以看到上述结果与前方一致正好相反。

此外，我们还可以使用 _（下划线）来代替 %，与 % 不同的是，它代表了 "任意 1 个字符"。下面就让我们来尝试一下吧。

使用代码清单 6-25 选取出 strcol 列的值为 "abc + 任意 2 个字符" 的记录。

KEYWORD

● _

代码清单6–25　使用LIKE和_（下划线）进行前方一致查询

```
SELECT *
  FROM SampleLike
  WHERE strcol LIKE 'abc__';
```

执行结果

```
 strcol
 --------
 abcdd
```

　　"abcddd" 也是以 "abc" 开头的字符串，但是其中 "ddd" 是 3 个字符，所以不满足 __ 所指定的 2 个字符的条件，因此该字符串并不在查询结果之中。相反，代码清单 6-26 中的 SQL 语句就只能取出"abcddd"这个结果。

代码清单6–26　查询"abc+任意3个字符"的字符串

```
SELECT *
  FROM SampleLike
  WHERE strcol LIKE 'abc___';
```

执行结果

```
 strcol
 --------
 abcddd
```

BETWEEN谓词——范围查询

KEYWORD
● BETWEEN 谓词
● 范围查询

　　使用 BETWEEN 可以进行范围查询。该谓词与其他谓词或者函数的不同之处在于它使用了 3 个参数。例如，从 product（商品）表中读取出销售单价（sale_price）为 100 日元到 1000 日元之间的商品时，可以使用代码清单 6-27 中的 SQL 语句。

代码清单6–27　选取销售单价为100 ~ 1000日元的商品

```
SELECT product_name, sale_price
  FROM Product
 WHERE sale_price BETWEEN 100 AND 1000;
```

执行结果

```
product_name| sale_price
------------+-------------
 T恤衫       |        1000
 打孔器      |         500
 叉子        |         500
 擦菜板      |         880
 圆珠笔      |         100
```

KEYWORD

● <
● >

　　BETWEEN 的特点就是结果中会包含 100 和 1000 这两个临界值。如果不想让结果中包含临界值，那就必须使用 < 和 >（代码清单 6-28）。

代码清单6-28　选取出销售单价为101 ～ 999日元的商品

```sql
SELECT product_name, sale_price
  FROM Product
 WHERE sale_price > 100
   AND sale_price < 1000;
```

执行结果

```
product_name| sale_price
------------+-------------
 打孔器      |         500
 叉子        |         500
 擦菜板      |         880
```

　　执行结果中不再包含 1000 日元和 100 日元的记录。

IS NULL、IS NOT NULL——判断是否为NULL

　　为了选取出某些值为 NULL 的列的数据，不能使用 =，而只能使用特定的谓词 IS NULL（代码清单 6-29）。

KEYWORD

● IS NULL 谓词

代码清单6-29　选取出进货单价（purchase_price）为NULL的商品

```sql
SELECT product_name, purchase_price
  FROM Product
 WHERE purchase_price IS NULL;
```

执行结果

```
product_name| purchase_price
------------+--------------
 叉子        |
 圆珠笔      |
```

与此相反，想要选取 NULL 以外的数据时，需要使用 IS NOT NULL（代码清单 6-30）。

KEYWORD
● IS NOT NULL 谓词

代码清单6-30　选取进货单价（purchase_price）不为NULL的商品

```
SELECT product_name, purchase_price
  FROM Product
 WHERE purchase_price IS NOT NULL;
```

执行结果

```
product_name| purchase_price
------------+---------------
T恤衫        |           500
打孔器       |           320
运动T恤      |          ,2800
菜刀         |          2800
高压锅       |          5000
擦菜板       |           790
```

IN 谓词——OR 的简便用法

接下来让我们思考一下如何选取出进货单价（purchase_price）为 320 日元、500 日元、5000 日元的商品。这里使用之前学过的 OR 的 SQL 语句，请参考代码清单 6-31。

代码清单6-31　通过OR指定多个进货单价进行查询

```
SELECT product_name, purchase_price
  FROM Product
 WHERE purchase_price =  320
    OR purchase_price =  500
    OR purchase_price = 5000;
```

执行结果

```
product_name| purchase_price
------------+---------------
T恤衫        |           500
打孔器       |           320
高压锅       |          5000
```

虽然上述方法没有问题，但还是存在一点不足之处，那就是随着希望选取的对象越来越多，SQL 语句也会越来越长，阅读起来也会越来越困难。这时，我们就可以使用代码清单 6-32 中的 IN 谓词 "IN (值, ……)" 来替换上述 SQL 语句。

KEYWORD
● IN 谓词

代码清单6-32　通过IN来指定多个进货单价进行查询

```
SELECT product_name, purchase_price
  FROM Product
 WHERE purchase_price IN (320, 500, 5000);
```

　　反之，希望选取出"进货单价不是 320 日元、500 日元、5000 日元"的商品时，可以使用否定形式 NOT IN 来实现（代码清单 6-33）。

KEYWORD
●NOT IN 谓词

代码清单6-33　使用NOT IN进行查询时指定多个排除的进货单价进行查询

```
SELECT product_name, purchase_price
  FROM Product
 WHERE purchase_price NOT IN (320, 500, 5000);
```

执行结果

```
product_name| purchase_price
------------+---------------
运动T恤      |           2800
菜刀        |           2800
擦菜板      |            790
```

　　但需要注意的是，在使用 IN 和 NOT IN 时是无法选取出 NULL 数据的。实际结果也是如此，上述两组结果中都不包含进货单价为 NULL 的叉子和圆珠笔。NULL 终究还是需要使用 IS NULL 和 IS NOT NULL 来进行判断。

使用子查询作为 IN 谓词的参数

■ IN和子查询

　　IN 谓词（NOT IN 谓词）具有其他谓词所没有的用法，那就是可以使用子查询作为其参数。我们已经在 5-2 节中学习过了，子查询就是 SQL 内部生成的表，因此也可以说"能够将表作为 IN 的参数"。同理，我们还可以说"能够将视图作为 IN 的参数"。

　　为了掌握详细的使用方法，让我们再添加一张新表。之前我们使用的全都是显示商品库存清单的 Product（商品）表，但现实中这些商品可能只在个别的商店中进行销售。下面我们来创建表 6-2 ShopProduct（商店商品），显示出哪些商店销售哪些商品。

表6-2 ShopProduct（商店商品）表

shop_id （商店）	shop_name （商店名称）	product_id （商品编号）	quantity （数量）
000A	东京	0001	30
000A	东京	0002	50
000A	东京	0003	15
000B	名古屋	0002	30
000B	名古屋	0003	120
000B	名古屋	0004	20
000B	名古屋	0006	10
000B	名古屋	0007	40
000C	大阪	0003	20
000C	大阪	0004	50
000C	大阪	0006	90
000C	大阪	0007	70
000D	福冈	0001	100

　　商店和商品组合成为一条记录。例如，该表显示出东京店销售的商品有 0001（T 恤衫）、0002（打孔器）、0003（运动 T 恤）三种。

　　创建该表的 SQL 语句请参考代码清单 6-34。

代码清单6-34　创建ShopProduct（商店商品）表的CREATE TABLE语句

```
CREATE TABLE ShopProduct
(shop_id     CHAR(4)        NOT NULL,
 shop_name   VARCHAR(200)   NOT NULL,
 product_id  CHAR(4)        NOT NULL,
 quantity    INTEGER        NOT NULL,
 PRIMARY KEY (shop_id, product_id));
```

　　该 CREATE TABLE 语句的特点是指定了 2 列作为主键（primary key）。这样做当然还是为了区分表中每一行数据，由于单独使用商店编号（shop_id）或者商品编号（product_id）不能满足要求，因此需要对商店和商品进行组合。

　　实际上如果只使用商店编号进行区分，那么指定"000A"作为条件能够查询出 3 行数据。而单独使用商品编号进行区分的话，"0001"也会查询出 2 行数据，都无法恰当区分每行数据。

下面让我们来看一下向 ShopProduct 表中插入数据的 INSERT
语句（代码清单 6-35）。

代码清单6-35　向 ShopProduct 表中插入数据的 INSERT 语句

`SQL Server` `PostgreSQL`

```
BEGIN TRANSACTION; ———————①

INSERT INTO ShopProduct (shop_id, shop_name, product_id, quantity) VALUES ('000A', '东京',  '0001',  30);
INSERT INTO ShopProduct (shop_id, shop_name, product_id, quantity) VALUES ('000A', '东京',  '0002',  50);
INSERT INTO ShopProduct (shop_id, shop_name, product_id, quantity) VALUES ('000A', '东京',  '0003',  15);
INSERT INTO ShopProduct (shop_id, shop_name, product_id, quantity) VALUES ('000B', '名古屋', '0002',  30);
INSERT INTO ShopProduct (shop_id, shop_name, product_id, quantity) VALUES ('000B', '名古屋', '0003', 120);
INSERT INTO ShopProduct (shop_id, shop_name, product_id, quantity) VALUES ('000B', '名古屋', '0004',  20);
INSERT INTO ShopProduct (shop_id, shop_name, product_id, quantity) VALUES ('000B', '名古屋', '0006',  10);
INSERT INTO ShopProduct (shop_id, shop_name, product_id, quantity) VALUES ('000B', '名古屋', '0007',  40);
INSERT INTO ShopProduct (shop_id, shop_name, product_id, quantity) VALUES ('000C', '大阪',  '0003',  20);
INSERT INTO ShopProduct (shop_id, shop_name, product_id, quantity) VALUES ('000C', '大阪',  '0004',  50);
INSERT INTO ShopProduct (shop_id, shop_name, product_id, quantity) VALUES ('000C', '大阪',  '0006',  90);
INSERT INTO ShopProduct (shop_id, shop_name, product_id, quantity) VALUES ('000C', '大阪',  '0007',  70);
INSERT INTO ShopProduct (shop_id, shop_name, product_id, quantity) VALUES ('000D', '福冈',  '0001', 100);

COMMIT;
```

> **特定的SQL**
>
> 　　不同的 DBMS 事务处理的语法也不尽相同。代码清单 6-35 在 MySQL 中执行时，
> 需要将①部分更改为"START TRANSACTION;"，在 Oracle 和 DB2 中执行时，无需用到
> ①的部分（请删除）。
> 　　详细内容请大家参考 4-4 节中的"创建事务"。

这样我们就完成了全部准备工作，下面就让我们来看一看在 IN 谓词
中使用子查询的 SQL 的写法吧。

首先读取出"大阪店（000C）在售商品（product_id）的销售
单价（sale_price）"。

ShopProduct（商店商品）表中大阪店的在售商品很容易就能找出，
有如下 4 种。

- 运动 T 恤（商品编号：0003）
- 菜刀（商品编号：0004）
- 叉子（商品编号：0006）
- 擦菜板（商品编号：0007）

结果自然也应该是下面这样。

```
product_name | sale_price
--------------+------------
运动T恤        |       4000
菜刀          |       3000
叉子          |        500
擦菜板        |        880
```

得到上述结果时，我们应该已经完成了如下两个步骤。

1. 从 ShopProduct 表中选取出在大阪店（shop_id = '000C'）中销售的商品（product_id）

2. 从 Product 表中选取出上一步得到的商品（product_id）的销售单价（sale_price）

SQL 也是如此，同样要分两步来完成。首先，第一步如下所示。

```
SELECT product_id
  FROM ShopProduct
 WHERE shop_id = '000C';
```

因为大阪店的商店编号（shop_id）是"000C"，所以我们可以将其作为条件写在 WHERE 子句中 ❶。接下来，我们就可以把上述 SELECT 语句作为第二步中的条件来使用了。最终得到的 SELECT 语句请参考代码清单 6-36。

代码清单6-36　使用子查询作为 IN 的参数

```
-- 取得 "在大阪店销售的商品的销售单价"
SELECT product_name, sale_price
  FROM Product
 WHERE product_id IN (SELECT product_id
                        FROM ShopProduct
                       WHERE shop_id = '000C');
```

执行结果

```
product_name | sale_price
--------------+------------
叉子          |        500
运动T恤        |       4000
菜刀          |       3000
擦菜板        |        880
```

注❶

虽然使用"shop_name='大阪'"作为条件可以得到同样的结果，但是通常情况下，指定数据库中的商店或者商品时，并不会直接使用商品名称。这是因为与编号比起来，名称更有可能发生改变。

如第 5 章的"法则 5-6"（5-2 节）所述，子查询是从内层开始执行的。因此，该 SELECT 语句也是从内层的子查询开始执行，然后像下面这样展开。

```
-- 子查询展开后的结果
SELECT product_name, sale_price
  FROM Product
 WHERE product_id IN ('0003', '0004', '0006', '0007');
```

这样就转换成了之前我们学习过的 IN 的使用方法了吧。可能有些读者会产生这样的疑问："既然子查询展开后得到的结果同样是（'0003','0004','0006','0007'），为什么一定要使用子查询呢？"

这是因为 ShopProduct（商店商品）表并不是一成不变的。实际上由于各个商店销售的商品都在不断发生变化，因此 ShopProduct 表内大阪店销售的商品也会发生变化。如果 SELECT 语句中没有使用子查询的话，一旦商品发生了改变，那么 SELECT 语句也不得不进行修改，而且这样的修改工作会变得没完没了。

反之，如果在 SELECT 语句中使用了子查询，那么即使数据发生了变更，还可以继续使用同样的 SELECT 语句。这样也就减少了我们的常规作业（单纯的重复操作）。

像这样可以完美应对数据变更的程序称为"易维护程序"，或者"免维护程序"。这也是系统开发中需要重点考虑的部分。希望大家在开始学习编程时，就能够有意识地编写易于维护的代码。

■NOT IN和子查询

IN 的否定形式 NOT IN 同样可以使用子查询作为参数，其语法也和 IN 完全一样。请大家参考代码清单 6-37 中的例文。

代码清单6-37　使用子查询作为NOT IN的参数

```
SELECT product_name, sale_price
  FROM Product
 WHERE product_id NOT IN (SELECT product_id
                            FROM ShopProduct
                           WHERE shop_id = '000A');
```

本例中的 SQL 语句是要选取出"在东京店（000A）以外销售的商品（product_id）的销售单价（sale_price）"，"NOT IN"代表了"以外"这样的否定含义。

　　我们也像之前那样来看一下该 SQL 的执行步骤。因为还是首先执行子查询，所以会得到如下结果。

```
-- 执行子查询
SELECT product_name, sale_price
  FROM Product
 WHERE product_id NOT IN ('0001', '0002', '0003');
```

　　之后就很简单了，上述语句应该会返回 0001 ～ 0003"以外"的结果。

执行结果

```
product_name |sale_price
--------------+-----------
菜刀          |      3000
高压锅        |      6800
叉子          |       500
擦菜板        |       880
圆珠笔        |       100
```

EXISTS 谓词

　　本节最后将要给大家介绍的是 EXISTS 谓词。将它放到最后进行学习的原因有以下 3 点。

① EXISTS 的使用方法与之前的都不相同

② 语法理解起来比较困难

③ 实际上即使不使用 EXISTS，基本上也都可以使用 IN（或者 NOT IN）来代替

　　理由①和②都说明 EXISTS 是使用方法特殊而难以理解的谓词。特别是使用否定形式 NOT EXISTS 的 SELECT 语句，即使是 DB 工程师也常常无法迅速理解。此外，如理由③所述，使用 IN 作为替代的情况非常多（尽管不能完全替代让人有些伤脑筋），很多读者虽然记住了使用方法但还是不能实际运用。

　　但是一旦能够熟练使用 EXISTS 谓词，就能体会到它极大的便利性。因此，非常希望大家能够在达到 SQL 中级水平时掌握此工具。本书只简

注❶

希望了解 EXISTS 谓词详细内容的读者，可以参考拙著《**達人に学ぶ SQL 徹底指南書**》（翔泳社）中 1-8 节的内容。

单介绍其基本使用方法 ❶。

接下来就让我们赶快看一看 EXISTS 吧。

■ EXISTS 谓词的使用方法

一言以蔽之，谓词的作用就是"判断是否存在满足某种条件的记录"。如果存在这样的记录就返回真（TRUE），如果不存在就返回假（FALSE）。EXISTS（存在）谓词的主语是"记录"。

我们继续使用前一节"IN 和子查询"中的示例，使用 EXISTS 选取出"大阪店（000C）在售商品（product_id）的销售单价（sale_price）"。

SELECT 语句请参考代码清单 6-38。

代码清单6-38　使用 EXISTS 选取出"大阪店在售商品的销售单价"

```
  SQL Server    DB2    PostgreSQL    MySQL
SELECT product_name, sale_price
  FROM Product AS P ─────────────────────────①
 WHERE EXISTS (SELECT *
                   FROM ShopProduct AS SP ──②
                  WHERE SP.shop_id = '000C'
                    AND SP.product_id = P.product_id);
```

> **特定的SQL**
>
> Oracle 的 FROM 子句中不能使用 AS（会发生错误）。因此，在 Oracle 中执行代码清单 6-38 时，请将①的部分修改为"FROM Product P"，将②的部分修改为"FROM ShopProduct SP"（删除 FROM 子句中的 AS）。

执行结果

```
product_name| sale_price
------------+-------------
叉子        |         500
运动T恤      |        4000
菜刀        |        3000
擦菜板       |         880
```

● EXISTS 的参数

之前我们学过的谓词，基本上都是像"列 LIKE 字符串"或者"列 BETWEEN 值 1 AND 值 2"这样需要指定 2 个以上的参数，而 EXISTS 的左侧并没有任何参数。很奇妙吧？这是因为 EXISTS 是只有 1 个参数的谓词。EXISTS 只需要在右侧书写 1 个参数，该参数通常都会是一个子查询。

```
(SELECT *
   FROM ShopProduct AS SP
  WHERE SP.shop_id = '000C'
    AND SP.product_id = P.product_id)
```

上面这样的子查询就是唯一的参数。确切地说，由于通过条件"SP.product_id = P.product_id"将 Product 表和 ShopProduct 表进行了联接，因此作为参数的是关联子查询。EXISTS 通常都会使用关联子查询作为参数 **❶**。

注❶

虽然严格来说语法上也可以使用非关联子查询作为参数，但实际应用中几乎没有这样的情况。

 法则6-1

通常指定关联子查询作为 EXISTS 的参数。

●子查询中的SELECT *

可能大家会觉得子查询中的 SELECT * 稍微有些不同，就像我们之前学到的那样，由于 EXISTS 只关心记录是否存在，因此返回哪些列都没有关系。EXISTS 只会判断是否存在满足子查询中 WHERE 子句指定的条件"商店编号（shop_id）为 '000C'，商品（Product）表和商店商品（ShopProduct）表中商品编号（product_id）相同"的记录，只有存在这样的记录时才返回真（TRUE）。

因此，即使写成代码清单 6-39 那样，结果也不会发生改变。

代码清单6-39　这样的写法也能得到与代码清单6-38相同的结果

```
SQL Server   DB2   PostgreSQL   MySQL
SELECT product_name, sale_price
  FROM Product AS P ————————————————①
 WHERE EXISTS (SELECT 1 -- 这里可以书写适当的常数
                 FROM ShopProduct AS SP ——②
                WHERE SP.shop_id = '000C'
                  AND SP.product_id = P.product_id);
```

特定的SQL

在 Oracle 中执行代码清单6-39时，请将①的部分修改为"FROM Product P"，将②的部分修改为"FROM ShopProduct SP"（删除 FROM 子句中的 AS）。

大家可以把在 EXISTS 的子查询中书写 SELECT * 当作 SQL 的一种习惯。

法则6-2

作为EXISTS参数的子查询中经常会使用SELECT ＊。

KEYWORD
●NOT EXISTS 谓词

●使用NOT EXISTS替换NOT IN

就像EXISTS可以用来替换IN一样，NOT IN也可以用NOT EXISTS来替换。下面就让我们使用NOT EXISTS来编写一条SELECT语句，读取出"东京店（000A）在售之外的商品（product_id）的销售单价（sale_price）"（代码清单6-40）。

代码清单6-40　使用NOT EXISTS读取出"东京店在售之外的商品的销售单价"

| SQL Server | DB2 | PostgreSQL | MySQL |

```
SELECT product_name, sale_price
  FROM Product AS P ─────────────────── ①
 WHERE NOT EXISTS (SELECT *
                     FROM ShopProduct AS SP ── ②
                    WHERE SP.shop_id = '000A'
                      AND SP.product_id = P.product_id);
```

特定的SQL
在 Oracle 中执行代码清单6-40时，请将①的部分修改为"FROM Product P"，将②的部分修改为"FROM ShopProduct SP"（删除FROM子句中的AS）。

执行结果

```
product_name| sale_price
------------+------------
菜刀        |       3000
高压锅      |       6800
叉子        |        500
擦菜板      |        880
圆珠笔      |        100
```

NOT EXISTS 与 EXISTS 相反，当"不存在"满足子查询中指定条件的记录时返回真（TRUE）。

将 IN（代码清单6-36）和 EXISTS（代码清单6-38）的 SELECT 语句进行比较，会得到怎样的结果呢？可能大多数读者会觉得 IN 理解起来要容易一些，笔者也认为没有必要勉强使用 EXISTS。因为 EXISTS 拥有 IN 所不具有的便利性，严格来说两者并不相同，所以希望大家能够在中级篇中掌握这两种谓词的使用方法。

6-3

CASE 表达式

学习重点

- CASE表达式分为简单CASE表达式和搜索CASE表达式两种。搜索 CASE表达式包含简单CASE表达式的全部功能。
- 虽然CASE表达式中的ELSE子句可以省略，但为了让SQL语句更加容易 理解，还是希望大家不要省略。
- CASE表达式中的END不能省略。
- 使用CASE表达式能够将SELECT语句的结果进行组合。
- 虽然有些DBMS提供了各自特有的CASE表达式的简化函数，例如Oracle 中的DECODE和MySQL中的IF，等等，但由于它们并非通用的函数，功 能上也有些限制，因此有些场合无法使用。

什么是CASE表达式

KEYWORD
- CASE表达式
- 分支(条件分支)

本节将要学习的 CASE 表达式，和"1 + 1"或者"120 / 4"这 样的表达式一样，是一种进行运算的功能。这就意味着 CASE 表达式也 是函数的一种。它是 SQL 中数一数二的重要功能，希望大家能够在这里 好好学习掌握。

CASE 表达式是在区分情况时使用的，这种情况的区分在编程中通常 称为(条件)分支❶。

注❶
在C语言和Java等流行的编程语 言中，通常都会使用IF语句或者 CASE语句。CASE表达式就是这些 语句的SQL版本。

KEYWORD
- 简单CASE表达式
- 搜索CASE表达式

CASE表达式的语法

CASE表达式的语法分为简单 CASE 表达式和搜索 CASE 表达式两种。 但是，由于搜索 CASE 表达式包含了简单 CASE 表达式的全部功能，因 此本节只会介绍搜索 CASE 表达式。想要了解简单 CASE 表达式语法的 读者，可以参考本节末尾的"简单 CASE 表达式"专栏。

下面就让我们赶快来学习一下搜索 CASE 表达式的语法吧。

语法 6-16　搜索 CASE 表达式

```
CASE WHEN <求值表达式> THEN <表达式>
     WHEN <求值表达式> THEN <表达式>
     WHEN <求值表达式> THEN <表达式>
        ⋮
     ELSE <表达式>
END
```

KEYWORD

● WHEN 子句
● 求值
● THEN 子句
● ELSE

　　WHEN 子句中的"< 求值表达式 >"就是类似"列 = 值"这样，返回值为真值（TRUE/FALSE/UNKNOWN）的表达式。我们也可以将其看作使用 =、!= 或者 LIKE、BETWEEN 等谓词编写出来的表达式。

　　CASE 表达式会从对最初的 WHEN 子句中的"< 求值表达式 >"进行求值开始执行。所谓求值，就是要调查该表达式的真值是什么。如果结果为真（TRUE），那么就返回 THEN 子句中的表达式，CASE 表达式的执行到此为止。如果结果不为真，那么就跳转到下一条 WHEN 子句的求值之中。如果直到最后的 WHEN 子句为止返回结果都不为真，那么就会返回 ELSE 中的表达式，执行终止。

　　从 CASE 表达式名称中的"表达式"我们也能看出来，上述这些整体构成了一个表达式。并且由于表达式最终会返回一个值，因此 CASE 表达式在 SQL 语句执行时，也会转化为一个值。虽然使用分支众多的 CASE 表达式编写几十行代码的情况也并不少见，但是无论多么庞大的 CASE 表达式，最后也只会返回类似"1"或者"' 渡边先生 '"这样简单的值。

CASE 表达式的使用方法

　　那么就让我们来学习一下 CASE 表达式的具体使用方法吧。例如我们来考虑这样一种情况，现在 Product（商品）表中包含衣服、办公用品和厨房用具 3 种商品类型，请大家考虑一下怎样才能够得到如下结果。

```
A：衣服
B：办公用品
C：厨房用具
```

　　因为表中的记录并不包含"A："或者"B："这样的字符串，所以需

要在 SQL 中进行添加。我们可以使用 6-1 节中学过的字符串连接函数"||"来完成这项工作。

剩下的问题就是怎样正确地将"A：""B：""C："与记录结合起来。这时就可以使用 CASE 表达式来实现了（代码清单 6-41）。

代码清单6-41　通过CASE表达式将A～C的字符串加入到商品种类当中

```
SELECT product_name,
       CASE WHEN product_type = '衣服'
            THEN 'A：' || product_type
            WHEN product_type = '办公用品'
            THEN 'B：' || product_type
            WHEN product_type = '厨房用具'
            THEN 'C：' || product_type
            ELSE NULL
       END AS abc_product_type
  FROM Product;
```

执行结果

```
product_name |abc_product_type
-------------+-----------------
T恤衫        | A：衣服
打孔器       | B：办公用品
运动T恤      | A：衣服
菜刀         | C：厨房用具
高压锅       | C：厨房用具
叉子         | C：厨房用具
擦菜板       | C：厨房用具
圆珠笔       | B：办公用品
```

6 行 CASE 表达式代码最后只相当于 1 列（abc_product_type）而已，大家也许有点吃惊吧！与商品种类（product_type）的名称相对应，CASE 表达式中包含了 3 条 WHEN 子句分支。最后的 ELSE NULL 是"上述情况之外时返回 NULL"的意思。ELSE 子句指定了应该如何处理不满足 WHEN 子句中的条件的记录，NULL 之外的其他值或者表达式也都可以写在 ELSE 子句之中。但由于现在表中包含的商品种类只有 3 种，因此实际上有没有 ELSE 子句都是一样的。

ELSE 子句也可以省略不写，这时会被默认为 ELSE NULL。但为了防止有人漏读，还是希望大家能够显式地写出 ELSE 子句。

KEYWORD

● ELSE NULL

法则6-3

虽然CASE表达式中的ELSE子句可以省略，但还是希望大家不要省略。

此外，CASE 表达式最后的"END"是不能省略的，请大家特别注意不要遗漏。忘记书写 END 会发生语法错误，这也是初学时最容易犯的错误。

 法则6-4

CASE表达式中的END不能省略。

■ CASE表达式的书写位置

CASE 表达式的便利之处就在于它是一个表达式。之所以这么说，是因为表达式可以书写在任意位置，也就是像"1 + 1"这样写在什么位置都可以的意思。例如，我们可以像下面这样利用 CASE 表达式将 SELECT 语句的结果中的行和列进行互换。

执行结果

```
sum_price_clothes | sum_price_kitchen | sum_price_office
------------------+-------------------+-----------------
             5000 |             11180 |              600
```

上述结果是根据商品种类计算出的销售单价的合计值，通常我们将商品种类列作为 GROUP BY 子句的聚合键来使用，但是这样得到的结果会以"行"的形式输出，而无法以列的形式进行排列（代码清单 6-42）。

代码清单6-42　通常使用GROUP BY也无法实现行列转换

```sql
SELECT product_type,
       SUM(sale_price) AS sum_price
  FROM Product
 GROUP BY product_type;
```

执行结果

```
product_type|sum_price
------------+----------
衣服         |      5000
办公用品      |       600
厨房用具      |     11180
```

我们可以像代码清单 6-43 那样在 SUM 函数中使用 CASE 表达式来获得一个 3 列的结果。

代码清单6-43　使用CASE表达式进行行列转换

```
-- 对按照商品种类计算出的销售单价合计值进行行列转换
SELECT SUM(CASE WHEN product_type = '衣服'
                THEN sale_price ELSE 0 END) AS sum_price_clothes,
       SUM(CASE WHEN product_type = '厨房用具'
                THEN sale_price ELSE 0 END) AS sum_price_kitchen,
       SUM(CASE WHEN product_type = '办公用品'
                THEN sale_price ELSE 0 END) AS sum_price_office
  FROM Product;
```

在满足商品种类（product_type）为"衣服"或者"办公用品"等特定值时，上述 CASE 表达式输出该商品的销售单价（sale_price），不满足时输出 0。对该结果进行汇总处理，就能够得到特定商品种类的销售单价合计值了。

在对 SELECT 语句的结果进行编辑时，CASE 表达式能够发挥较大作用。

专　栏

简单CASE表达式

　　CASE 表达式分为两种，一种是本节学习的"搜索 CASE 表达式"，另一种就是其简化形式——"简单 CASE 表达式"。

　　简单 CASE 表达式比搜索 CASE 表达式简单，但是会受到条件的约束，因此通常情况下都会使用搜索 CASE 表达式。在此我们简单介绍一下其语法结构。

　　简单 CASE 表达式的语法如下所示。

语法6-A　简单CASE表达式

```
CASE <表达式>
    WHEN <表达式> THEN <表达式>
    WHEN <表达式> THEN <表达式>
    WHEN <表达式> THEN <表达式>
        ⋮
    ELSE <表达式>
END
```

　　与搜索 CASE 表达式一样，简单 CASE 表达式也是从最初的 WHEN 子句开始进行，逐一判断每个 WHEN 子句直到返回真值为止。此外，没有能够返回真值的 WHEN 子句时，也会返回 ELSE 子句指定的表达式。两者的不同之处在于，简单 CASE 表达式最初的 "CASE< 表达式 >" 也会作为求值的对象。

　　下面就让我们来看一看搜索 CASE 表达式和简单 CASE 表达式是如何实现相同含义的 SQL 语句的。将代码清单 6–41 中的搜索 CASE 表达式的 SQL 改写为简单 CASE 表达式，结果如下所示（代码清单 6–A）。

代码清单6-A　使用CASE表达式将字符串A ~ C添加到商品种类中

```
--  使用搜索CASE表达式的情况（重写代码清单6-41）
SELECT product_name,
       CASE  WHEN product_type = '衣服'
             THEN 'A：' ||product_type
             WHEN product_type = '办公用品'
             THEN 'B：' ||product_type
             WHEN product_type = '厨房用具'
             THEN 'C：' ||product_type
             ELSE NULL
         END AS abc_product_type
   FROM Product;



--  使用简单CASE表达式的情况
SELECT product_name,
       CASE product_type
             WHEN '衣服'      THEN 'A：' || product_type
             WHEN '办公用品'    THEN 'B：' || product_type
             WHEN '厨房用具'    THEN 'C：' || product_type
             ELSE NULL
           END AS abc_product_type
   FROM Product;
```

　　像 "CASE product_type" 这样，简单 CASE 表达式在将想要求值的表达式（这里是列）书写过一次之后，就无需在之后的 WHEN 子句中重复书写 "product_type" 了。虽然看上去简化了书写，但是想要在 WHEN 子句中指定不同列时，简单 CASE 表达式就无能为力了。

专　栏

特定的CASE表达式

　　由于 CASE 表达式是标准 SQL 所承认的功能，因此在任何 DBMS 中都可以执行。但是，有些 DBMS 还提供了一些特有的 CASE 表达式的简化函数，例如 Oracle 中的 DECODE、MySQL 中的 IF 等。

　　使用 Oracle 中的 DECODE 和 MySQL 中的 IF 将字符串 A ~ C 添加到商品种类（product_type）中的 SQL 语句请参考代码清单 6-B。

代码清单6-B　使用CASE表达式的特定语句将字符串A ~ C添加到商品种类中

```
Oracle
-- Oracle中使用DECODE代替CASE表达式
SELECT   product_name,
           DECODE(product_type,
                    '衣服',      'A：' || product_type,
                    '办公用品',   'B：' || product_type,
                    '厨房用具',   'C：' || product_type,
                 NULL) AS abc_product_type
   FROM Product;
```

```
MySQL
-- MySQL中使用IF代替CASE表达式
SELECT   product_name,
         IF( IF( IF(product_type = '衣服',
                    CONCAT('A：', product_type), NULL)
               IS NULL AND product_type = '办公用品',
                    CONCAT('B：', product_type),
             IF(product_type = '衣服',
                CONCAT('A：', product_type), NULL))
                 IS NULL AND product_type = '厨房用具',
                    CONCAT('C：', product_type),
                 IF( IF(product_type = '衣服',
                       CONCAT('A：', product_type), NULL)
               IS NULL AND product_type = '办公用品',
                    CONCAT('B：', product_type),
             IF(product_type = '衣服',
                CONCAT('A：', product_type),
            NULL))) AS abc_product_type
   FROM Product;
```

　　但上述函数只能在特定的 DBMS 中使用，并且能够使用的条件也没有 CASE 表达式那么丰富，因此并没有什么优势。希望大家尽量不要使用这些特定的 SQL 语句。

练习题

6.1 对本章中使用的 Product (商品) 表执行如下 2 条 SELECT 语句, 能够得到什么样的结果呢?

①

```
SELECT product_name, purchase_price
  FROM Product
 WHERE purchase_price NOT IN (500, 2800, 5000);
```

②

```
SELECT product_name, purchase_price
  FROM Product
 WHERE purchase_price NOT IN (500, 2800, 5000, NULL);
```

6.2 按照销售单价(sale_price)对练习 6.1 中的 Product(商品)表中的商品进行如下分类。

- 低档商品 : 销售单价在1000日元以下 (T恤衫、办公用品、叉子、擦菜板、圆珠笔)
- 中档商品 : 销售单价在1001日元以上3000日元以下 (菜刀)
- 高档商品 : 销售单价在3001日元以上 (运动T恤、高压锅)

请编写出统计上述商品种类中所包含的商品数量的 SELECT 语句, 结果如下所示。

执行结果

```
low_price|mid_price|high_price
---------+---------+----------
        5|        1|        2
```

第7章 集合运算

表的加减法
联结（以列为单位对表进行联结）

SQL

本章重点

前面几章我们学习了使用一张表的 SQL 语句的书写方法，本章将会和大家一起学习使用 2 张以上的表的 SQL 语句。通过以行方向（竖）为单位的集合运算符和以列方向（横）为单位的联结，就可以将分散在多张表中的数据组合成为期望的结果。

7-1　表的加减法

■什么是集合运算

■表的加法——UNION

■集合运算的注意事项

■包含重复行的集合运算——ALL 选项

■选取表中公共部分——INTERSECT

■记录的减法——EXCEPT

7-2　联结（以列为单位对表进行联结）

■什么是联结

■内联结——INNER JOIN

■外联结——OUTER JOIN

■3 张以上的表的联结

■交叉联结——CROSS JOIN

■联结的特定语法和过时语法

7-1

第7章 集合运算

表的加减法

- 集合运算就是对满足同一规则的记录进行的加减等四则运算。
- 使用UNION（并集）、INTERSECT（交集）、EXCEPT（差集）等集合运算符来进行集合运算。
- 集合运算符可以去除重复行。
- 如果希望集合运算符保留重复行，就需要使用ALL选项。

什么是集合运算

KEYWORD
- 集合运算
- 集合
- 记录的集合
- 集合运算符

本章将会和大家一起学习集合运算操作。集合在数学领域表示"（各种各样的）事物的总和"，在数据库领域表示记录的集合。具体来说，表、视图和查询的执行结果都是记录的集合。

截至目前，我们已经学习了从表中读取数据以及插入数据的方法。所谓集合运算，就是对满足同一规则的记录进行的加减等四则运算。通过集合运算，可以得到两张表中记录的集合或者公共记录的集合，又或者其中某张表中的记录的集合。像这样用来进行集合运算的运算符称为集合运算符。

本节将会为大家介绍表的加减法，下一节将会和大家一起学习进行"表联结"的集合运算符及其使用方法。

表的加法——UNION

KEYWORD
- UNION（并集）

首先为大家介绍的集合运算符是进行记录加法运算的UNION（并集）。

在学习具体的使用方法之前，我们首先添加一张表，该表的结构与之前我们使用的 Product（商品）表相同，只是表名变为 Product2（商品 2）（代码清单 7-1）。

代码清单7-1　创建表Product2（商品2）

```
CREATE TABLE Product2
(product_id        CHAR(4)        NOT NULL,
 product_name      VARCHAR(100)   NOT NULL,
 product_type      VARCHAR(32)    NOT NULL,
 sale_price        INTEGER        ,
 purchase_price    INTEGER        ,
 regist_date       DATE           ,
 PRIMARY KEY (product_id));
```

　　接下来，我们将代码清单7-2中的5条记录插入到Product2表中。商品编号（product_id）为"0001"~"0003"的商品与之前Product表中的商品相同，而编号为"0009"的"手套"和"0010"的"水壶"是Product表中没有的商品。

代码清单7-2　将数据插入到表Product2（商品2）中

| SQL Server | PostgreSQL |

```
BEGIN TRANSACTION; ─────────①
INSERT INTO Product2 VALUES('0001', 'T恤衫' ,'衣服', 1000, 500, ⇒
'2009-09-20');
INSERT INTO Product2 VALUES('0002', '打孔器', '办公用品', 500, ⇒
320, '2009-09-11');
INSERT INTO Product2 VALUES('0003', '运动T恤', '衣服', 4000, ⇒
2800, NULL);
INSERT INTO Product2 VALUES('0009', '手套', '衣服', 800, 500, NULL);
INSERT INTO Product2 VALUES('0010', '水壶', '厨房用具', 2000, ⇒
1700, '2009-09-20');
COMMIT;
```

⇒表示下一行接续本行，只是由于版面所限而换行。

> **特定的SQL**
>
> 　　不同的DBMS的事务处理的语法也不尽相同。代码清单7-2中的DML语句在MySQL中执行时，需要将①部分更改为"START TRANSACTION;"。在Oracle和DB2中执行时，无需用到①的部分（请删除）。
> 　　详细内容请大家参考4-4节中的"创建事务"。

　　这样我们的准备工作就完成了。接下来，就让我们对上述两张表进行"Product表+Product2表"的加法计算吧。语法请参考代码清单7-3。

代码清单7-3 使用**UNION**对表进行加法运算

```
SELECT product_id, product_name
  FROM Product
UNION
SELECT product_id, product_name
  FROM Product2;
```

执行结果

```
product_id| product_name
----------+-------------
0001      | T恤衫
0002      | 打孔器
0003      | 运动T恤
0004      | 菜刀
0005      | 高压锅
0006      | 叉子
0007      | 擦菜板
0008      | 圆珠笔
0009      | 手套
0010      | 水壶
```

上述结果包含了两张表中的全部商品。可能有些读者会发现，这就是我们在学校学过的集合中的并集运算，通过文氏图会看得更清晰（图 7-1）。

图7-1 使用UNION对表进行加法（并集）运算的图示

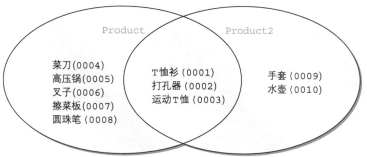

※括号内的数字代表了商品的编号。

商品编号为"0001"~"0003"的3条记录在两个表中都存在，因此大家可能会认为结果中会出现重复的记录，但是 UNION 等集合运算符通常都会除去重复的记录。

 法则7-1

集合运算符会除去重复的记录。

集合运算的注意事项

其实结果中也可以包含重复的记录，在介绍该方法之前，还是让我们先来学习一下使用集合运算符时的注意事项吧。不仅限于 UNION，之后将要学习的所有运算符都要遵守这些注意事项。

■注意事项①——作为运算对象的记录的列数必须相同

例如，像下面这样，一部分记录包含 2 列，另一部分记录包含 3 列时会发生错误，无法进行加法运算。

```
-- 列数不一致时会发生错误
SELECT product_id, product_name
  FROM Product
UNION
SELECT product_id, product_name, sale_price
  FROM Product2;
```

■注意事项②——作为运算对象的记录中列的类型必须一致

从左侧开始，相同位置上的列必须是同一数据类型。例如下面的 SQL 语句，虽然列数相同，但是第 2 列的数据类型并不一致（一个是数值类型，一个是日期类型），因此会发生错误 ❶。

注❶

实际上，在有些DBMS中，即使数据类型不同，也可以通过隐式类型转换来完成操作。但由于并非所有的DBMS都支持这样的用法，因此还是希望大家能够使用恰当的数据类型来进行运算。

```
-- 数据类型不一致时会发生错误
SELECT product_id, sale_price
  FROM Product
UNION
SELECT product_id, regist_date
  FROM Product2;
```

一定要使用不同数据类型的列时，可以使用 6-1 节中的类型转换函数 CAST。

■注意事项③——可以使用任何 SELECT 语句，但 ORDER BY 子句只能在最后使用一次

通过 UNION 进行并集运算时可以使用任何形式的 SELECT 语句，之前学过的 WHERE、GROUP BY、HAVING 等子句都可以使用。但是 ORDER BY 只能在最后使用一次（代码清单 7-4）。

代码清单7-4　ORDER BY子句只在最后使用一次

```
SELECT product_id, product_name
```

```
  FROM Product
 WHERE product_type = '厨房用具'
UNION
SELECT product_id, product_name
  FROM Product2
 WHERE product_type = '厨房用具'
ORDER BY product_id;
```

执行结果

```
product_id| product_name
----------+--------------
0004      | 菜刀
0005      | 高压锅
0006      | 叉子
0007      | 擦菜板
0010      | 水壶
```

包含重复行的集合运算——ALL 选项

KEYWORD

●ALL 选项

接下来给大家介绍在 UNION 的结果中保留重复行的语法。其实非常简单，只需要在 UNION 后面添加 ALL 关键字就可以了。这里的 ALL 选项，在 UNION 之外的集合运算符中同样可以使用（代码清单 7-5）。

代码清单7-5　保留重复行

```
SELECT product_id, product_name
  FROM Product
UNION ALL
SELECT product_id, product_name
  FROM Product2;
```

执行结果

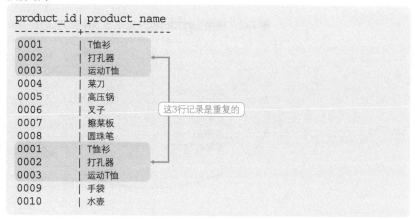

法则 7-2

在集合运算符中使用ALL选项，可以保留重复行。

选取表中公共部分——INTERSECT

KEYWORD

● INTERSECT（交集）

因为MySQL尚不支持INTERSECT，所以无法使用。

下面将要介绍的集合运算符在数的四则运算中并不存在，不过也不难理解，那就是选取两个记录集合中公共部分的 INTERSECT（交集）❶。

让我们赶快来看一下吧。其语法和 UNION 完全一样（代码清单 7-6）。

代码清单7-6　使用 INTERSECT 选取出表中公共部分

| Oracle | SQL Server | DB2 | PostgreSQL |

```
SELECT product_id, product_name
  FROM Product
INTERSECT
SELECT product_id, product_name
  FROM Product2
ORDER BY product_id;
```

执行结果

```
product_id| product_name
----------+--------------
0001      | T恤衫
0002      | 打孔器
0003      | 运动T恤
```

大家可以看到，结果中只包含两张表中记录的公共部分。该运算的文氏图如下所示（图 7-2）。

图7-2　使用 INTERSECT 选取出表中公共部分的图示

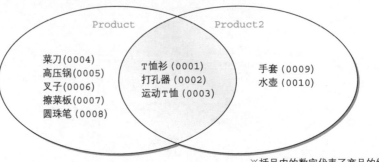

Product　　Product2

菜刀(0004)
高压锅(0005)　　T恤衫 (0001)
叉子(0006)　　　打孔器 (0002)　　手套 (0009)
擦菜板(0007)　　运动T恤 (0003)　　水壶 (0010)
圆珠笔(0008)

※括号内的数字代表了商品的编号。

　　与使用 AND 可以选取出一张表中满足多个条件的公共部分不同，INTERSECT 应用于两张表，选取出它们当中的公共记录。

　　其注意事项与 UNION 相同，我们在"集合运算的注意事项"和"保留重复行的集合运算"中已经介绍过了。希望保留重复行时同样需要使用 INTERSECT ALL。

记录的减法——EXCEPT

KEYWORD

● EXCEPT（差集）

注❶

只有 Oracle 不使用 EXCEPT，而是使用其特有的 MINUS 运算符。使用 Oracle 的用户，请用 MINUS 代替 EXCEPT。此外，MySQL 还不支持 EXCEPT，因此也无法使用。

　　最后要给大家介绍的集合运算符就是进行减法运算的 EXCEPT（差集）❶，其语法也与 UNION 相同（代码清单 7-7）。

代码清单7-7　使用EXCEPT对记录进行减法运算

`SQL Server`　`DB2`　`PostgreSQL`

```sql
SELECT product_id, product_name
  FROM Product
EXCEPT
SELECT product_id, product_name
  FROM Product2
ORDER BY product_id;
```

> **特定的SQL**
>
> 　　在 Oracle 中执行代码清单 7-7 或者代码清单 7-8 中的 SQL 时，请将 EXCEPT 改为 MINUS。
>
> ```sql
> -- Oracle中使用MINUS而不是EXCEPT
> SELECT …
>   FROM …
> MINUS
> SELECT …
>   FROM …;
> ```

执行结果

```
product_id| product_name
----------+--------------
0004      | 菜刀
0005      | 高压锅
0006      | 叉子
0007      | 擦菜板
0008      | 圆珠笔
```

大家可以看到，结果中只包含 Product 表中记录除去 Product2 表中记录之后的剩余部分。该运算的文氏图如图 7-3 所示。

图7-3 使用 EXCEPT 对记录进行减法运算的图示

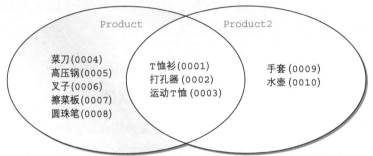

※括号内的数字代表了商品的编号。

EXCEPT 有一点与 UNION 和 INTERSECT 不同，需要注意一下。那就是在减法运算中减数和被减数的位置不同，所得到的结果也不相同。4 + 2 和 2 + 4 的结果相同，但是 4 - 2 和 2 - 4 的结果却不一样。因此，我们将之前 SQL 中的 Product 和 Product2 互换，就能得到代码清单 7-8 中的结果。

代码清单7-8 被减数和减数位置不同，得到的结果也不同

```
SQL Server    DB2    PostgreSQL
-- 从Product2的记录中除去Product中的记录
SELECT product_id, product_name
  FROM Product2
EXCEPT
SELECT product_id, product_name
  FROM Product
ORDER BY product_id;
```

执行结果

```
product_id | product_name
-----------+--------------
0009       | 手套
0010       | 水壶
```

上述运算的文氏图如图 7-4 所示。

图7-4 使用EXCEPT对记录进行减法运算的图示（从 Product2 中除去 Product 中的记录）

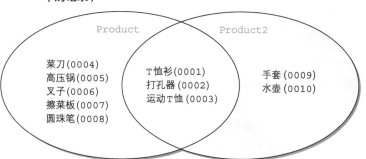

※括号内的数字代表了商品的编号。

　　到此，对 SQL 提供的集合运算符的学习已经结束了。可能有些读者会想"唉？怎么没有乘法和除法呢？"关于乘法的相关内容，我们将在下一节详细介绍。此外，SQL 中虽然也存在除法，但由于除法是比较难理解的运算，属于中级内容，因此我们会在本章末尾的专栏中进行一些简单的介绍，感兴趣的读者请参考专栏"关系除法"（7-2 节）。

第7章 集合运算

7-2 联结(以列为单位对表进行联结)

学习重点

- 联结(JOIN)就是将其他表中的列添加过来,进行"添加列"的集合运算。UNION是以行(纵向)为单位进行操作,而联结则是以列(横向)为单位进行的。
- 联结大体上分为内联结和外联结两种。首先请大家牢牢掌握这两种联结的使用方法。
- 请大家一定要使用标准SQL的语法格式来写联结运算,对于那些过时的或者特定SQL中的写法,了解一下即可,不建议使用。

什么是联结

前一节我们学习了UNION和INTERSECT等集合运算,这些集合运算的特征就是以行方向为单位进行操作。通俗地说,就是进行这些集合运算时,会导致记录行数的增减。使用UNION会增加记录行数,而使用INTERSECT或者EXCEPT会减少记录行数❶。

但是这些运算不会导致列数的改变。作为集合运算对象的表的前提就是列数要一致。因此,运算结果不会导致列的增减。

本节将要学习的联结(JOIN)运算,简单来说,就是将其他表中的列添加过来,进行"添加列"的运算(图7-5)。该操作通常用于无法从一张表中获取期望数据(列)的情况。截至目前,本书中出现的示例基本上都是从一张表中选取数据,但实际上,期望得到的数据往往会分散在不同的表之中。使用联结就可以从多张表(3张以上的表也没关系)中选取数据了。

注❶
根据表中数据的不同,也存在行数不发生变化的情况。

KEYWORD
● 联结(JOIN)

图7-5 联结的图示

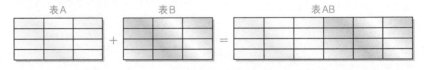

SQL 的联结根据其用途可以分为很多种类，这里希望大家掌握的有两种，内联结和外联结。接下来，我们就以这两种联结为中心进行学习。

内联结——INNER JOIN

KEYWORD

●内联结（INNER JOIN）

首先我们来学习内联结（INNER JOIN），它是应用最广泛的联结运算。大家现在可以暂时忽略"内"这个字，之后会给大家详细说明。

本例中我们会继续使用 Product 表和第 6 章创建的 ShopProduct 表。下面我们再来回顾一下这两张表的内容。

表7-1　**Product（商品）表**

product_id （商品编号）	product_name （商品名称）	product_type （商品种类）	sale_price （销售单价）	purchase_price （进货单价）	regist_date （登记日期）
0001	T恤衫	衣服	1000	500	2009-09-20
0002	打孔器	办公用品	500	320	2009-09-11
0003	运动T恤	衣服	4000	2800	
0004	菜刀	厨房用具	3000	2800	2009-09-20
0005	高压锅	厨房用具	6800	5000	2009-01-15
0006	叉子	厨房用具	500		2009-09-20
0007	擦菜板	厨房用具	880	790	2008-04-28
0008	圆珠笔	办公用品	100		2009-11-11

表7-2　**ShopProduct（商店商品）表**

shop_id （商店编号）	shop_name （商店名称）	product_id （商品编号）	quantity （数量）
000A	东京	0001	30
000A	东京	0002	50
000A	东京	0003	15
000B	名古屋	0002	30
000B	名古屋	0003	120
000B	名古屋	0004	20
000B	名古屋	0006	10
000B	名古屋	0007	40
000C	大阪	0003	20
000C	大阪	0004	50

（续）

shop_id （商店编号）	shop_name （商店名称）	product_id （商品编号）	quantity （数量）
000C	大阪	0006	90
000C	大阪	0007	70
000D	福冈	0001	100

对这两张表包含的列进行整理后的结果如表 7-3 所示。

表7-3　两张表及其包含的列

	Product	ShopProduct
商品编号	○	○
商品名称	○	
商品种类	○	
销售单价	○	
进货单价	○	
登记日期	○	
商店编号		○
商店名称		○
数量		○

如上表所示，两张表中的列可以分为如下两类。

Ⓐ 两张表中都包含的列　→ 商品编号
Ⓑ 只存在于一张表内的列 → 商品编号之外的列

所谓联结运算，一言以蔽之，就是"以Ⓐ中的列作为桥梁，将Ⓑ中满足同样条件的列汇集到同一结果之中"，具体过程如下所述。

从 ShopProduct 表中的数据我们能够知道，东京店（000A）销售商品编号为 0001、0002 和 0003 的商品，但这些商品的商品名称（product_name）和销售单价（sale_price）在 ShopProduct 表中并不存在，这些信息都保存在 Product 表中。大阪店和名古屋店的情况也是如此。

下面我们就试着从 Product 表中取出商品名称（product_name）和销售单价（sale_price），并与 ShopProduct 表中的内容进行结合，所得到的结果如下所示。

执行结果

```
shop_id | shop_name | product_id | product_name | sale_price
--------+-----------+------------+--------------+------------
000A    | 东京      | 0002       | 打孔器       |        500
000A    | 东京      | 0003       | 运动T恤      |       4000
000A    | 东京      | 0001       | T恤衫        |       1000
000B    | 名古屋    | 0007       | 擦菜板       |        880
000B    | 名古屋    | 0002       | 打孔器       |        500
000B    | 名古屋    | 0003       | 运动T恤      |       4000
000B    | 名古屋    | 0004       | 菜刀         |       3000
000B    | 名古屋    | 0006       | 叉子         |        500
000C    | 大阪      | 0007       | 擦菜板       |        880
000C    | 大阪      | 0006       | 叉子         |        500
000C    | 大阪      | 0003       | 运动T恤      |       4000
000C    | 大阪      | 0004       | 菜刀         |       3000
000D    | 福冈      | 0001       | T恤衫        |       1000
```

能够得到上述结果的 SELECT 语句如代码清单 7-9 所示。

代码清单7-9　将两张表进行内联结

`SQL Server`　`DB2`　`PostgreSQL`　`MySQL`

```
SELECT SP.shop_id, SP.shop_name, SP.product_id, P.product_name, ➡
P.sale_price
  FROM ShopProduct AS SP INNER JOIN Product AS P ——①
    ON SP.product_id = P.product_id;
```

➡表示下一行接续本行，只是由于版面所限而换行。

> **特定的SQL**
>
> 　在 Oracle 的 FROM 子句中不能使用 AS（会发生错误）。因此，在 Oracle 中执行代码清单7-9时，请将①的部分变为 "FROM ShopProduct SP INNER JOIN Product P"。

关于内联结，请大家注意以下三点。

●内联结要点①——FROM子句

第一点要注意的是，之前的 FROM 子句中只有一张表，而这次我们同时使用了 ShopProduct 和 Product 两张表。

```
FROM ShopProduct AS SP INNER JOIN Product AS P
```

使用关键字 INNER JOIN 就可以将两张表联结在一起了。SP 和 P 分别是这两张表的别名，但别名并不是必需的。在 SELECT 子句中直接使用 ShopProduct 和 product_id 这样的表的原名也没有关系，但由于表名太长会影响 SQL 语句的可读性，因此还是希望大家能够习惯使用别名 ❶ 。

注❶

在 FROM 子句中使用表的别名时，像 Product AS P 这样使用 AS 是标准 SQL 正式的语法。但是在 Oracle 中使用 AS 会发生错误。因此，在 Oracle 中使用时，需要注意不要在 FROM 子句中使用 AS。

法则 7-3

进行联结时需要在 FROM 子句中使用多张表。

●内联结要点②——ON 子句

第二点要注意的是 ON 后面的联结条件。

KEYWORD

●ON 子句

```
ON SP.product_id = P.product_id
```

KEYWORD

●联结键

我们可以在 ON 之后指定两张表联结所使用的列（联结键），本例中使用的是商品编号（product_id）。也就是说，ON 是专门用来指定联结条件的，它能起到与 WHERE 相同的作用。需要指定多个键时，同样可以使用 AND、OR。在进行内联结时 ON 子句是必不可少的（如果没有 ON 会发生错误），并且 ON 必须书写在 FROM 和 WHERE 之间。

法则 7-4

进行内联结时必须使用 ON 子句，并且要书写在 FROM 和 WHERE 之间。

举个比较直观的例子，ON 就像是连接河流两岸城镇的桥梁一样（图 7-6）。

图7-6　使用 ON 进行两表加法运算（和集）的图示

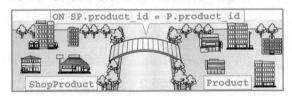

联结条件也可以使用"="来记述。在语法上，还可以使用 <= 和 BETWEEN 等谓词。但因为实际应用中九成以上都可以用"="进行联结，所以开始时大家只要记住使用"="就可以了。使用"="将联结键关联起来，就能够将两张表中满足相同条件的记录进行"联结"了。

● **内联结要点③ ——SELECT 子句**

第三点要注意的是，在 SELECT 子句中指定的列。

```
SELECT SP.shop_id, SP.shop_name, SP.product_id, P.product_name, ➡
P.sale_price
```

➡表示下一行接续本行，只是由于版面所限而换行。

在 SELECT 子句中，像 SP.shop_id 和 P.sale_price 这样使用"< 表的别名 >.< 列名 >"的形式来指定列。和使用一张表时不同，由于多表联结时，某个列到底属于哪张表比较容易混乱，因此采用了这样的防范措施。从语法上来说，只有那些同时存在于两张表中的列（这里是 product_id）必须使用这样的书写方式，其他的列像 shop_id 这样直接书写列名也不会发生错误。但是就像前面说的那样，为了避免混乱，还是希望大家能够在使用联结时按照"< 表的别名 >.< 列名 >"的格式来书写 SELECT 子句中全部的列。

  法则7-5

使用联结时SELECT子句中的列需要按照"< 表的别名 >.< 列名 >"的格式进行书写。

■ **内联结和WHERE子句结合使用**

如果并不想了解所有商店的情况，例如只想知道东京店（000A）的信息时，可以像之前学习的那样在 WHERE 子句中添加条件，这样我们就可以从代码清单 7-9 中得到的全部商店的信息中选取出东京店的记录了。

代码清单7-10　内联结和WHERE子句结合使用

` SQL Server `　` DB2 `　` PostgreSQL `　` MySQL `

```
SELECT SP.shop_id, SP.shop_name, SP.product_id, P.product_name, ➡
P.sale_price
  FROM ShopProduct AS SP INNER JOIN Product AS P ——①
    ON SP.product_id = P.product_id
 WHERE SP.shop_id = '000A';
```

➡表示下一行接续本行，只是由于版面所限而换行。

> **特定的SQL**
> 在 Oracle 中执行代码清单7-10时，请将①的部分变为"FROM ShopProduct SP INNER JOIN Product P"（删掉 FROM 子句中的 AS）。

执行结果

```
shop_id | shop_name | product_id | product_name |sale_price
---------+-----------+------------+--------------+-----------
000A     | 东京      | 0001       | T恤衫        |      1000
000A     | 东京      | 0002       | 打孔器      |       500
000A     | 东京      | 0003       | 运动T恤     |      4000
```

像这样使用联结运算将满足相同规则的表联结起来时，WHERE、GROUP BY、HAVING、ORDER BY 等工具都可以正常使用。我们可以将联结之后的结果想象为新创建出来的一张表（表 7-4），对这张表使用 WHERE 子句等工具，这样理解起来就容易多了吧。

当然，这张"表"只在 SELECT 语句执行期间存在，SELECT 语句执行之后就会消失。如果希望继续使用这张"表"，还是将它创建成视图吧。

表7-4　通过联结创建出的表（ProductJoinShopProduct）的图示

shop_id （编号）	shop_name （商店名称）	product_id （商品编号）	product_name （商品名称）	sale_price （销售单价）
000A	东京	0001	T恤衫	1000
000A	东京	0002	打孔器	500
000A	东京	0003	运动T恤	4000
000B	名古屋	0002	打孔器	500
000B	名古屋	0003	运动T恤	4000
000B	名古屋	0004	菜刀	3000
000B	名古屋	0006	叉子	500
000B	名古屋	0007	擦菜板	880
000C	大阪	0003	运动T恤	4000
000C	大阪	0004	菜刀	3000
000C	大阪	0006	叉子	500
000C	大阪	0007	擦菜板	880
000D	福冈	0001	T恤衫	1000

外联结——OUTER JOIN

内联结之外比较重要的就是外联结（OUTER JOIN）了。我们再来回顾一下前面的例子。在前例中，我们将 Product 表和 ShopProduct

表进行内联结，从两张表中取出各个商店销售的商品信息。其中，实现"从两张表中取出"的就是联结功能。

外联结也是通过 ON 子句的联结键将两张表进行联结，并从两张表中同时选取相应的列的。基本的使用方法并没有什么不同，只是结果却有所不同。事实胜于雄辩，还是让我们先把之前内联结的 SELECT 语句（代码清单 7-9）转换为外联结试试看吧。转换的结果请参考代码清单 7-11。

代码清单7-11　将两张表进行外联结

`SQL Server`　`DB2`　`PostgreSQL`　`MySQL`

```
SELECT SP.shop_id, SP.shop_name, P.product_id, P.product_name, ⇒
P.sale_price
  FROM ShopProduct AS SP RIGHT OUTER JOIN Product AS P ——①
    ON SP.product_id = P.product_id;
```

⇒表示下一行接续本行，只是由于版面所限而换行。

> **特定的SQL**
>
> 在 Oracle 中执行代码清单 7-11 时，请将①的部分变为 "FROM ShopProduct SP RIGHT OUTER JOIN Product P"（删除掉 FROM 子句中的 AS）。

执行结果

```
shop_id | shop_name | product_id | product_name | sale_price
--------+-----------+------------+--------------+-----------
000A    | 东京      | 0002       | 打孔器       |        500
000A    | 东京      | 0003       | 运动T恤      |       4000
000A    | 东京      | 0001       | T恤衫        |       1000
000B    | 名古屋    | 0006       | 叉子         |        500
000B    | 名古屋    | 0002       | 打孔器       |        500
000B    | 名古屋    | 0003       | 运动T恤      |       4000
000B    | 名古屋    | 0004       | 菜刀         |       3000
000B    | 名古屋    | 0007       | 擦菜板       |        880
000C    | 大阪      | 0006       | 叉子         |        500
000C    | 大阪      | 0007       | 擦菜板       |        880
000C    | 大阪      | 0003       | 运动T恤      |       4000
000C    | 大阪      | 0004       | 菜刀         |       3000
000D    | 福冈      | 0001       | T恤衫        |       1000
        |           | 0005       | 高压锅       |       6800
        |           | 0008       | 圆珠笔       |        100
```

　　　　　　　　　　　　　　　　　　　↑
　　　　　　　　　　　　　　　　内联结时并不存在！

●外联结要点①——选取出单张表中全部的信息

与内联结的结果相比，不同点显而易见，那就是结果的行数不一样。内联结的结果中有 13 条记录，而外联结的结果中有 15 条记录，增加的 2 条记录到底是什么呢？

这正是外联结的关键点。多出的 2 条记录是高压锅和圆珠笔，这 2 条记录在 ShopProduct 表中并不存在，也就是说，这 2 种商品在任何商店中都没有销售。由于内联结只能选取出同时存在于两张表中的数据，因此只在 Product 表中存在的 2 种商品并没有出现在结果之中。

相反，对于外联结来说，只要数据存在于某一张表当中，就能够读取出来。在实际的业务中，例如想要生成固定行数的单据时，就需要使用外联结。如果使用内联结的话，根据 SELECT 语句执行时商店库存状况的不同，结果的行数也会发生改变，生成的单据的版式也会受到影响，而使用外联结能够得到固定行数的结果。

虽说如此，那些表中不存在的信息我们还是无法得到，结果中高压锅和圆珠笔的商店编号和商店名称都是 NULL（具体信息大家都不知道，真是无可奈何）。外联结名称的由来也跟 NULL 有关，即"结果中包含原表中不存在（在原表之外）的信息"。相反，只包含表内信息的联结也就被称为内联结了。

●外联结要点②——每张表都是主表吗？

KEYWORD
● LEFT 关键字
● RIGHT 关键字

外联结还有一点非常重要，那就是要把哪张表作为主表。最终的结果中会包含主表内所有的数据。指定主表的关键字是 LEFT 和 RIGHT。顾名思义，使用 LEFT 时 FROM 子句中写在左侧的表是主表，使用 RIGHT 时右侧的表是主表。代码清单 7-11 中使用了 RIGHT，因此，右侧的表，也就是 Product 表是主表。

我们还可以像代码清单 7-12 这样进行改写，意思完全相同。

代码清单7-12　改写后外联结的结果完全相同

`SQL Server`　`DB2`　`PostgreSQL`　`MySQL`

```
SELECT SP.shop_id, SP.shop_name, P.product_id, P.product_name, ➡
P.sale_price
  FROM Product AS P LEFT OUTER JOIN ShopProduct AS SP ——①
    ON SP.product_id = P.product_id;
```

➡表示下一行接续本行，只是由于版面所限而换行。

┌─────────────
│ **特定的 SQL**
│　　在 Oracle 中执行代码清单 7-12 时，请将①的部分变为 "FROM ShopProduct
│ SP LEFT OUTER JOIN Product P"（删除掉 FROM 子句中的 AS）。
└─────────────

大家可能会犹豫到底应该使用 LEFT 还是 RIGHT，其实它们的功能没有任何区别，使用哪一个都可以。通常使用 LEFT 的情况会多一些，但也并没有非使用这个不可的理由，使用 RIGHT 也没有问题。

 法则7-6

外联结中使用 LEFT、RIGHT 来指定主表。使用二者所得到的结果完全相同。

3 张以上的表的联结

通常联结只涉及 2 张表，但有时也会出现必须同时联结 3 张以上的表的情况。原则上联结表的数量并没有限制，下面就让我们来看一下 3 张表的联结吧。

首先我们创建一张用来管理库存商品的表（表 7-5）。假设商品都保存在 P001 和 P002 这 2 个仓库之中。

表7-5 InventoryProduct（库存商品）表

inventory_id （仓库编号）	product_id （商品编号）	inventory_quantity （库存数量）
P001	0001	0
P001	0002	120
P001	0003	200
P001	0004	3
P001	0005	0
P001	0006	99
P001	0007	999
P001	0008	200
P002	0001	10
P002	0002	25
P002	0003	34
P002	0004	19
P002	0005	99
P002	0006	0
P002	0007	0
P002	0008	18

创建该表及插入数据的 SQL 语句请参考代码清单 7-13。

代码清单7-13　创建 InventoryProduct 表并向其中插入数据

```
-- DDL：创建表
CREATE TABLE InventoryProduct
( inventory_id        CHAR(4)   NOT NULL,
  product_id          CHAR(4)   NOT NULL,
  inventory_quantity  INTEGER   NOT NULL,
  PRIMARY KEY (inventory_id, product_id));
```

| SQL Server | PostgreSQL |
```
-- DML：插入数据
BEGIN TRANSACTION;                ——————①

INSERT INTO InventoryProduct (inventory_id, product_id, inventory_quantity) ➡
VALUES ('P001',     '0001',   0);
INSERT INTO InventoryProduct (inventory_id, product_id, inventory_quantity) ➡
VALUES ('P001',     '0002',   120);
INSERT INTO InventoryProduct (inventory_id, product_id, inventory_quantity) ➡
VALUES ('P001',     '0003',   200);
INSERT INTO InventoryProduct (inventory_id, product_id, inventory_quantity) ➡
VALUES ('P001',     '0004',   3);
INSERT INTO InventoryProduct (inventory_id, product_id, inventory_quantity) ➡
VALUES ('P001',     '0005',   0);
INSERT INTO InventoryProduct (inventory_id, product_id, inventory_quantity) ➡
VALUES ('P001',     '0006',   99);
INSERT INTO InventoryProduct (inventory_id, product_id, inventory_quantity) ➡
VALUES ('P001',     '0007',   999);
INSERT INTO InventoryProduct (inventory_id, product_id, inventory_quantity) ➡
VALUES ('P001',     '0008',   200);
INSERT INTO InventoryProduct (inventory_id, product_id, inventory_quantity) ➡
VALUES ('P002',     '0001',   10);
INSERT INTO InventoryProduct (inventory_id, product_id, inventory_quantity) ➡
VALUES ('P002',     '0002',   25);
INSERT INTO InventoryProduct (inventory_id, product_id, inventory_quantity) ➡
VALUES ('P002',     '0003',   34);
INSERT INTO InventoryProduct (inventory_id, product_id, inventory_quantity) ➡
VALUES ('P002',     '0004',   19);
INSERT INTO InventoryProduct (inventory_id, product_id, inventory_quantity) ➡
VALUES ('P002',     '0005',   99);
INSERT INTO InventoryProduct (inventory_id, product_id, inventory_quantity) ➡
VALUES ('P002',     '0006',   0);
INSERT INTO InventoryProduct (inventory_id, product_id, inventory_quantity) ➡
VALUES ('P002',     '0007',   0);
INSERT INTO InventoryProduct (inventory_id, product_id, inventory_quantity) ➡
VALUES ('P002',     '0008',   18);

COMMIT;
```

➡表示下一行接续本行，只是由于版面所限而换行。

> **特定的SQL**
>
> 不同的DBMS的事务处理的语法也不尽相同。代码清单7-13中的DML语句在 MySQL中执行时，需要将①部分更改为 "START TRANSACTION;"，在Oracle和DB2 中执行时，无需用到①的部分（请删除）。
>
> 详细内容请大家参考4-4节中的"创建事务"。

　　下面我们从上表中取出保存在P001仓库中的商品数量，并将该列添加到代码清单7-11所得到的结果中。联结方式为内联结（外联结的使用方法完全相同），联结键为商品编号（`product_id`）（代码清单7-14）。

代码清单7-14　对3张表进行内联结

| SQL Server | DB2 | PostgreSQL | MySQL |

```
SELECT SP.shop_id, SP.shop_name, SP.product_id, P.product_name, ➡
P.sale_price, IP.inventory_quantity
  FROM ShopProduct AS SP INNER JOIN Product AS P ————————①
    ON SP.product_id = P.product_id
            INNER JOIN InventoryProduct AS IP ——————————②
              ON SP.product_id = IP.product_id
 WHERE IP.inventory_id = 'P001';
```

➡表示下一行接续本行，只是由于版面所限而换行。

> **特定的SQL**
>
> 在Oracle中执行代码清单7-14时，请将①的部分变为 "FROM ShopProduct SP INNER JOIN Product P"，将②的部分变为 "INNER JOIN InventoryProduct IP"（删除掉FROM子句中的AS）。

执行结果

shop_id	shop_name	product_id	product_name	sale_price	inventory_quantity
000A	东京	0002	打孔器	500	120
000A	东京	0003	运动T恤	4000	200
000A	东京	0001	T恤衫	1000	0
000B	名古屋	0007	擦菜板	880	999
000B	名古屋	0002	打孔器	500	120
000B	名古屋	0003	运动T恤	4000	200
000B	名古屋	0004	菜刀	3000	3
000B	名古屋	0006	叉子	500	99
000C	大阪	0007	擦菜板	880	999
000C	大阪	0006	叉子	500	99
000C	大阪	0003	运动T恤	4000	200
000C	大阪	0004	菜刀	3000	3
000D	福冈	0001	T恤衫	1000	0

　　在代码清单7-11内联结的FROM子句中，再次使用INNER JOIN

将 InventoryProduct 表也添加了进来。

```
FROM ShopProduct AS SP INNER JOIN Product AS P
  ON SP.product_id = P.product_id
        INNER JOIN InventoryProduct AS IP
          ON SP.product_id = IP.product_id
```

通过 ON 子句指定联结条件的方式也没有发生改变，使用等号将作为联结条件的 Product 表和 ShopProduct 表中的商品编号（product_id）联结起来。由于 Product 表和 ShopProduct 表已经进行了联结，因此这里无需再对 Product 表和 InventoryProduct 表进行联结了（虽然也可以进行联结，但结果并不会发生改变）。

即使想要把联结的表增加到 4 张、5 张……使用 INNER JOIN 进行添加的方式也是完全相同的。

交叉联结——CROSS JOIN

KEYWORD

●交叉联结（CROSS JOIN）

接下来和大家一起学习第 3 种联结方式——交叉联结（CROSS JOIN）。其实这种联结在实际业务中并不会使用（笔者使用这种联结的次数也屈指可数），那为什么还要在这里进行介绍呢？这是因为交叉联结是所有联结运算的基础。

交叉联结本身非常简单，但是其结果有点麻烦。下面我们就试着将 Product 表和 ShopProduct 表进行交叉联结（代码清单 7-15）。

代码清单7-15　将两张表进行交叉联结

| SQL Server | DB2 | PostgreSQL | MySQL |
```
SELECT SP.shop_id, SP.shop_name, SP.product_id, P.product_name
  FROM ShopProduct AS SP CROSS JOIN Product AS P;  ——①
```

> **特定的SQL**
> 在 Oracle 中执行代码清单7-15时，请将①的部分变为 "FROM ShopProduct SP CROSS JOIN Product P;"（删除掉 FROM 子句中的 AS）。

执行结果

shop_id	shop_name	product_id	product_name
000A	东京	0001	T恤衫
000A	东京	0002	T恤衫
000A	东京	0003	T恤衫
000B	名古屋	0002	T恤衫
000B	名古屋	0003	T恤衫
000B	名古屋	0004	T恤衫
000B	名古屋	0006	T恤衫
000B	名古屋	0007	T恤衫
000C	大阪	0003	T恤衫
000C	大阪	0004	T恤衫
000C	大阪	0006	T恤衫
000C	大阪	0007	T恤衫
000D	福冈	0001	T恤衫
000A	东京	0001	打孔器
000A	东京	0002	打孔器
000A	东京	0003	打孔器
000B	名古屋	0002	打孔器
000B	名古屋	0003	打孔器
000B	名古屋	0004	打孔器
000B	名古屋	0006	打孔器
000B	名古屋	0007	打孔器
000C	大阪	0003	打孔器
000C	大阪	0004	打孔器
000C	大阪	0006	打孔器
000C	大阪	0007	打孔器
000D	福冈	0001	打孔器
000A	东京	0001	运动T恤
000A	东京	0002	运动T恤
000A	东京	0003	运动T恤
000B	名古屋	0002	运动T恤
000B	名古屋	0003	运动T恤
000B	名古屋	0004	运动T恤
000B	名古屋	0006	运动T恤
000B	名古屋	0007	运动T恤
000C	大阪	0003	运动T恤
000C	大阪	0004	运动T恤
000C	大阪	0006	运动T恤
000C	大阪	0007	运动T恤
000D	福冈	0001	运动T恤
000A	东京	0001	菜刀
000A	东京	0002	菜刀
000A	东京	0003	菜刀
000B	名古屋	0002	菜刀
000B	名古屋	0003	菜刀
000B	名古屋	0004	菜刀
000B	名古屋	0006	菜刀
000B	名古屋	0007	菜刀
000C	大阪	0003	菜刀
000C	大阪	0004	菜刀
000C	大阪	0006	菜刀
000C	大阪	0007	菜刀
000D	福冈	0001	菜刀

000A	东京	0001	高压锅
000A	东京	0002	高压锅
000A	东京	0003	高压锅
000B	名古屋	0002	高压锅
000B	名古屋	0003	高压锅
000B	名古屋	0004	高压锅
000B	名古屋	0006	高压锅
000B	名古屋	0007	高压锅
000C	大阪	0003	高压锅
000C	大阪	0004	高压锅
000C	大阪	0006	高压锅
000C	大阪	0007	高压锅
000D	福冈	0001	高压锅
000A	东京	0001	叉子
000A	东京	0002	叉子
000A	东京	0003	叉子
000B	名古屋	0002	叉子
000B	名古屋	0003	叉子
000B	名古屋	0004	叉子
000B	名古屋	0006	叉子
000B	名古屋	0007	叉子
000C	大阪	0003	叉子
000C	大阪	0004	叉子
000C	大阪	0006	叉子
000C	大阪	0007	叉子
000D	福冈	0001	叉子
000A	东京	0001	擦菜板
000A	东京	0002	擦菜板
000A	东京	0003	擦菜板
000B	名古屋	0002	擦菜板
000B	名古屋	0003	擦菜板
000B	名古屋	0004	擦菜板
000B	名古屋	0006	擦菜板
000B	名古屋	0007	擦菜板
000C	大阪	0003	擦菜板
000C	大阪	0004	擦菜板
000C	大阪	0006	擦菜板
000C	大阪	0007	擦菜板
000D	福冈	0001	擦菜板
000A	东京	0001	圆珠笔
000A	东京	0002	圆珠笔
000A	东京	0003	圆珠笔
000B	名古屋	0002	圆珠笔
000B	名古屋	0003	圆珠笔
000B	名古屋	0004	圆珠笔
000B	名古屋	0006	圆珠笔
000B	名古屋	0007	圆珠笔
000C	大阪	0003	圆珠笔
000C	大阪	0004	圆珠笔
000C	大阪	0006	圆珠笔
000C	大阪	0007	圆珠笔
000D	福冈	0001	圆珠笔

KEYWORD
● CROSS JOIN（笛卡儿积）

可能大家会惊讶于结果的行数，但我们还是先来介绍一下语法结构吧。对满足相同规则的表进行交叉联结的集合运算符是 CROSS JOIN（笛卡儿积）。进行交叉联结时无法使用内联结和外联结中所使用的 ON 子句，这是因为交叉联结是对两张表中的全部记录进行交叉组合，因此结果中的记录数通常是两张表中行数的乘积。本例中，因为 ShopProduct 表存在 13 条记录，Product 表存在 8 条记录，所以结果中就包含了 $13 \times 8 = 104$ 条记录。

可能这时会有读者想起前面我们提到过集合运算中的乘法会在本节中进行详细学习，这就是上面介绍的交叉联结。

内联结是交叉联结的一部分，"内"也可以理解为"包含在交叉联结结果中的部分"。相反，外联结的"外"可以理解为"交叉联结结果之外的部分"。

交叉联结没有应用到实际业务之中的原因有两个。一是其结果没有实用价值，二是由于其结果行数太多，需要花费大量的运算时间和高性能设备的支持。

联结的特定语法和过时语法

之前我们学习的内联结和外联结的语法都符合标准 SQL 的规定，可以在所有 DBMS 中执行，因此大家可以放心使用。但是如果大家之后从事系统开发工作的话，一定会碰到需要阅读他人写的代码并进行维护的情况，而那些使用特定和过时语法的程序就会成为我们的麻烦。

SQL 是一门特定语法及过时语法非常多的语言，虽然之前本书中也多次提及，但联结是其中特定语法的部分，现在还有不少年长的程序员和系统工程师仍在使用这些特定的语法。

例如，将本节最初介绍的内联结的 SELECT 语句（代码清单 7-9）替换为过时语法的结果如下所示（代码清单 7-16）。

代码清单7-16 使用过时语法的内联结（结果与代码清单7-9相同）

```
SELECT SP.shop_id, SP.shop_name, SP.product_id, P.product_name, ➡
P.sale_price
  FROM ShopProduct SP, Product P
 WHERE SP.product_id = P.product_id
   AND SP.shop_id = '000A';
```

➡表示下一行接续本行，只是由于版面所限而换行。

这样的书写方式所得到的结果与标准语法完全相同，并且这样的语法可以在所有的 DBMS 中执行，并不能算是特定的语法，只是过时了而已。

但是，由于这样的语法不仅过时，而且还存在很多其他的问题，因此不推荐大家使用，理由主要有以下三点。

第一，使用这样的语法无法马上判断出到底是内联结还是外联结（又或者是其他种类的联结）。

第二，由于联结条件都写在 WHERE 子句之中，因此无法在短时间内分辨出哪部分是联结条件，哪部分是用来选取记录的限制条件。

第三，我们不知道这样的语法到底还能使用多久。每个 DBMS 的开发者都会考虑放弃过时的语法，转而支持新的语法。虽然并不是马上就不能使用了，但那一天总会到来的。

虽然这么说，但是现在使用这些过时语法编写的程序还有很多，到目前为止还都能正常执行。我想大家很可能会碰到这样的代码，因此还是希望大家能够了解这些知识。

 法则7-7

对于联结的过时语法和特定语法，虽然不建议使用，但还是希望大家能够读懂。

关系除法

本章中我们学习了以下 4 个集合运算符。

- UNION（并集）
- EXCEPT（差集）
- INTERSECT（交集）
- CROSS JOIN（笛卡儿积）

虽然交集是一种独立的集合运算，但实际上它也是"只包含公共部分的特殊 UNION"。剩下的 3 个在四则运算中也有对应的运算。但是，除法运算还没有介绍。

难道集合运算中没有除法吗？当然不是，除法运算是存在的。集合运算中的除法通常称为关系除法。关系是数学领域中对表或者视图的称谓，但是并没有定义像 UNION 或者 EXCEPT 这样专用的运算符。如果要定义，估计应该是 DIVIDE（除）吧。但截至目前并没有 DBMS 使用这样的运算符。

为什么只有除法运算不使用运算符（只有除法）对被除数进行运算呢？其中的理由有点复杂，还是让我们先来介绍一下"表的除法"具体是一种什么样的运算吧。

我们使用表 7-A 和表 7-B 两张表作为示例用表。

表7-A　Skills（技术）表：关系除法中的除数

skill
Oracle
UNIX
Java

表7-B　EmpSkills（员工技术）表：关系除法中的被除数

emp	skill
相田	Oracle
相田	UNIX
相田	Java
相田	C#
神崎	Oracle
神崎	UNIX
神崎	Java
平井	UNIX
平井	Oracle
平井	PHP
平井	Perl
平井	C++
若田部	Perl
渡来	Oracle

创建上述两张表并向其中插入数据的 SQL 语句请参考代码清单 7-A。

代码清单7-A　创建 Skills/EmpSkills 表并插入数据

```
-- DDL：创建表
CREATE TABLE Skills
(skill VARCHAR(32),
 PRIMARY KEY(skill));

CREATE TABLE EmpSkills
(emp   VARCHAR(32),
 skill VARCHAR(32),
 PRIMARY KEY(emp, skill));
```

`SQL Server` `PostgreSQL`

```
-- DML：插入数据
BEGIN TRANSACTION; ——————①

INSERT INTO Skills VALUES('Oracle');
INSERT INTO Skills VALUES('UNIX');
INSERT INTO Skills VALUES('Java');

INSERT INTO EmpSkills VALUES('相田', 'Oracle');
INSERT INTO EmpSkills VALUES('相田', 'UNIX');
INSERT INTO EmpSkills VALUES('相田', 'Java');
INSERT INTO EmpSkills VALUES('相田', 'C#');
INSERT INTO EmpSkills VALUES('神崎', 'Oracle');
INSERT INTO EmpSkills VALUES('神崎', 'UNIX');
INSERT INTO EmpSkills VALUES('神崎', 'Java');
INSERT INTO EmpSkills VALUES('平井', 'UNIX');
INSERT INTO EmpSkills VALUES('平井', 'Oracle');
INSERT INTO EmpSkills VALUES('平井', 'PHP');
INSERT INTO EmpSkills VALUES('平井', 'Perl');
INSERT INTO EmpSkills VALUES('平井', 'C++');
INSERT INTO EmpSkills VALUES('若田部', 'Perl');
INSERT INTO EmpSkills VALUES('渡来', 'Oracle');

COMMIT;
```

> **特定的SQL**
>
> 　　不同的DBMS的事务处理的语法也不尽相同。代码清单7-A中的DML语句在 MySQL 中执行时，需要将①部分更改为 "START TRANSACTION;"，在 Oracle 和 DB2 中执行时，无需用到①的部分（请删除）。
> 　　详细内容请大家参考4-4节中的"创建事务"。

　　EmpSkills 表中保存了某个系统公司员工所掌握的技术信息。例如，从该表中我们可以了解到相田掌握了 Oracle、UNIX、Java、C# 这 4 种技术。

　　下面我们来思考一下如何从该表中选取出掌握了 Skills 表中所有3个领域的技术的员工吧（代码清单 7-B）。

代码清单7-B 选取出掌握所有3个领域的技术的员工

```
SELECT DISTINCT emp
  FROM EmpSkills ES1
 WHERE NOT EXISTS
         (SELECT skill
            FROM Skills
          EXCEPT
          SELECT skill
            FROM EmpSkills ES2
           WHERE ES1.emp = ES2.emp);
```

这样我们就得到了包含相田和神崎 2 人的结果。虽然平井也掌握了 Orcale 和 UNIX，但很可惜他不会使用 Java，因此没有选取出来。

执行结果（关系除法中的商）

```
 emp
------
 神崎
 相田
```

这样的结果满足了除法运算的基本规则。肯定有读者会产生这样的疑问："到底上述运算中什么地方是除法运算呢？"实际上这和数值的除法既相似又有所不同，大家从与除法相对的乘法运算的角度去思考就能得到答案了。

除法和乘法是相辅相成的关系，除法运算的结果（商）乘以除数就能得到除法运算前的被除数了。例如对于 20÷4 = 5 来说，就是 5(商)×4(除数) = 20(被除数)（图 7-A）。

关系除法中这样的规则也是成立的。通过商和除数相乘，也就是交叉联结，就能够得到作为被除数的集合了 ❶。

注❶

虽然不能恢复成完整的被除数，但是这里我们也不再追究了。

图7-A 除法运算和乘法运算相辅相成的关系图

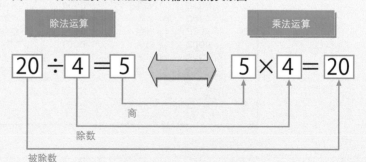

如上所述，除法运算是集合运算中最复杂的运算，但是其在实际业务中的应用十分广泛，因此希望大家能在达到中级以上水平时掌握其使用方法。此外，想要详细了解 SQL 中除法运算实现方法的读者，可以参考拙著《達人に学ぶ SQL 徹底指南書》（翔泳社）中的 1-4 节和 1-7 节。

练习题

7.1 请说出下述 SELECT 语句的结果。

```
-- 使用本章中的Product表
SELECT *
  FROM Product
UNION
SELECT *
  FROM Product
INTERSECT
SELECT *
  FROM Product
ORDER BY product_id;
```

7.2 7-2 节的代码清单 7-11 中列举的外联结的结果中，高压锅和圆珠笔 2 条记录的商店编号(shop_id)和商店名称(shop_name)都是 NULL。请使用字符串"不确定"替换其中的 NULL。期望结果如下所示。

执行结果

shop_id	shop_name	product_id	product_name	sale_price
000A	东京	0002	打孔器	500
000A	东京	0003	运动T恤	4000
000A	东京	0001	T恤衫	1000
000B	名古屋	0006	叉子	500
000B	名古屋	0002	打孔器	500
000B	名古屋	0003	运动T恤	4000
000B	名古屋	0004	菜刀	3000
000B	名古屋	0007	擦菜板	880
000C	大阪	0006	叉子	500
000C	大阪	0007	擦菜板	880
000C	大阪	0003	运动T恤	4000
000C	大阪	0004	菜刀	3000
000D	福冈	0001	T恤衫	1000
不确定	不确定	0005	高压锅	6800
不确定	不确定	0008	圆珠笔	100

将商店编号和商店名称输出为"不确定"

第8章　SQL高级处理

窗口函数
GROUPING运算符

SQL

本章重点

本章将要学习的是 SQL 中的高级聚合处理。即使是"高级处理",说到底也还是在 SQL 中能够执行的处理。从用户的角度来说,就是那些对数值进行排序,计算销售总额等我们熟悉的处理。

和自然语言一样,SQL 语言也会随着时间而不断变化,现在每隔几年就会对标准 SQL 进行功能追加和语法修正。本章将要介绍的是最近才添加的功能。掌握了这些方便的新功能,使用 SQL 能够完成的工作范围也会不断扩展。

8-1 窗口函数
■什么是窗口函数
■窗口函数的语法
■语法的基本使用方法——使用 RANK 函数
■无需指定 PARTITION BY
■专用窗口函数的种类
■窗口函数的适用范围
■作为窗口函数使用的聚合函数
■计算移动平均
■两个 ORDER BY

8-2 GROUPING 运算符
■同时计算出合计值
■ROLLUP——同时得出合计和小计
■GROUPING 函数——让 NULL 更加容易分辨
■CUBE——用数据来搭积木
■GROUPING SETS——取得期望的积木

8-1 窗口函数

学习重点

- 窗口函数可以进行排序、生成序列号等一般的聚合函数无法实现的高级操作。
- 理解PARTITION BY和ORDER BY这两个关键字的含义十分重要。

什么是窗口函数

KEYWORD
- 窗口函数
- OLAP 函数

注❶
在Oracle和SQL Server中称为分析函数。

KEYWORD
- OLAP

注❷
目前MySQL还不支持窗口函数。详细信息请参考专栏"窗口函数的支持情况"。

注❸
随着时间推移，标准SQL终将能够在所有的DBMS中进行使用。

窗口函数也称为 OLAP 函数 ❶。为了让大家快速形成直观印象，才起了这样一个容易理解的名称（"窗口"的含义我们将在随后进行说明）。

OLAP 是 OnLine Analytical Processing 的简称，意思是对数据库数据进行实时分析处理。例如，市场分析、创建财务报表、创建计划等日常性商务工作。

窗口函数就是为了实现 OLAP 而添加的标准 SQL 功能 ❷。

专　栏

窗口函数的支持情况

很多数据库相关工作者过去都会有这样的想法："好不容易将业务数据插入到了数据库中，如果能够使用 SQL 对其进行实时分析的话，一定会很方便吧。"但是关系数据库提供支持 OLAP 用途的功能仅仅只有 10 年左右的时间。

其中的理由有很多，这里我们就不一一介绍了。大家需要注意的是，还有一部分 DBMS 并不支持这样的新功能。

本节将要介绍的窗口函数也是其中之一，截至 2016 年 5 月，Oracle、SQL Server、DB2、PostgreSQL 的最新版本都已经支持了该功能，但是 MySQL 的最新版本 5.7 还是不支持该功能。

通过前面的学习，我们已经知道各个 DBMS 都有自己支持的特定语法和不支持的语法。标准 SQL 添加新功能的时候也会遇到同样的问题 ❸。

窗口函数的语法

接下来，就让我们通过示例来学习窗口函数吧。窗口函数的语法有些复杂。

语法8-1 窗口函数

```
<窗口函数> OVER ([PARTITION BY <列清单>]
                        ORDER BY <排序用列清单>)
```

※[] 中的内容可以省略。

其中重要的关键字是 PARTITION BY 和 ORDER BY，理解这两个关键字的作用是帮助我们理解窗口函数的关键。

■能够作为窗口函数使用的函数

在学习 PARTITION BY 和 ORDER BY 之前，我们先来列举一下能够作为窗口函数使用的函数。窗口函数大体可以分为以下两种。

① 能够作为窗口函数的聚合函数（SUM、AVG、COUNT、MAX、MIN）

KEYWORD
●专用窗口函数

② RANK、DENSE_RANK、ROW_NUMBER 等专用窗口函数

②中的函数是标准 SQL 定义的 OLAP 专用函数，本书将其统称为"专用窗口函数"。从这些函数的名称可以很容易看出其 OLAP 的用途。

其中①的部分是我们在第 3 章中学过的聚合函数。将聚合函数书写在"语法 8-1"的"< 窗口函数 >"中，就能够当作窗口函数来使用了。总之，聚合函数根据使用语法的不同，可以在聚合函数和窗口函数之间进行转换。

语法的基本使用方法——使用RANK函数

KEYWORD
●RANK 函数

首先让我们通过专用窗口函数 RANK 来理解一下窗口函数的语法吧。正如其名称所示，RANK 是用来计算记录排序的函数。

例如，对于之前使用过的 Product 表中的 8 件商品，让我们根据不同的商品种类（product_type），按照销售单价（sale_price）从低到高的顺序排序，结果如下所示。

执行结果

```
product_name | product_type | sale_price | ranking
-------------+--------------+------------+--------
叉子          | 厨房用具      |        500 |      1
擦菜板        | 厨房用具      |        880 |      2
菜刀          | 厨房用具      |       3000 |      3
高压锅        | 厨房用具      |       6800 |      4
T恤衫         | 衣服          |       1000 |      1
运动T恤       | 衣服          |       4000 |      2
圆珠笔        | 办公用品      |        100 |      1
打孔器        | 办公用品      |        500 |      2
```

以厨房用具为例,销售单价最便宜的"叉子"排在第 1 位,最贵的"高压锅"排在第 4 位,确实按照我们的要求进行了排序。

能够得到上述结果的 SELECT 语句请参考代码清单 8-1。

代码清单8-1   根据不同的商品种类, 按照销售单价从低到高的顺序创建排序表

| Oracle | SQL Server | DB2 | PostgreSQL |

```sql
SELECT product_name, product_type, sale_price,
       RANK () OVER (PARTITION BY product_type
                           ORDER BY sale_price) AS ranking
  FROM Product;
```

KEYWORD
- PARTITION BY子句
- ORDER BY子句

PARTITION BY 能够设定排序的对象范围。本例中,为了按照商品种类进行排序,我们指定了 product_type。

ORDER BY 能够指定按照哪一列、何种顺序进行排序。为了按照销售单价的升序进行排列,我们指定了 sale_price。此外,窗口函数中的 ORDER BY 与 SELECT 语句末尾的 ORDER BY 一样,可以通过关键字 ASC/DESC 来指定升序和降序。省略该关键字时会默认按照 ASC,也就是升序进行排序。本例中就省略了上述关键字 ❶。

注❶
其所要遵循的规则与SELECT 语句末尾的ORDER BY子句完全相同。

通过图 8-1,我们就很容易理解 PARTITION BY 和 ORDER BY 的作用了。如图所示,PARTITION BY 在横向上对表进行分组,而 ORDER BY 决定了纵向排序的规则。

图8-1　PARTITION BY 和 ORDER BY 的作用

通过PARTTION BY分组后的记录的集合可以称为窗口

ORDER BY的顺序（销售单价由低到高的顺序）

product_id （商品编号）	product_name （商品名称）	product_type （商品种类）	sale_price （销售单价）	purchase_price （进货单价）	regist_date （登记日期）
0006	叉子	厨房用具	500		2009-09-20
0007	擦菜板	厨房用具	880	790	2008-04-28
0004	菜刀	厨房用具	3000	2800	2009-09-20
0005	高压锅	厨房用具	6800	5000	2009-01-15
0001	T恤衫	衣服	1000	500	2009-09-20
0003	运动T恤	衣服	4000	2800	
0008	圆珠笔	办公用品	100		2009-11-11
0002	打孔器	办公用品	500	320	2009-09-11

PARTITION BY的分组
（根据商品种类）

　　窗口函数兼具之前我们学过的 GROUP BY 子句的分组功能以及 ORDER BY 子句的排序功能。但是，PARTITION BY 子句并不具备 GROUP BY 子句的汇总功能。因此，使用 RANK 函数并不会减少原表中记录的行数，结果中仍然包含 8 行数据。

 法则8-1

窗口函数兼具分组和排序两种功能。

KEYWORD

● 窗口

注❶

从词语意思的角度考虑，可能"组"比"窗口"更合适一些，但是在SQL中，"组"更多的是用来特指使用GROUP BY分割后的记录集合，因此，为了避免混淆，使用PARTITION BY时称为窗口。

　　通过 PARTITION BY 分组后的记录集合称为窗口。此处的窗口并非"窗户"的意思，而是代表范围。这也是"窗口函数"名称的由来。❶

法则8-2

通过PARTITION BY分组后的记录集合称为"窗口"。

　　此外，各个窗口在定义上绝对不会包含共通的部分。就像刀切蛋糕一样，干净利落。这与通过 GROUP BY 子句分割后的集合具有相同的特征。

无需指定 PARTITION BY

使用窗口函数时起到关键作用的是 PARTITION BY 和 GROUP BY。其中，PARTITION BY 并不是必需的，即使不指定也可以正常使用窗口函数。

那么就让我们来确认一下不指定 PARTITION BY 会得到什么样的结果吧。这和使用没有 GROUP BY 的聚合函数时的效果一样，也就是将整个表作为一个大的窗口来使用。

事实胜于雄辩，下面就让我们删除代码清单 8-1 中 SELECT 语句的 PARTITION BY 试试看吧（代码清单 8-2）。

代码清单8-2　不指定 PARTITION BY

`Oracle`　`SQL Server`　`DB2`　`PostgreSQL`
```
SELECT product_name, product_type, sale_price,
       RANK () OVER (ORDER BY sale_price) AS ranking
  FROM Product;
```

上述 SELECT 语句的结果如下所示。

执行结果

```
product_name| product_type | sale_price | ranking
------------+--------------+------------+--------
圆珠笔       | 办公用品      |        100 |    1
叉子         | 厨房用具      |        500 |    2
打孔器       | 办公用品      |        500 |    2
擦菜板       | 厨房用具      |        880 |    4
T恤衫        | 衣服          |       1000 |    5
菜刀         | 厨房用具      |       3000 |    6
运动T恤      | 衣服          |       4000 |    7
高压锅       | 厨房用具      |       6800 |    8
```

之前我们得到的是按照商品种类分组后的排序，而这次变成了全部商品的排序。像这样，当希望先将表中的数据分为多个部分（窗口），再使用窗口函数时，可以使用 PARTITION BY 选项。

······

专用窗口函数的种类

从上述结果中我们可以看到，"打孔器"和"叉子"都排在第2位，而之后的"擦菜板"跳过了第3位，直接排到了第4位，这也是通常的排序方法，但某些情况下可能并不希望跳过某个位次来进行排序。

这时可以使用RANK函数之外的函数来实现。下面就让我们来总结一下具有代表性的专用窗口函数吧。

● RANK 函数

计算排序时，如果存在相同位次的记录，则会跳过之后的位次。

例）有3条记录排在第1位时：1位、1位、1位、4位……

● DENSE_RANK 函数

同样是计算排序，即使存在相同位次的记录，也不会跳过之后的位次。

例）有3条记录排在第1位时：1位、1位、1位、2位……

● ROW_NUMBER 函数

赋予唯一的连续位次。

例）有3条记录排在第1位时：1位、2位、3位、4位……

除此之外，各DBMS还提供了各自特有的窗口函数。上述3个函数（对于支持窗口函数的DBMS来说）在所有的DBMS中都能够使用。下面就让我们来比较一下使用这3个函数所得到的结果吧（代码清单8-3）。

代码清单8-3　比较**RANK**、**DENSE_RANK**、**ROW_NUMBER**的结果

```
 Oracle   SQL Server   DB2   PostgreSQL
SELECT product_name, product_type, sale_price,
    RANK () OVER (ORDER BY sale_price) AS ranking,
    DENSE_RANK () OVER (ORDER BY sale_price) AS dense_ranking,
    ROW_NUMBER () OVER (ORDER BY sale_price) AS row_num
 FROM Product;
```

执行结果

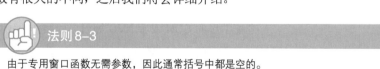

product_name	product_type	sale_price	ranking	dense_ranking	row_num
圆珠笔	办公用品	100	1	1	1
叉子	厨房用具	500	2	2	2
打孔器	办公用品	500	2	2	3
擦菜板	厨房用具	880	4	3	4
T恤衫	衣服	1000	5	4	5
菜刀	厨房用具	3000	6	5	6
运动T恤	衣服	4000	7	6	7
高压锅	厨房用具	6800	8	7	8

将结果中的 ranking 列和 dense_ranking 列进行比较可以发现，dense_ranking 列中有连续 2 个第 2 位，这和 ranking 列的情况相同。但是接下来的"擦菜板"的位次并不是第 4 而是第 3。这就是使用 DENSE_RANK 函数的效果了。

此外，我们可以看到，在 row_num 列中，不管销售单价（sale_price）是否相同，每件商品都会按照销售单价从低到高的顺序得到一个连续的位次。销售单价相同时，DBMS 会根据适当的顺序对记录进行排列。想为记录赋予唯一的连续位次时，就可以像这样使用 ROW_NUMBER 来实现。

使用 RANK 或 ROW_NUMBER 时无需任何参数，只需要像 RANK () 或者 ROW_NUMBER() 这样保持括号中为空就可以了。这也是专用窗口函数通常的使用方式，请大家牢记。这一点与作为窗口函数使用的聚合函数有很大的不同，之后我们将会详细介绍。

法则8-3

由于专用窗口函数无需参数，因此通常括号中都是空的。

窗口函数的适用范围

目前为止我们学过的函数大部分都没有使用位置的限制，最多也就是在 WHERE 子句中使用聚合函数时会有些注意事项。但是，使用窗口函数的位置却有非常大的限制。更确切地说，窗口函数只能书写在一个特定的位置。

这个位置就是 SELECT 子句之中。反过来说，就是这类函数不能在 WHERE 子句或者 GROUP BY 子句中使用。❶

 法则8-4

原则上窗口函数只能在 SELECT 子句中使用。

虽然我们可以把它当作一种规则死记硬背下来，但是为什么窗口函数只能在 SELECT 子句中使用呢（也就是不能在 WHERE 子句或者 GROUP BY 子句中使用）？下面我们就来简单说明一下其中的理由。

其理由就是，在 DBMS 内部，窗口函数是对 WHERE 子句或者 GROUP BY 子句处理后的"结果"进行的操作。大家仔细想一想就会明白，在得到用户想要的结果之前，即使进行了排序处理，结果也是错误的。在得到排序结果之后，如果通过 WHERE 子句中的条件除去了某些记录，或者使用 GROUP BY 子句进行了汇总处理，那好不容易得到的排序结果也无法使用了。❷

正是由于这样的原因，在 SELECT 子句之外"使用窗口函数是没有意义的"，所以在语法上才会有这样的限制。

作为窗口函数使用的聚合函数

前面给大家介绍了使用专用窗口函数的示例，下面我们再来看一看把之前学过的 SUM 或者 AVG 等聚合函数作为窗口函数使用的方法。

所有的聚合函数都能用作窗口函数，其语法和专用窗口函数完全相同。但大家可能对所能得到的结果还没有一个直观的印象，所以我们还是通过具体的示例来学习。下面我们先来看一个将 SUM 函数作为窗口函数使用的例子（代码清单 8-4）。

代码清单8-4　将 SUM 函数作为窗口函数使用

Oracle	SQL Server	DB2	PostgreSQL

```
SELECT product_id, product_name, sale_price,
    SUM (sale_price) OVER (ORDER BY product_id) AS current_sum
  FROM Product;
```

注❶
语法上，除了SELECT子句，ORDER BY子句或者UPDATE语句的SET子句中也可以使用。但因为几乎没有实际的业务示例，所以开始的时候大家只要记得"只能在SELECT子句中使用"就可以了。

注❷
反之，之所以在ORDER BY子句中能够使用窗口函数，是因为ORDER BY子句会在SELECT子句之后执行，并且记录保证不会减少。

执行结果

```
product_id|product_name|  sale_price  | current_sum
----------+------------+-------------+------------
0001      | T恤衫       |        1000 |        1000    ←1000
0002      | 打孔器      |         500 |        1500    ←1000+500
0003      | 运动T恤     |        4000 |        5500    ←1000+500+4000
0004      | 菜刀        |        3000 |        8500    ←1000+500+4000+3000
0005      | 高压锅      |        6800 |       15300     .
0006      | 叉子        |         500 |       15800     .
0007      | 擦菜板      |         880 |       16680     .
0008      | 圆珠笔      |         100 |       16780     .
```

使用 SUM 函数时，并不像 RANK 或者 ROW_NUMBER 那样括号中的内容为空，而是和之前我们学过的一样，需要在括号内指定作为汇总对象的列。本例中我们计算出了销售单价（sale_price）的合计值（current_sum）。

但是我们得到的并不仅仅是合计值，而是按照 ORDER BY 子句指定的 product_id 的升序进行排列，计算出商品编号"小于自己"的商品的销售单价的合计值。因此，计算该合计值的逻辑就像金字塔堆积那样，一行一行逐渐添加计算对象。在按照时间序列的顺序，计算各个时间的销售额总额等的时候，通常都会使用这种称为累计的统计方法。

KEYWORD

●累计

使用其他聚合函数时的操作逻辑也和本例相同。例如，使用 AVG 来代替 SELECT 语句中的 SUM（代码清单 8-5）。

代码清单8-5　将AVG函数作为窗口函数使用

| Oracle | SQL Server | DB2 | PostgreSQL |

```sql
SELECT product_id, product_name, sale_price,
    AVG (sale_price) OVER (ORDER BY product_id) AS current_avg
 FROM Product;
```

执行结果

```
product_id|product_name|  sale_price |      current_avg
----------+------------+-------------+------------------------
0001      | T恤衫       |        1000 | 1000.0000000000000000   ←(1000)/1
0002      | 打孔器      |         500 | 750.0000000000000000    ←(1000+500)/2
0003      | 运动T恤     |        4000 | 1833.3333333333333333   ←(1000+500+4000)/3
0004      | 菜刀        |        3000 | 2125.0000000000000000   ←(1000+500+4000+3000)/4
0005      | 高压锅      |        6800 | 3060.0000000000000000   ←(1000+500+4000+3000+6800)/5
0006      | 叉子        |         500 | 2633.3333333333333333    .
0007      | 擦菜板      |         880 | 2382.8571428571428571    .
0008      | 圆珠笔      |         100 | 2097.5000000000000000    .
```

从结果中我们可以看到，current_avg 的计算方法确实是计算平均值的方法，但作为统计对象的却只是"排在自己之上"的记录。像这样以"自身记录（当前记录）"作为基准进行统计，就是将聚合函数当作窗口函数使用时的最大特征。

KEYWORD
●当前记录

计算移动平均

窗口函数就是将表以窗口为单位进行分割，并在其中进行排序的函数。其实其中还包含在窗口中指定更加详细的汇总范围的备选功能，该备选功能中的汇总范围称为框架。

KEYWORD
●框架

其语法如代码清单 8-6 所示，需要在 ORDER BY 子句之后使用指定范围的关键字。

代码清单8-6　指定"最靠近的3行"作为汇总对象

`Oracle`　`SQL Server`　`DB2`　`PostgreSQL`

```
SELECT product_id, product_name, sale_price,
       AVG (sale_price) OVER (ORDER BY product_id
                             ROWS 2 PRECEDING) AS moving_avg
  FROM Product;
```

执行结果（在DB2中执行）

product_id	product_name	sale_price	moving_avg	
0001	T恤衫	1000	1000	←(1000)/1
0002	打孔器	500	750	←(1000+500)/2
0003	运动T恤	4000	1833	←(1000+500+4000)/3
0004	菜刀	3000	2500	←(500+4000+3000)/3
0005	高压锅	6800	4600	←(4000+3000+6800)/3
0006	叉子	500	3433	.
0007	擦菜板	880	2726	.
0008	圆珠笔	100	493	.

●指定框架（汇总范围）

我们将上述结果与之前的结果进行比较，可以发现商品编号为"0004"的"菜刀"以下的记录和窗口函数的计算结果并不相同。这是因为我们指定了框架，将汇总对象限定为了"最靠近的 3 行"。

KEYWORD
●ROWS 关键字
●PRECEDING 关键字

这里我们使用了 ROWS（"行"）和 PRECEDING（"之前"）两个关键字，将框架指定为"截止到之前~行"，因此"ROWS 2 PRECEDING"

就是将框架指定为"截止到之前 2 行",也就是将作为汇总对象的记录限定为如下的"最靠近的 3 行"。

- 自身(当前记录)
- 之前 1 行的记录
- 之前 2 行的记录

也就是说,由于框架是根据当前记录来确定的,因此和固定的窗口不同,其范围会随着当前记录的变化而变化。

图8-2　将框架指定为截止到当前记录之前2行(最靠近的3行)

ROWS 2 PRECEDING

product_id (商品编号)	product_name (商品名称)	sale_price (销售单价)
0001	T恤衫	1000
0002	打孔器	500
0003	运动T恤	4000
0004	菜刀	3000
0005	高压锅	6800
0006	叉子	500
0007	擦菜板	880
0008	圆珠笔	100

框架

当前记录
(自身=当前行)

如果将条件中的数字变为"ROWS 5 PRECEDING",就是"截止到之前 5 行"(最靠近的 6 行)的意思。

KEYWORD
● 移动平均
● FOLLOWING 关键字

这样的统计方法称为移动平均(moving average)。由于这种方法在希望实时把握"最近状态"时非常方便,因此常常会应用在对股市趋势的实时跟踪当中。

使用关键字 FOLLOWING("之后")替换 PRECEDING,就可以指定"截止到之后 ~ 行"作为框架了(图 8-3)。

图8-3　将框架指定为截止到当前记录之后2行（最靠近的3行）

ROWS 2 FOLLOWING

product_id （商品编号）	product_name （商品名称）	sale_price （销售单价）
0001	T恤衫	1000
0002	打孔器	500
0003	运动T恤	4000
0004	菜刀	3000
0005	高压锅	6800
0006	叉子	500
0007	擦菜板	880
0008	圆珠笔	100

当前记录
（自身=当前行）

框架

●将当前记录的前后行作为汇总对象

如果希望将当前记录的前后行作为汇总对象时，就可以像代码清单 8-7 那样，同时使用 PRECEDING（"之前"）和 FOLLOWING（"之后"）关键字来实现。

代码清单8-7　将当前记录的前后行作为汇总对象

| Oracle | SQL Server | DB2 | PostgreSQL |

```
SELECT product_id, product_name, sale_price,
       AVG (sale_price) OVER (ORDER BY product_id
                             ROWS BETWEEN 1 PRECEDING AND ➡
                             1 FOLLOWING) AS moving_avg
   FROM Product;
```

➡表示下一行接续本行，只是由于版面所限而换行。

执行结果（在DB2中执行）

```
product_id   product_name   sale_price   moving_avg
----------   ------------   ----------   ----------
0001         T恤衫                1000          750   ←(1000+500)/2
0002         打孔器               500          1833   ←(1000+500+4000)/3
0003         运动T恤             4000          2500   ←(500+4000+3000)/3
0004         菜刀               3000          4600   ←(4000+3000+6800)/3
0005         高压锅             6800          3433    ·
0006         叉子                500          2726    ·
0007         擦菜板              880           493    ·
0008         圆珠笔              100           490    ·
```

在上述代码中，我们通过指定框架，将"1 PRECEDING"（之前1行）和"1 FOLLOWING"（之后1行）的区间作为汇总对象。具体来说，就是将如下 3 行作为汇总对象来进行计算（图 8-4）。

- 之前 1 行的记录
- 自身（当前记录）
- 之后 1 行的记录

如果能够熟练掌握框架功能，就可以称为窗口函数高手了。

图 8-4　将框架指定为当前记录及其前后 1 行

ROWS BETWEEN 1 PRECEDING AND 1 FOLLOWING

product_id （商品编号）	product_name （商品名称）	sale_price （销售单价）
0001	T恤衫	1000
0002	打孔器	500
0003	运动T恤	4000
0004	菜刀	3000
0005	高压锅	6800
0006	叉子	500
0007	擦菜板	880
0008	圆珠笔	100

框架
当前记录
（自身=当前行）

两个 ORDER BY

最后我们来介绍一下使用窗口函数时与结果形式相关的注意事项，那就是记录的排列顺序。因为使用窗口函数时必须要在 OVER 子句中使用 ORDER BY，所以可能有读者乍一看会觉得结果中的记录会按照该 ORDER BY 指定的顺序进行排序。

但其实这只是一种错觉。OVER 子句中的 ORDER BY 只是用来决定窗口函数按照什么样的顺序进行计算的，对结果的排列顺序并没有影响。因此也有可能像代码清单 8-8 那样，得到一个记录的排列顺序比较混乱的结果。有些 DBMS 也可以按照窗口函数的 ORDER BY 子句所指定的顺序对结果进行排序，但那也仅仅是个例而已。

代码清单8-8 无法保证如下 SELECT 语句的结果的排列顺序

```
Oracle   SQL Server   DB2   PostgreSQL
SELECT product_name, product_type, sale_price,
       RANK () OVER (ORDER BY sale_price) AS ranking
  FROM Product;
```

有可能会得到下面这样的结果

product_name	product_type	sale_price	ranking
菜刀	厨房用具	3000	6
打孔器	办公用品	500	2
运动T恤	衣服	4000	7
T恤衫	衣服	1000	5
高压锅	厨房用具	6800	8
叉子	厨房用具	500	2
擦菜板	厨房用具	880	4
圆珠笔	办公用品	100	1

　　那么，如何才能让记录切实按照 ranking 列的升序进行排列呢？

　　答案非常简单。那就是在 SELECT 语句的最后，使用 ORDER BY 子句进行指定（代码清单 8-9）。这样就能保证 SELECT 语句的结果中记录的排列顺序了，除此之外也没有其他办法了。

代码清单8-9 在语句末尾使用 ORDER BY 子句对结果进行排序

```
Oracle   SQL Server   DB2   PostgreSQL
SELECT product_name, product_type, sale_price,
       RANK () OVER (ORDER BY sale_price) AS ranking
  FROM Product
 ORDER BY ranking;
```

　　也许大家会觉得在一条 SELECT 语句中使用两次 ORDER BY 会有点别扭，但是尽管这两个 ORDER BY 看上去是相同的，但其实它们的功能却完全不同。

 法则8-5

将聚合函数作为窗口函数使用时，会以当前记录为基准来决定汇总对象的记录。

第8章　SQL高级处理

8-2
GROUPING运算符

学习重点

- 只使用GROUP BY子句和聚合函数是无法同时得出小计和合计的。如果想要同时得到，可以使用GROUPING运算符。
- 理解GROUPING运算符中CUBE的关键在于形成"积木搭建出的立方体"的印象。
- 虽然GROUPING运算符是标准SQL的功能，但还是有些DBMS尚未支持这一功能。

同时得到合计行

我们在 3-2 节中学习了 GROUP BY 子句和聚合函数的使用方法，可能有些读者会想，是否有办法能够通过 GROUP BY 子句得到表 8-1 那样的结果呢？

表8-1　添加合计行

合计	16780	←存在合计行
厨房用具	11180	
衣服	5000	
办公用品	600	

虽然这是按照商品种类计算销售单价的总额时得到的结果，但问题在于最上面多出了 1 行合计行。使用代码清单 8-10 中的 GROUP BY 子句的语法无法得到这一行。

代码清单8-10　使用 GROUP BY 无法得到合计行

```
SELECT product_type, SUM(sale_price)
  FROM Product
 GROUP BY product_type;
```

执行结果

```
product_type |  sum
-------------+------
衣服         | 5000
办公用品     |  600
厨房用具     | 11180
```

因为 GROUP BY 子句是用来指定聚合键的场所，所以只会根据这里指定的键分割数据，当然不会出现合计行。而合计行是不指定聚合键时得到的汇总结果，因此与下面的 3 行通过聚合键得到的结果并不相同。按照通常的思路，想一次得到这两种结果是不可能的。

如果想要获得那样的结果，通常的做法是分别计算出合计行和按照商品种类进行汇总的结果，然后通过 UNION ALL[注1] 连接在一起（代码清单 8-11）。

KEYWORD

● UNION ALL

注1

虽然也可以使用UNION来代替UNION ALL，但由于两条SELECT语句的聚合键不同，一定不会出现重复行，因此可以使用UNION ALL。UNION ALL和UNION的不同之处在于它不会对结果进行排序，因此比UNION的性能更好。

代码清单8-11　分别计算出合计行和汇总结果再通过 UNION ALL 进行连接

```
SELECT '合计' AS product_type, SUM(sale_price)
  FROM Product
UNION ALL
SELECT product_type, SUM(sale_price)
  FROM Product
GROUP BY product_type;
```

执行结果

```
product_type |  sum
--------------+------
合计          | 16780
衣服          |  5000
办公用品      |   600
厨房用具      | 11180
```

这样一来，为了得到想要的结果，需要执行两次几乎相同的 SELECT 语句，再将其结果进行连接，不但看上去十分繁琐，而且 DBMS 内部的处理成本也非常高，难道没有更合适的实现方法了吗？

ROLLUP——同时得出合计和小计

为了满足用户的需求，标准 SQL 引入了 GROUPING 运算符，我们将在本节中着重介绍。使用该运算符就能通过非常简单的 SQL 得到之前那样的汇总单位不同的汇总结果了。

GROUPING 运算符包含以下 3 种[注1]。

KEYWORD

● GROUPING 运算符

注1

目前PostgreSQL和MySQL并不支持GROUPING运算符（MySQL仅支持ROLLUP）。具体内容请参考专栏"GROUPING运算符的支持状况"。

- ROLLUP
- CUBE
- GROUPING SETS

KEYWORD
● ROLLUP运算符

■ROLLUP的使用方法

我们先从 ROLLUP 开始学习吧。使用 ROLLUP 就可以通过非常简单的 SELECT 语句同时计算出合计行了（代码清单 8-12）。

代码清单8-12　使用ROLLUP同时得出合计和小计

| Oracle | SQL Server | DB2 | PostgreSQL |

```
SELECT product_type, SUM(sale_price) AS sum_price
  FROM Product
 GROUP BY ROLLUP(product_type); ──①
```

特定的SQL

　　在 MySQL 中执行代码清单8-12时，请将①中的GROUP BY子句改写为 "GROUP BY product_type WITH ROLLUP;"。

执行结果（在DB2中执行）

```
 product_type    sum_price
--------------   ---------
                     16780
厨房用具             11180
办公用品               600
衣服                  5000
```

从语法上来说，就是将 GROUP BY 子句中的聚合键清单像 ROLLUP（< 列 1>,< 列 2>,...）这样使用。该运算符的作用，一言以蔽之，就是"一次计算出不同聚合键组合的结果"。例如，在本例中就是一次计算出了如下两种组合的汇总结果。

① GROUP BY ()

② GROUP BY (product_type)

　①中的 GROUP BY () 表示没有聚合键，也就相当于没有 GROUP BY 子句（这时会得到全部数据的合计行的记录），该合计行记录称为*超级分组记录*（super group row）。虽然名字听上去很炫，但还是希望大家把它当作未使用 GROUP BY 的合计行来理解。超级分组记录的 product_type 列的键值（对 DBMS 来说）并不明确，因此会默认使用 NULL。之后会为大家讲解在此处插入恰当的字符串的方法。

KEYWORD
● 超级分组记录

法则 8-6

超级分组记录默认使用 NULL 作为聚合键。

■将"登记日期"添加到聚合键当中

仅仅通过刚才一个例子大家的印象可能不够深刻，下面让我们再添加一个聚合键"登记日期（regist_date）"试试看吧。首先从不使用 ROLLUP 开始（代码清单 8-13）。

代码清单8-13　在 GROUP BY 中添加"登记日期"（不使用 ROLLUP）

```
SELECT product_type, regist_date, SUM(sale_price) AS sum_price
  FROM Product
 GROUP BY product_type, regist_date;
```

执行结果（在 DB2 中执行）

```
product_type    regist_date    sum_price
------------    -----------    ---------
厨房用具         2008-04-28          880
厨房用具         2009-01-15         6800
厨房用具         2009-09-20         3500
办公用品         2009-09-11          500
办公用品         2009-11-11          100
衣服            2009-09-20         1000
衣服                               4000
```

在上述 GROUP BY 子句中使用 ROLLUP 之后，结果会发生什么变化呢（代码清单 8-14）？

代码清单8-14　在 GROUP BY 中添加"登记日期"（使用 ROLLUP）

| Oracle | SQL Server | DB2 | PostgreSQL |

```
SELECT product_type, regist_date, SUM(sale_price) AS sum_price
  FROM Product
 GROUP BY ROLLUP(product_type, regist_date); ——①
```

> **特定的 SQL**
>
> 在 MySQL 中执行代码清单 8-14 时，请将①中的 GROUP BY 子句改写为 "GROUP BY product_type, regist_date WITH ROLLUP;"。

执行结果（在DB2中执行）

```
product_type   regist_date   sum_price
-------------- ------------  ----------
                             16780  ←合计
厨房用具                      11180  ←小计（厨房用具）
厨房用具         2008-04-28     880
厨房用具         2009-01-15    6800
厨房用具         2009-09-20    3500
办公用品                        600  ←小计（办公用品）
办公用品         2009-09-11     500
办公用品         2009-11-11     100
衣服                           5000  ←小计（衣服）
衣服            2009-09-20    1000
衣服                           4000
```

　　将上述两个结果进行比较后我们发现，使用 ROLLUP 时多出了最上方的合计行以及 3 条不同商品种类的小计行（也就是未使用登记日期作为聚合键的记录），这 4 行就是我们所说的超级分组记录。也就是说，该 SELECT 语句的结果相当于使用 UNION 对如下 3 种模式的聚合级的不同结果进行连接（图 8-5）。

① GROUP BY ()

② GROUP BY (product_type)

③ GROUP BY (product_type, regist_date)

图8-5　3种模式的聚合级

```
product_type   regist_date  sum_price
─────────────────────────────────────
                            16780   模块①
─────────────────────────────────────
厨房用具                     11180
办公用品                       600   模块②
衣服                         5000
─────────────────────────────────────
办公用品        2009-09-11    500
办公用品        2009-11-11    100
厨房用具        2008-04-28    880
厨房用具        2009-01-15   6800   模块③
厨房用具        2009-09-20   3500
衣服           2009-09-20   1000
衣服                         4000
```

　　如果大家觉得上述结果不容易理解的话，可以参考表 8-2 中按照聚合级添加缩进和说明后的内容，理解起来就很容易了。

表8-2　根据聚合级添加缩进后的结果

合计		16780
厨房用具	小计	11180
厨房用具	2008-04-28	880
厨房用具	2009-01-15	6800
厨房用具	2009-09-20	3500
办公用品	小计	600
办公用品	2009-09-11	500
办公用品	2009-11-11	100
衣服	小计	5000
衣服	2009-09-20	1000
衣服		4000

　　ROLLUP 是"卷起"的意思，比如卷起百叶窗、窗帘卷，等等。其名称也形象地说明了该操作能够得到像从小计到合计这样，从最小的聚合级开始，聚合单位逐渐扩大的结果。

 法则 8-7

ROLLUP 可以同时得出合计和小计，是非常方便的工具。

专　栏

GROUPING 运算符的支持情况

　　本节介绍的 GROUPING 运算符与 8-1 节介绍的窗口函数都是为了实现 OLAP 用途而添加的功能，是比较新的功能（是 SQL：1999 的标准 SQL 中添加的新功能）。因此，还有一些 DBMS 尚未支持这些功能。截止到 2016 年 5 月，Oracle、SQL Server、DB2、PostgreSQL 的最新版本都已经支持这些功能了，但 MySQL 的最新版本 5.7 还是不支持这些功能。

　　想要在不支持 GROUPING 运算符的 DBMS 中获得包含合计和小计的结果时，只能像本章一开始介绍的那样，使用 UNION 将多条 SELECT 语句连接起来。

　　此外，使用 MySQL 时的情况更加复杂一些，只有一个不合规则的 ROLLUP 能够使用。这里所说的"不合规则"指的是需要使用特定的语法。

```
-- MySQL专用
SELECT product_type, regist_date, SUM(sale_price) AS sum_price
  FROM Product
 GROUP BY product_type, regist_date WITH ROLLUP;
```

　　遗憾的是，MySQL 5.7 并不支持 CUBE 和 GROUPING　SETS。希望之后的版本能够提供对它们的支持。

GROUPING 函数——让 NULL 更加容易分辨

可能有些读者会注意到，之前使用 ROLLUP 所得到的结果（代码清单 8-14 的执行结果）有些蹊跷，问题就出在"衣服"的分组之中，有两条记录的 `regist_date` 列为 NULL，但其原因却并不相同。

sum_price 为 4000 日元的记录，因为商品表中运动 T 恤的注册日期为 NULL，所以就把 NULL 作为聚合键了，这在之前的示例中我们也曾见到过。

相反，sum_price 为 5000 日元的记录，毫无疑问就是超级分组记录的 NULL 了（具体为 1000 日元 + 4000 日元 = 5000 日元）。但两者看上去都是"NULL"，实在是难以分辨。

product_type	regist_date	sum_price	
衣服		5000	←因为是超级分组记录，所以登记日期为 NULL
衣服	2009-09-20	1000	
衣服		4000	仅仅因为"运动 T 恤"的登记日期为 NULL

为了避免混淆，SQL 提供了一个用来判断超级分组记录的 NULL 的特定函数 —— GROUPING 函数。该函数在其参数列的值为超级分组记录所产生的 NULL 时返回 1，其他情况返回 0（代码清单 8-15）。

KEYWORD
● GROUPING 函数

代码清单 8-15　使用 GROUPING 函数来判断 NULL

`Oracle` `SQL Server` `DB2` `PostgreSQL`
```
SELECT GROUPING(product_type) AS product_type,
        GROUPING(regist_date) AS regist_date, SUM(sale_price) AS sum_price
  FROM Product
 GROUP BY ROLLUP(product_type, regist_date);
```

执行结果（在 DB2 中执行）

product_type	regist_date	sum_price	
1	1	16780	
0	1	11180	
0	0	880	
0	0	6800	
0	0	3500	
0	1	600	
0	0	500	
0	0	100	
0	1	5000	←碰到超级分组记录中的 NULL 时返回 1
0	0	1000	
0	0	4000	←原始数据为 NULL 时返回 0

这样就能分辨超级分组记录中的 NULL 和原始数据本身的 NULL 了。使用 GROUPING 函数还能在超级分组记录的键值中插入字符串。也就是说，当 GROUPING 函数的返回值为 1 时，指定"合计"或者"小计"等字符串，其他情况返回通常的列的值（代码清单 8-16）。

代码清单8-16　在超级分组记录的键值中插入恰当的字符串

`Oracle`　`SQL Server`　`DB2`　`PostgreSQL`

```
SELECT CASE WHEN GROUPING(product_type) = 1
            THEN '商品种类 合计'
            ELSE product_type END AS product_type,
       CASE WHEN GROUPING(regist_date) = 1
            THEN '登记日期 合计'
            ELSE CAST(regist_date AS VARCHAR(16)) END AS regist_date,
       SUM(sale_price) AS sum_price
  FROM Product
 GROUP BY ROLLUP(product_type, regist_date);
```

执行结果（在DB2中执行）

product_type	regist_date	sum_price
商品种类 合计	登记日期 合计	16780
厨房用具	登记日期 合计	11180
厨房用具	2008-04-28	880
厨房用具	2009-01-15	6800
厨房用具	2009-09-20	3500
办公用品	登记日期 合计	600
办公用品	2009-09-11	500
办公用品	2009-11-11	100
衣服	登记日期 合计	5000
衣服	2009-09-20	1000
衣服		4000

← 将超级分组记录中的NULL
替换为"登记日期 合计"
← 原始数据中的NULL保持
不变

在实际业务中需要获取包含合计或者小计的汇总结果（这种情况是最多的）时，就可以使用 ROLLUP 和 GROUPING 函数来实现了。

```
CAST(regist_date AS VARCHAR(16))
```

那为什么还要将 SELECT 子句中的 regist_date 列转换为 CAST（regist_date AS VARCHAR（16））形式的字符串呢？这是为了满足 CASE 表达式所有分支的返回值必须一致的条件。如果不这样的话，那么各个分支会分别返回日期类型和字符串类型的值，执行时就会发生语法错误。

 法则 8-8

使用GROUPING函数能够简单地分辨出原始数据中的NULL和超级分组记录中的NULL。

CUBE——用数据来搭积木

ROLLUP 之后我们来介绍另一个常用的 GROUPING 运算符 —— CUBE。CUBE 是 "立方体" 的意思，这个名字和 ROLLUP 一样，都能形象地说明函数的动作。那么究竟是什么样的动作呢？还是让我们通过一个列子来看一看吧。

CUBE 的语法和 ROLLUP 相同，只需要将 ROLLUP 替换为 CUBE 就可以了。下面我们就把代码清单 8-16 中的 SELECT 语句替换为 CUBE 试试看吧（代码清单 8-17）。

代码清单 8-17　使用 CUBE 取得全部组合的结果

`Oracle` `SQL Server` `DB2` `PostgreSQL`

```
SELECT CASE WHEN GROUPING(product_type) = 1
            THEN '商品种类 合计'
            ELSE product_type END AS product_type,
       CASE WHEN GROUPING(regist_date) = 1
            THEN '登记日期 合计'
            ELSE CAST(regist_date AS VARCHAR(16)) END AS regist_date,
       SUM(sale_price) AS sum_price
  FROM Product
 GROUP BY CUBE(product_type, regist_date);
```

执行结果（在 DB2 中执行）

```
product_type     regist_date     sum_price
-------------    -----------     ---------
商品种类 合计      登记日期 合计       16780
商品种类 合计      2008-04-28         880     ←追加
商品种类 合计      2009-01-15        6800     ←追加
商品种类 合计      2009-09-11         500     ←追加
商品种类 合计      2009-09-20        4500     ←追加
商品种类 合计      2009-11-11         100     ←追加
商品种类 合计                        4000     ←追加
厨房用具          登记日期 合计       11180
厨房用具          2008-04-28         880
厨房用具          2009-01-15        6800
厨房用具          2009-09-20        3500
办公用品          登记日期 合计        600
办公用品          2009-09-11         500
办公用品          2009-11-11         100
衣服             登记日期 合计        5000
衣服             2009-09-20        1000
衣服                               4000
```

与 ROLLUP 的结果相比，CUBE 的结果中多出了几行记录。大家看一下应该就明白了，多出来的记录就是只把 regist_date 作为聚合键所得到的汇总结果。

① GROUP BY ()

② GROUP BY (product_type)

③ GROUP BY (regist_date)   ←添加的组合

④ GROUP BY (product_type, regist_date)

所谓 CUBE，就是将 GROUP BY 子句中聚合键的"所有可能的组合"的汇总结果集中到一个结果中。因此，组合的个数就是 2^n（n 是聚合键的个数）。本例中聚合键有 2 个，所以 $2^2 = 4$。如果再添加 1 个变为 3 个聚合键的话，就是 $2^3 = 8$[1]。

注❶

使用 ROLLUP 时组合的个数是 $n + 1$。随着组合个数的增加，结果的行数也会增加，因此如果使用 CUBE 时不加以注意的话，往往会得到意想不到的巨大结果。顺带说一下，ROLLUP 的结果一定包含在 CUBE 的结果之中。

读到这里，可能很多读者都会觉得奇怪，究竟 CUBE 运算符和立方体有什么关系呢？

众所周知，立方体由长、宽、高 3 个轴构成。对于 CUBE 来说，一个聚合键就相当于其中的一个轴，而结果就是将数据像积木那样堆积起来（图 8-6）。

图8-6 CUBE 的执行图示

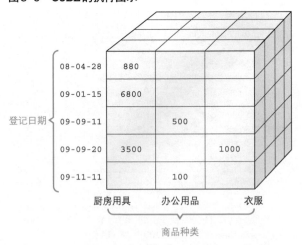

由于本例中只有商品种类（product_type）和登记日期（regist_date）2 个轴，所以我们看到的其实是一个正方形，请大家把它看作缺了 1 个轴的立方体。通过 CUBE 当然也可以指定 4 个以上的轴，但那已经属于 4 维空间的范畴了，是无法用图形来表示的。

法则 8-9

可以把 CUBE 理解为将使用聚合键进行切割的模块堆积成一个立方体。

GROUPING SETS——取得期望的积木

KEYWORD

●GROUPING SETS 运算符

最后要介绍给大家的 GROUPING 运算符是 GROUPING SETS。该运算符可以用于从 ROLLUP 或者 CUBE 的结果中取出部分记录。

例如，之前的 CUBE 的结果就是根据聚合键的所有可能的组合计算而来的。如果希望从中选取出将"商品种类"和"登记日期"各自作为聚合键的结果，或者不想得到"合计记录和使用 2 个聚合键的记录"时，可以使用 GROUPING SETS（代码清单 8-18）。

代码清单 8-18　使用 GROUPING SETS 取得部分组合的结果

`Oracle` `SQL Server` `DB2` `PostgreSQL`

```
SELECT CASE WHEN GROUPING(product_type) = 1
            THEN '商品种类 合计'
            ELSE product_type END AS product_type,
       CASE WHEN GROUPING(regist_date) = 1
            THEN '登记日期 合计'
            ELSE CAST(regist_date AS VARCHAR(16)) END AS regist_date,
       SUM(sale_price) AS sum_price
  FROM Product
 GROUP BY GROUPING SETS (product_type, regist_date);
```

执行结果（在 DB2 中执行）

```
product_type      regist_date     sum_price
-------------     ------------    ----------
商品种类 合计      2008-04-28            880
商品种类 合计      2009-01-15           6800
商品种类 合计      2009-09-11            500
商品种类 合计      2009-09-20           4500
商品种类 合计      2009-11-11            100
商品种类 合计                          4000
厨房用具           登记日期 合计        11180
办公用品           登记日期 合计          600
衣服               登记日期 合计         5000
```

上述结果中也没有全体的合计行（16780 日元）。与 ROLLUP 或者 CUBE 能够得到规定的结果相对，GROUPING SETS 用于从中取出个别条件对应的不固定的结果。然而，由于期望获得不固定结果的情况少之又

少，因此与 ROLLUP 或者 CUBE 比起来，使用 GROUPING SETS 的机
会也就很少了。

练习题

8.1 请说出针对本章中使用的 Product（商品）表执行如下 SELECT 语句所
能得到的结果。

```
SELECT product_id, product_name, sale_price,
       MAX (sale_price) OVER (ORDER BY product_id) AS ➡
       current_max_price
  FROM Product;
```

　　　　　　　　　　　　　　➡表示下一行接续本行，只是由于版面所限而换行。

8.2 继续使用 Product 表，计算出按照登记日期(regist_date)升序进行排
列的各日期的销售单价(sale_price)的总额。排序是需要将登记日期为
NULL 的"运动 T 恤"记录排在第 1 位（也就是将其看作比其他日期都早）。

第9章 通过应用程序连接数据库

数据库世界和应用程序世界的连接

Java 的基础知识

通过Java 连接 PostgreSQL

SQL

本章重点

··

截止到第 8 章, 关于使用 SQL 语句处理数据的基础知识的学习就告一段落了。本章将会转换一下视角, 带领大家了解如何通过应用程序执行 SQL 语句来处理数据。

本章将使用 Java 语言来编写应用程序连接数据库。Java 是现在非常流行的应用程序开发语言。为了执行 Java 程序, 大家需要在自己的电脑中安装 Java 开发工具 JDK (Java Development Kit)。JDK 可以从 Oracle 公司的网站下载, 下载和安装步骤请参考 "JDK 下载安装手册" 文件, 该文件可以从以下网站下载。

http://www.ituring.com.cn/book/1880

此外, 本章假定大家已经按照第 0 章的步骤完成了 PostgreSQL 的安装。没有安装 PostgreSQL 的读者, 请按照第 0 章的步骤提前安装好 PostgreSQL。

9-1 数据库世界和应用程序世界的连接
▨数据库和应用程序之间的关系
▨驱动——两个世界之间的桥梁
▨驱动的种类

9-2 Java 基础知识
▨第一个程序 Hello, World
▨编译和程序执行
▨常见错误

9-3 通过 Java 连接 PostgreSQL
▨执行 SQL 语句的 Java 程序
▨Java 是如何从数据库中获取数据的呢
▨执行连接数据库的程序
▨选取表中的数据
▨更新表中的数据
▨小结

第9章 通过应用程序连接数据库

9-1 数据库世界和应用程序世界的连接

学习重点

- 在实际的系统中是通过应用程序向数据库发送SQL语句的。
- 此时，需要通过"驱动"这座桥梁来连接应用程序世界和数据库世界。如果没有驱动，应用程序就无法连接数据库。
- 数据库和编程语言之间的驱动有很多种，如果不注意的话就会发生驱动不匹配的情况。

数据库和应用程序之间的关系

无论大家是搭建自己的网站，还是从事系统开发工作，都无法只通过数据库来实现。数据库作为保存数据的重要手段，在系统开发中是不可或缺的，但这并不意味着它可以覆盖系统开发所需的所有功能。在画面上呈现炫酷的动画、根据查询结果数据变换用户界面等复杂的处理（业务逻辑）单靠数据库和 SQL 语句是无法实现的。

这时就需要通过一些应用程序和数据库的组合来搭建系统了。这些应用程序可以使用各种各样的编程语言来编写，代表性的语言有 Java、C#、Python 和 Perl 等。就连 C 语言和 COBOL 这些很早就有的语言，目前仍在某些领域发挥着作用。使用这些语言编写的程序就称为应用程序，简称为应用或者 App。想必大家在自己的电脑和智能手机中都安装过很多应用程序吧 ❶ ？

简而言之，系统其实就是由应用和数据库组合而成的，如图 9-1 所示。

KEYWORD

● 应用程序（应用、App）

注❶

iPhone、iPad 的应用程序下载服务称为 "应用商店"（AppStore），这里的 "App" 就是来源于苹果公司的名称 "Apple" 和应用程序 "Application" 这两个词吧。

图9-1 系统就是应用和数据库的组合

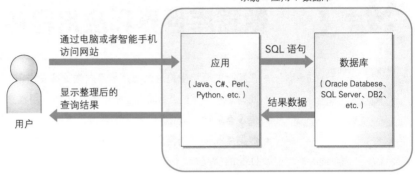

当然，这仅仅是一个极简的模型而已，实际的系统其实是由许许多多的组件构成的（例如：防止外部攻击的防火墙、接收 Web 浏览器发送的请求的 Web 服务器等）。但不管怎样，只要理解了系统主要的构成元素是应用和数据库两部分就足够了。

驱动——两个世界之间的桥梁

应用和数据库组合使用时会产生一个很大的问题。因为应用是由各种各样的语言编写的，所以语法和功能都不尽相同。数据库也是如此，不同的 DBMS 的功能和 SQL 语法也有很大区别（正如我们在第 1 章介绍的那样，光是具有代表性的 DBMS 就有 5 种之多）。因此，在应用和数据库之间发送 SQL 语句和接收结果数据的方法也就变得五花八门了。一旦编程语言或者 DBMS 发生变化，就不得不从头开始修改应用和 SQL 语句，而这种情况是大家都不愿看到的。

解决这个问题的方法就是在两个世界之间导入一个称为驱动（driver●）的中介程序。驱动就是一个用来连接应用和数据库的非常小的特殊程序（大概只有几百 KB）。在两者之间插入驱动程序之后，应用方面就可以只针对应用进行特别处理，数据库方面也可以只针对数据库进行特别处理了。不管哪一方发生版本升级或产品变更，都只需要对驱动的连接部分进行很小的修改就可以了。

换言之，驱动就是应用和数据库这两个世界之间的桥梁（图 9-2）。

KEYWORD

●驱动

注❶

说到 "driver" 这个词，大家可能会一下子想到螺丝刀。英语中这两者确实是同一个单词。实际上，螺丝刀也是用来把两个部件连接在一起的，从广义上来说也能叫桥梁。在计算机的世界里，那些用来将打印机、键盘和鼠标等连接到电脑上的程序也被称为 "驱动"，它同样肩负着 "连接不同机器" 的使命。

图9-2　驱动就是应用和数据库之间的桥梁

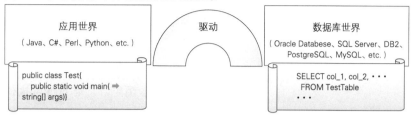

➡表示下一行接续本行，只是由于版面所限而换行。

驱动的种类

　　虽说驱动只是一个很小的程序，但它也是通过某种编程语言编写而成的。不过，大家并不需要特意去编写驱动程序，通常情况下 DBMS 都会提供相应的驱动程序。需要注意的是，根据 DBMS 和编程语言的不同，使用的驱动程序也不一样。说得再细一点，即便是相同的 DBMS，其 32 位版本和 64 位版本的驱动也是不一样的（PostgreSQL 的 JDBC 驱动涵盖了这两个版本的不同，因此在本次学习过程中大家可以不必考虑这种差异）。如果使用了错误的驱动，就会导致 SQL 语句无法发送，甚至数据库无法连接，请大家务必注意。

KEYWORD
- ODBC
- JDBC

　　现在广泛使用的驱动标准主要有 ODBC（Open DataBase Connectivity）和 JDBC（Java Data Base Connectivity）两种。ODBC 是 1992 年微软公司发布的 DBMS 连接标准，后来逐步成为了业界标准。JDBC 是在此基础上制定出来的 Java 应用连接标准。本书也将使用 PostgreSQL 的 JDBC 驱动来实现 Java 应用和数据库之间的连接。

　　PostgreSQL 的 JDBC 驱动可以从如下网站下载。不同的 PostgreSQL 版本需要使用不同的驱动，请大家选择适当的版本下载。

▶ PostgreSQL JDBC Driver

https://jdbc.postgresql.org/download.html

注❶

JDBC 的版本是不断更新的，请大家下载当前的最新版本。

　　本书使用 Java Version 8 作为执行环境，因此需要点击相应的最新版本 "9.4.1208 JDBC 42" 的链接来下载 ❶。下载后会得到如下文件。

```
postgresql-9.4.1208.jar
```

　　这就是驱动程序了，它的文件名会根据版本的不同而变化。".jar"
这个扩展名看上去比较陌生，它是 Java 可执行文件的扩展名（后面将要
介绍的类文件的集合体）。

　　该文件可以保存在电脑的任意文件夹下，不过为了便于之后操作，文
件夹的名称最好比较短，仅由几个英文字母组成，因此我们在第 0 章安装
PostgreSQL 时创建的"C:\PostgreSQL"文件夹下面创建一个名为
"jdbc"的文件夹，用来保存下载的驱动文件（图 9-3）。注意文件夹名只
能使用"半角英文字母和数字"，如果使用全角字符的话，将会无法正常
运行。

```
C:\PostgreSQL\jdbc
```

图9-3　将驱动文件保存在电脑的文件夹下

　　至此，通过程序连接数据库的准备工作就完成了。接下来就让我们使
用 Java 程序来实际连接一下 PostgreSQL 数据库吧。为了实现该操作，首
先需要了解一下 Java 基本的编程方法和执行方法。

9-2　Java 基础知识

学习重点

● 执行Java 程序时，必须先对源代码进行编译。
● 与SQL 语句不同，Java源代码的保留字是区分大小写的。

　　本章使用的编程语言是 Java。由于本书并不是 Java 语言的入门，因此我们不会深入学习 Java 的语法和句法，但由于我们要编写一个用来连接数据库的小程序，因此这里会简单介绍一些必要的知识。如果大家已经对 Java 有了一定程度的了解，那么可以略过本小节。

第一个程序 Hello,World

KEYWORD

● 编程

编写程序的源代码。

　　首先我们用 Java 编写一个简单的示例程序并实际执行一下。这个程序并不会连接数据库，程序的内容也非常简单，就是"在画面上显示简短的字符串"。输出的字符串是"Hello,World"，直译过来就是"你好，世界"。这个字符串并没有什么特别的意义，只不过编程界从几十年前就有一个传统，把 Hello,World 作为"最初开始编程时输出的字符串"。

编写源代码，保存为源文件

KEYWORD

● 源代码

应用程序原始的字符串，也就是编写出来的程序，也简称为代码。

　　由于要实现的功能非常简单，因此 Java 的源代码也非常简单。

代码清单9-1　在画面上显示简短字符串的Java程序

```java
public class Hello{
    public static void main(String[] args){
        System.out.print("Hello, World");
    }
}
```

　　首先，我们使用记事本等文本编辑器把上述示例代码保存到名为"Hello.java"的文件中，然后将该文件保存在如下文件夹。

```
C:\PostgreSQL\java\src
```

"src"是"源代码"（source）的简称，经常用来作为保存源代码的文件夹名称。该文件夹的位置并没有特殊要求，但为了便于理解，我们把它放在 PostgreSQL 文件夹下面（图 9-4）。

图9-4　把源代码文件保存在文件夹之中

源代码第 3 行的"Hello,World"就是我们希望显示的字符串。如果想显示其他字符串，只需要换掉该字符串即可。请大家注意，SQL 语句中的字符串是使用单引号（'）括起来的，而在 Java 中则需要使用双引号（"）括起来（请参考法则 1-7）。同在第 3 行的 System.out.print 就是在画面上显示字符串的函数❶。

此外，"public class Hello"以及"public static void main(String[] args)"这些像咒语一样的字符串，现在也不用太在意❷。源代码的主要部分就是第 3 行,这一行发出了"在画面上显示字符串"的命令。

编译和程序执行

KEYWORD

●编译

把源文件保存到文件夹之后，Java 源代码的编写就完成了，但此时程序并不能执行，还需要编译（compile）这个步骤。编译本来是"编辑"的意思，但是在编程的世界里，它是"将人类书写的源代码转换为机器可以执行的代码"的意思。

前面我们执行 SQL 语句时并不需要进行编译，其实那是因为数据库内部自动进行了编译操作。使用 Java 或者 C 等编程语言编写的程序，在执行之前需要显式地进行编译操作❶。

代码的编译是通过已经安装的 JDK 自带的"javac.exe"程序进行的，程序名末尾的"c"是 compile 的缩写。该程序存放在"C:\PostgreSQL\java\jdk\bin"文件夹下，大家可以自行确认一下（图9-5）。

注❶

当然也有像 Python、PHP 这样在执行之前不需要显式地进行编译的编程语言。不过，它们的操作过程其实是一样的，执行时会（隐式地）进行编译。

图9-5　编译时使用的`javac.exe`程序

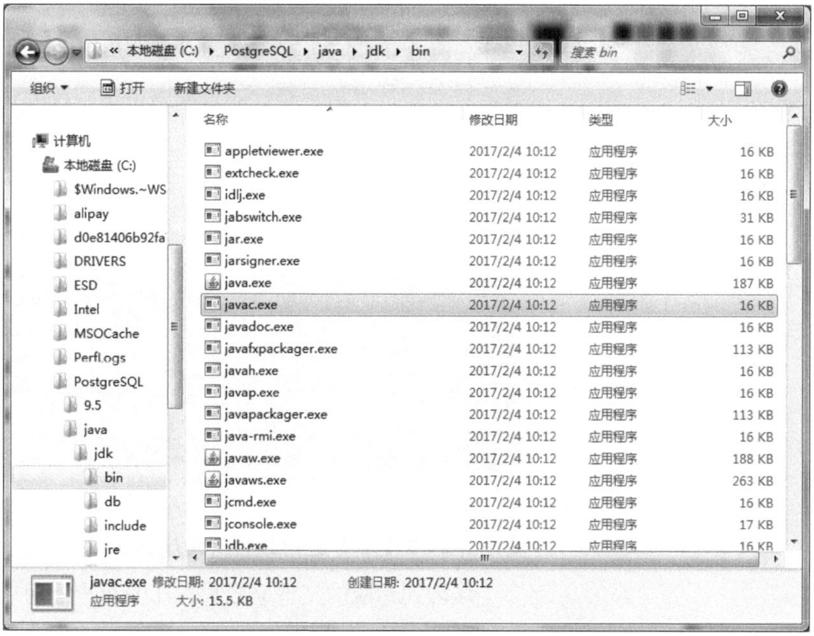

`javac.exe` 需要通过命令提示符来执行。要启动命令提示符，需要使用鼠标右键点击电脑桌面左下角的 Windows 图标，在弹出的菜单中选择"命令提示符（管理员）（A）"❷。命令提示符启动后会弹出如图 9-6 所示的窗口。

注❷

如果使用的是 Window 8/8.1，可以按照如下步骤启动命令提示符。

1. 在电脑的开始画面，同时点击键盘上的"Windows"键和"X"键。

2. 在画面左下角显示的菜单一览中点击"命令提示符（管理员）"。

图9-6 命令提示符窗口

首先，为了移动到源文件所在的文件夹，需要输入如下命令❶。输入之后，按下回车键。

cd命令（移动到指定文件夹）

```
cd C:\PostgreSQL\java\src
```

命令执行成功之后并不会显示什么特别的信息（图9-7）。执行失败时会显示错误信息，这时请确认命令或者文件夹名称字符串是否拼写正确。此外，请务必在 cd 后面添加一个半角空格。在命令提示符中使用的字符串必须全都是半角字符，如果使用全角字符的话可能会发生错误，因此请勿使用。

图9-7 cd C:\PostgreSQL\java\src的执行结果

使用javac命令进行编译，生成类文件

移动到相应的文件夹之后，在命令提示符中输入如下字符串，按下回车键❷。

javac命令（编译）

```
C:\PostgreSQL\java\jdk\bin\javac Hello.java
```

稍微等待一会儿，编译就结束了。如果编译成功，就不会显示任何信息（图9-8）。只有发生了某些错误导致编译失败，才会显示错误信息。

图9-8 C:\PostgreSQL\java\jdk\bin\javac Hello.java的执行结果

法则9-1

执行Java程序之前，必须对源代码进行编译。

编译成功之后，在存放源文件的文件夹下会生成一个名为"Hello.class"的新文件（图9-9）。这是一个可以执行的文件，称为"类文件"。

图9-9 编译成功后会生成类文件

使用java命令执行程序

生成类文件之后，就可以执行程序了。执行程序时需要使用"C:\

PostgreSQL\java\jdk\bin" 文件夹下的 "java.exe" 程序。在命令提示符中输入如下字符串，然后按下回车键。"Hello" 是类名，与文件名中扩展名之前的字符串相同。

java命令（执行）

```
C:\PostgreSQL\java\jdk\bin\java Hello
```

如果命令提示符中显示出了 "Hello,World"，就表示执行成功了（图 9-10）。

图9-10 cd C:\PostgreSQL\java\jdk\bin\java Hello的执行结果

使用 Java 语言进行编程时，必须经过如下 3 个步骤，请大家务必牢记。

1. 编写源代码，保存为源文件

2. 使用 `javac` 命令进行编译，生成类文件

3. 使用 `java` 命令执行程序

常见错误

下面我们来介绍一下 Java 编程和执行时初学者经常犯的一些错误。

大小写错误

SQL 语句中的保留字是不区分大小写的，不论写成 "SELECT 1;" 还是 "select 1;"，都能够正常执行，但是 Java 却是区分大小写的。

例如，在画面上显示字符串时使用的函数 "System.out.print"，如果全部改成小写，如代码清单 9-2 那样，结果会如何呢？

代码清单9-2 **"常见错误示例"大小写错误**

```
public class Hello{
    public static void main(String[] args){
        system.out.print("Hello, World");
    }
}
```

使用 javac 命令编译上述源文件，会发生如下错误。

执行结果

```
Hello.java:3: 错误：程序包system不存在
        system.out.print("Hello, World");
```

原因在于"Hello.java"文件的第 3 行出错了，把"System"写成了小写的"system"。

 法则9-2

Java源代码中的保留字要区分大小写，这是它和数据库的不同点之一。

使用全角空格

如前所述，源代码中是不能使用全角字符的，SQL 语句中也一样。虽然没有人会把英文字母和数字都写成全角，不过偶尔还是会出现把半角空格写成全角空格的情况。

例如，我们把代码清单 9-3 第 2 行开头的空格改成全角。

代码清单9-3 **"常见错误示例"使用全角空格**

```
public class Hello{
　   public static void main(String[] args){
            system.out.print("Hello, World");
    }
}
```

虽然看不出来，但是这里使用的是全角空格

使用 javac 命令编译上述源文件，会发生如下错误。

执行结果

```
Hello.java:2: 错误：非法字符：'\u3000'
    public static void main(String[] args){
  ^
```

原因在于"Hello.java"文件的第 2 行出错了，"\u3000"是表示全角空格的字符代码，也就是说，我们"使用了不应该使用的字符"。

 法则9-3

Java源代码中不能出现全角字符／全角空格（注释除外）。

源文件的文件名和类名不一致

　　例如，让我们把之前创建的源文件"Hello.java"的文件名改成"Test.java"并进行编译。命令如下所示。

编译

```
C:\PostgreSQL\java\jdk\bin\javac Test.java
```

　　结果就会发生如下错误。

执行结果

```
Test.java:1: 错误:类Hello是公共的, 应在名为Hello.java的文件中声明
public class Hello{
```

　　这是由于源文件中创建的类的名称"Hello"与文件名"Test"不一致，文件名必须和源代码第1行的类名一致。大家需要注意的是，这里的一致也包括大小写一致。

命令名和文件名错误

　　编译或者执行时，如果输入了错误的命令名或者文件名，结果当然会发生错误。尤其要注意不要把 javac 和 java 命令的文件夹名写错了。

　　例如，像下面这样把文件夹名"bin"错写成"vin"，执行就会出错。

执行（文件夹名错误）

```
C:\PostgreSQL\java\jdk\vin\java Hello
```

执行结果

```
系统找不到指定的路径。
```

　　原因就在于找不到指定的文件夹。

　　如果把类名"Hello"错写成"Hallo"，也会出错。

执行（类名错误）

> C:\PostgreSQL\java\jdk\bin\java `Hallo`

⬇

执行结果

错误：找不到或无法加载主类`Hallo`。

这也是因为找不到指定的类而导致的。

其实，为了减少类似的输入错误，可以设置成省略指定文件夹名这一步，不过本书中并不需要反复执行这些命令，因此省略了该设置。直接使用复制粘贴的话，不用每次都输入，也不算太辛苦吧。

注❶

如果Windows 10的命令提示符画面中无法使用 "Ctrl" + "V" 键，请按照如下步骤启用Ctrl快捷键。
1.鼠标右键点击命令提示符窗口，在弹出的菜单中选择 "属性"，进入命令提示符的属性画面。
2.在属性画面的 "选项" 标签下的编辑选项中选择 "启用Ctrl快捷键"。

专　栏

在命令提示符中的粘贴方法

在 Windows 10 中，可以在命令提示符画面中使用 "Ctrl" 快捷键。因此，可以使用 "Ctrl" + "C" 键复制文本文件中的字符串，然后在命令提示画面中使用 "Ctrl" + "V" 键进行粘贴❶。

记住此方法之后，就不需要输入很长的字符串了，十分方便。

Windows 8/8.1之前的版本

要想把复制的字符串粘贴到命令提示符画面中，需要使用鼠标右键点击命令提示符的标题栏，在弹出的菜单中选择 "编辑（E）" → "粘贴（P）"（图A）。

图A　将字符串粘贴到命令提示符画面中

要想在命令提示符中进行复制，需要选择 "编辑（E）" → "范围指定（K）"，然后拖动鼠标选定想要复制的范围，再选择 "编辑（E）" → "复制（C）"。

经常需要接触命令提示符的读者，如果记住了这些操作，就不用每次都输入冗长的命令名了。

9-3　通过 Java 连接 PostgreSQL

学习重点	● 可以使用 Java 程序，通过驱动来执行各种各样的 SQL 语句。 ● 通过数据库将 SELECT 语句的结果传递给 Java 程序之后，只能逐条循环访问。这就是可以同时操作多条数据的数据库世界和每次只能操作一条数据的程序世界的区别。

执行 SQL 语句的 Java 程序

前面我们已经了解了 Java 程序的编译和执行方法，接下来就让我们真刀真枪地演练一次吧。具体来说，就是连接数据库并操作保存在表中的数据。

首先，我们编写一段程序，用它来执行一条非常简单的 SELECT 语句 "SELECT 1 AS col_1"，然后把执行结果显示在画面上。这条 SQL 语句就是把常量 1 作为 1 行 1 列的结果返回的简单 SELECT 语句，并没有 FROM 子句及其之后的子句。像这样只选择常量的情况下，只用 SELECT 语句也能写出 SQL 语句❶。

执行上述 SQL 语句的 Java 源代码如下所示。

代码清单 9-4　执行 SQL 语句的 Java 程序

```
import java.sql.*;

public class DBConnect1 {
  public static void main(String[] args) throws Exception {
    /* 1) PostgreSQL的连接信息 */
    Connection con;
    Statement st;
    ResultSet rs;

    String url = "jdbc:postgresql://localhost:5432/postgres";
    String user = "postgres";
    String password = "test";

    /* 2) 定义JDBC驱动 */
    Class.forName("org.postgresql.Driver");
```

①

②

注❶

请参考2-2节的专栏。

```
/* 3) 连接PostgreSQL */
con = DriverManager.getConnection(url, user, password);    ③
st = con.createStatement();

/* 4) 执行SELECT语句 */
rs = st.executeQuery("SELECT 1 AS col_1");                 ④

/* 5) 在画面中显示结果 */
rs.next();
System.out.print(rs.getInt("col_1"));                      ⑤

/* 6) 切断与PostgreSQL的连接 */
rs.close();
st.close();                                                ⑥
con.close();

    }
}
```

由于增加了处理内容，源代码也变长了。下面就让我们逐行来说明吧。我们可以像 SQL 语句那样使用 /* */ 进行注释，注释中可以使用全角字符（当然这对执行结果没有任何影响）。

Java 是如何从数据库中获取数据的呢

首先来看第 1 行中的 "import java.sql.*;"，它声明了连接数据库执行 SQL 语句所需要的 Java 功能。如果没有这条声明，那么下面将要讲解的 Connection 和 Statement 这些类就无法使用了。

接下来我们看一下①处，这里声明了连接数据库所需的信息（数据库的用户名和密码）以及所需的对象。下面这 3 个对象是使用 Java 连接数据库时必须要用到的，大家不妨记住它们 3 个往往是一起使用的。其他语言中也会使用名称不同但作用相似的对象。

Connection：连接，负责连接数据库
Statement：声明，负责存储和执行 SQL 语句
ResultSet：结果集，负责保存 SQL 语句的执行结果

此外，①处还定义了 url、user 和 password 这 3 个字符串。user 和 password 是连接数据库时使用的用户名和密码，这个很容易理解。

不过 url 可能理解起来就有些困难了。大家可以把它理解为数据库的"地址"，类似 Web 网站的 URL，书写时也使用斜线 / 作为分隔符。

从左往右看，"jdbc:Postgresql://"表示连接协议，也就是"使用 JDBC 来连接 PostgreSQL"的意思，跟 Web 网站的"http://"类似。

接下来的"localhost"指定了执行 PostgreSQL 操作的机器。由于我们现在使用的是本地电脑，因此使用"localhost"字符串来指定。这里使用 IP 地址"127.0.0.1"也可以实现相同的效果。在实际的系统开发中，运行 Java 程序的机器和运行数据库的机器通常是分开的，这时"localhost"就需要替换成运行数据库的机器的 IP 地址或者主机名。

接下来的"5432"表示 PostgreSQL 的端口号。端口号就像是在机器上运行的程序的门牌号。如果把 IP 地址或者主机名比作机器的名称，那么端口号就类似于房间号码。如果安装 PostgreSQL 时没有改变默认设置，那么指定成"5432"就可以了。

最后的"postgres"是 PostgreSQL 内部的数据库名称。其实我们可以在 PostgreSQL 内部创建多个数据库，不过在刚刚完成安装之后只有一个名为"postgres"的数据库，因此我们要连接的就是这个数据库。

接下来的②处定义了 JDBC 驱动，这里指明了连接时使用什么样的驱动。"org.postgresql.Driver"是 PostgreSQL 的 JDBC 驱动的类名。如果要使用其他驱动，或者使用其他 DBMS，这里的字符串也需要相应地进行修改。

然后在③处实际使用用户名和密码来连接 PostgreSQL，在④处执行 SELECT 语句，在⑤处在画面上显示执行结果。程序执行成功之后，命令提示符中会显示"1"。

最后在⑥处切断（关闭）与数据库的连接。之所以要切断与数据库的连接，是因为连接数据库需要占用少量内存资源，如果操作结束之后不断开连接，那么随着"残留下来"的连接不断增加，所占用的内存资源会越来越多，引发性能方面的问题。像这种由于忘记断开连接而造成的内存占用现象，称为"内存泄漏"（memory leak）。这类问题在短时间内是很难察觉的，一旦发生，想追查原因就很困难 ❶。

Java 对内存的管理是非常周到的，还自带了"垃圾回收"功能。该功能可以自动释放掉无用连接以及对象占用的内存，防止发生内存不足的问题，并且它在 Java 程序运行时会自动执行。不过，该功能还是无法百分之百地防止内存泄漏，因此显式地进行编码还是非常重要的。

执行连接数据库的程序

下面就让我们来编译并执行一下这段源代码吧。编译的命令没有变，把源代码文件命名为"DBConnectl.java"，保存在"C:\PostgresSQL\java\src"文件夹下，然后在命令提示符中执行如下 javac 命令，就可以进行编译了。

编译

```
C:\PostgresSQL\java\jdk\bin\javac DBConnectl.java
```

编译时同样必须在命令提示符中移动到源代码所在的文件夹之下，不然就会发生 9-2 节中讲到的"命令或文件名错误"。

编译成功后，源代码所在的文件夹内会生成一个名为"DBConnectl.class"的文件。与最初的示例程序一样，该文件可以通过 java 命令来执行。不过这次的命令中需要增加一个参数选项。

指定 JDBC 驱动文件并执行

```
C:\PostgresSQL\java\jdk\bin\java -cp C:\PostgresSQL\jdbc\*;.DBConnectl
```

这次我们在 java 命令和类名"DBConnectl"之间插入了"-cp C:\PostgresSQL\jdbc*;."这样一个字符串，这是在告诉 Java 保存 JDBC 驱动文件"postgresql-9.4.1208.jar"的路径。"cp"是"类路径（classpath）"的缩写，也就是"类文件保存位置"的意思 ❶。大家可能会注意到："怎么驱动文件的扩展名不是 class，而是 jar 呢？"其实 jar 文件就是多个 class 文件的集合，jar 文件的位置也是通过类路径来指定的。"C:\PostgresSQL\jdbc*"表示包含了"C:\PostgresSQL\jdbc"文件夹下的所有文件。"*"在 Windows 中是"全部字符串"的意思，就像"SELECT　*"表示全部列一样。最后的"；."中，"；"是包含多个路径时的分隔符，"."代表的是当前文件夹，用在这里就是包含"DBConnectl.class"所在文件夹的意思。

执行上述命令后，如果命令提示符中显示"1"，就代表执行成功了。

选取表中的数据

下面我们来编写一个从包含多条数据的表中选取数据，并且显示在画面中的程序。我们使用代码清单 1-2 中创建的商品表（Product）作为示例用表。请大家在第 0 章创建的学习用的数据库 shop 中创建该表，我们假定使用代码清单 1-6 中的 INSERT 语句来插入数据，最终结果如下所示。

Product 表

product_id	product_name	product_type	sale_price	purchase_price	regist_date
0001	T恤衫	衣服	1000	500	2009-09-20
0002	打孔器	办公用品	500	320	2009-09-11
0003	运动T恤	衣服	4000	2800	
0004	菜刀	厨房用具	3000	2800	2009-09-20
0005	高压锅	厨房用具	6800	5000	2009-01-15
0006	叉子	厨房用具	500		2009-09-20
0007	擦菜板	厨房用具	880	790	2008-04-28
0008	圆珠笔	办公用品	100		2009-11-11

为了以防万一，我们再来介绍一下上述数据的生成步骤（代码清单 9-5）。如果数据已经存在，那么再执行下面的 SQL 语句就会发生错误，请大家注意。

代码清单9–5 创建 Product 表的 SQL 语句

```
--创建数据库shop
CREATE DATABASE shop;

--使用 "\q" 暂时从psql登出，再次通过命令提示符连接数据库shop
C:\PostgreSQL\9.5\bin\psql.exe -U postgres -d shop

--创建Product表
CREATE TABLE Product
(product_id CHAR(4) NOT NULL,
product_name VARCHAR(100) NOT NULL,
product_type VARCHAR(32) NOT NULL,
sale_price INTEGER ,
purchase_price INTEGER ,
regist_date DATE ,
PRIMARY KEY (product_id));

--插入商品数据
BEGIN TRANSACTION;
INSERT INTO Product VALUES ('0001', 'T恤衫', '衣服', 1000, 500, ➡
'2009-09-20');
INSERT INTO Product VALUES ('0002', '打孔器', '办公用品', 500, ➡
320, '2009-09-11');
```

```
INSERT INTO Product VALUES ('0003', '运动T恤', '衣服', 4000, ➡
2800, NULL);
INSERT INTO Product VALUES ('0004', '菜刀', '厨房用具', 3000, ➡
2800, '2009-09-20');
INSERT INTO Product VALUES ('0005', '高压锅', '厨房用具', 6800, ➡
5000, '2009-01-15');
INSERT INTO Product VALUES ('0006', '叉子', '厨房用具', 500, ➡
NULL, '2009-09-20');
INSERT INTO Product VALUES ('0007', '擦菜板', '厨房用具', 880, ➡
790, '2008-04-28');
INSERT INTO Product VALUES ('0008', '圆珠笔', '办公用品', 100, ➡
NULL, '2009-11-11');
COMMIT;
```

➡表示下一行接续本行，只是由于版面所限而换行。

下面我们来尝试从这个表中选取 product_id 和 product_name 这两列的全部数据。源代码如代码清单 9-6 所示，源文件名为 "DBConnect2.java"。

代码清单9-6 从 **Product** 表中选取 **product_id** 和 **product_name** 这两列全部数据的 Java 程序

```java
import java.sql.*;

public class DBConnect2{
  public static void main(String[] args) throws Exception {
    /* 1) PostgreSQL的连接信息 */
    Connection con;
    Statement st;
    ResultSet rs;

    String url = "jdbc:postgresql://localhost:5432/shop";     ①
    String user = "postgres";
    String password = "test";

    /* 2) 定义JDBC驱动 */
    Class.forName("org.postgresql.Driver");                   ②

    /* 3) 连接PostgreSQL */
    con = DriverManager.getConnection(url, user, password);   ③
    st = con.createStatement();

    /* 4) 执行SELECT语句 */
    rs = st.executeQuery("SELECT product_id, product_name ➡   ④
FROM Product");

    /* 5) 在画面中显示结果 */
    while(rs.next()) {                                         
      System.out.print(rs.getString("product_id") + ", ");    ⑤
      System.out.println(rs.getString("product_name"));
    }
```

```
        /* 6) 切断与PostgreSQL的连接 */
        rs.close();
        st.close();                                          ⑥
        con.close();
    }
}
```

➡表示下一行接续本行,只是由于版面所限而换行。

编译并执行上述源代码之后,命令提示符中会显示如下结果。

执行结果

```
0001, T恤衫
0002, 打孔器
0003, 运动T恤
0004, 菜刀
0005, 高压锅
0006, 叉子
0007, 擦菜板
0008, 圆珠笔
```

编译和执行的命令如下所示。

编译

```
C:\PostgreSQL\java\jdk\bin\javac DBConnect2.java
```

执行

```
C:\PostgreSQL\java\jdk\bin\java -cp C:\PostgreSQL\jdbc\*;. DBConnect2
```

注意,这里在①处把表示连接信息的字符串url的值从"postgres"变成了 "shop"。登录 PostgreSQL 的用户名仍然是之前使用的 "postgres",JDBC 驱动文件没有变化,因此②和③处无需改动。

接下来的④处对 SELECT 语句做了改动。需要大家特别注意的是⑤处。由于需要显示多行结果,因此需要使用 while 语句逐行循环取得。

rs 就是 ResultSet(结果集)对象,用来保存 SELECT 语句的执行结果。大家可以把结果集想象成图 9-11 那样的二元表。不过,对 Java 这样的程序语言而言,数据访问都是逐行进行的,想要处理多行数据时,就需要使用循环来实现。而 SQL 可以使用一条语句来操作多行数据,这就是 SQL 和大部分编程语言的一大区别。

图9-11　二元表形式的结果集

product_id	product_name
0001	T恤衫
0002	打孔器
0003	运动T恤
0004	菜刀
0005	高压锅
0006	叉子
0007	擦菜板
0008	圆珠笔

游标自上而下移动

"while(rs.next())"的意思就是逐行循环访问记录，直到到达记录末尾。就像计算尺的游标一样，从上到下逐条访问结果集中的记录。

 法则9-4

在Java等程序语言的世界中，每次只能访问一条数据。因此，在访问多条数据时，需要使用循环处理。

更新表中的数据

最后，让我们通过Java来执行用于更新的SQL语句，以更新表中的数据。这里使用的示例程序，执行了一条删除商品表中全部数据的DELETE语句。源代码如代码清单9-7所示，源文件名为"DBConnect3.java"。

代码清单9-7　执行用于更新的SQL语句来更新表中数据的Java程序

```
import java.sql.*;

public class DBConnect3{
  public static void main(String[] args) throws Exception {
    /* 1) PostgreSQL的连接信息 */
    Connection con;
    Statement st;

    String url = "jdbc:postgresql://localhost:5432/shop";    ①
    String user = "postgres";
    String password = "test";

    /* 2) 定义JDBC驱动 */
    Class.forName("org.postgresql.Driver");    ②
```

```
/* 3）连接PostgreSQL */
con = DriverManager.getConnection(url, user, password);        ③
st = con.createStatement();

/* 4）执行SELECT语句 */
int delcnt = st.executeUpdate("DELETE FROM Product");  ④

/* 5）在画面中显示结果 */
System.out.print(delcnt + "已删除行");                     ⑤

/* 6）切断与PostgreSQL的连接 */
st.close();
con.close();                                             ⑥
    }
}
```

源代码中发生变动的地方就是把④处的 SQL 语句变成了 DELETE 语句，以及把执行 SQL 语句的命令从 executeQuery 变成了 executeUpdate。不论 INSERT 语句还是 UPDATE 语句，Java 在执行用于更新的 SQL 语句时使用的都是 executeUpdate。此外，这里并不是要取得表中的数据，因此用不到的 ResultSet 类也一并从源代码中删除了。

编译和执行的命令如下。

编译

```
C:\PostgreSQL\java\jdk\bin\javac DBConnect3.java
```

执行

```
C:\PostgreSQL\java\jdk\bin\java -cp C:\PostgreSQL\jdbc\*;. DBConnect3
```

执行成功之后，命令提示符中会显示"8 条数据已经被删除"。虽然执行多行用于更新的 SQL 语句时还需要编写控制事务处理的代码，不过基本上变动不大。此外，通过 DBConnect3 执行 DELETE 语句时会默认进行提交操作。

 法则9-5

通过使用驱动，程序可以执行包括SELECT、DELETE、UPDATE和INSERT在内的所有SQL语句。

小结

至此，之后无论执行多么复杂的 SQL 语句，都只需要改变④和⑤处的代码就可以了。在实际的系统中，大家可能会遇到类似于在程序中动态地组合 SQL 语句，或者把从数据库中选取的数据进行编辑后再更新数据库的情况，即使在对这些复杂的业务逻辑进行编码时，也可以以本章讲解的内容为基础。

练习题

9.1 通过执行 DBConnect3，会清空 Product 表中的数据。下面我们再次使用代码清单 1–6 中的 INSERT 语句向表中插入数据。不过这次需要请大家编写可以执行上述操作的 Java 程序，然后编译运行。

代码清单 1–6 向 Product 表中插入数据的 SQL 语句

```
INSERT INTO Product VALUES ('0001', 'T恤衫', '衣服', 1000, 500, '2009-09-20');
INSERT INTO Product VALUES ('0002', '打孔器', '办公用品', 500, 320, '2009-09-11');
INSERT INTO Product VALUES ('0003', '运动T恤', '衣服', 4000, 2800, NULL);
INSERT INTO Product VALUES ('0004', '菜刀', '厨房用具', 3000, 2800, '2009-09-20');
INSERT INTO Product VALUES ('0005', '高压锅', '厨房用具', 6800, 5000, '2009-01-15');
INSERT INTO Product VALUES ('0006', '叉子', '厨房用具', 500, NULL, '2009-09-20');
INSERT INTO Product VALUES ('0007', '擦菜板', '厨房用具', 880, 790, '2008-04-28');
INSERT INTO Product VALUES ('0008', '圆珠笔', '办公用品', 100, NULL, '2009-11-11');
```

9.2 请大家对练习题 9.1 中插入的数据进行修改。如下所示，将商品"T 恤衫"修改成"Y 恤衫"。

修改前

product_id	product_name	product_type	sale_price	purchase_price	regist_date
0001	T恤衫	衣服	1000	500	2009-09-20

修改后

product_id	product_name	product_type	sale_price	purchase_price	regist_date
0001	Y恤衫	衣服	1000	500	2009-09-20

请大家编写可以执行上述修改的 Java 程序，然后编译运行。

附录

练习题答案

※ 本附录中程序（SQL 语句）的答案并非唯一，还存在其他满足条件的解答方法。

※ 代码清单中的"➡"是为了配合页面显示所进行的换行操作。

1.1

```
CREATE TABLE Addressbook
 (
   regist_no      INTEGER      NOT NULL,
   name           VARCHAR(128) NOT NULL,
   address        VARCHAR(256) NOT NULL,
   tel_no         CHAR(10)     ,
   mail_address   CHAR(20)     ,
   PRIMARY KEY (regist_no));
```

1.2

PostgreSQL **MySQL**
```
ALTER TABLE Addressbook ADD COLUMN postal_code CHAR(8) NOT NULL;
```

Oracle
```
ALTER TABLE Addressbook ADD (postal_code CHAR(8)) NOT NULL;
```

SQL Server
```
ALTER TABLE Addressbook ADD postal_code CHAR(8) NOT NULL;
```

DB2

无法添加。

在 DB2 中，如果要为添加的列设置 NOT NULL 约束，需要像下面这样指定默认值，或者删除 NOT NULL 约束，否则就无法添加新列。

DB2 修正版
```
ALTER TABLE Addressbook ADD COLUMN postal_code CHAR(8) NOT NULL DEFAULT ➡
'0000-000';
```

1.3

```
DROP TABLE Addressbook;
```

1.4 删除后的表无法使用命令进行恢复。请使用习题 1.1 答案中的 CREATE TABLE 语句再次创建所需的表。

2.1
```
SELECT product_name, regist_date
  FROM Product
 WHERE regist_date >= '2009-04-28';
```

执行结果
```
 product_name | regist_date
--------------+-------------
 T恤衫         | 2009-09-20
 打孔器        | 2009-09-11
 菜刀          | 2009-09-20
 叉子          | 2009-09-20
 圆珠笔        | 2009-11-11
```

2.2　①～③中的 SQL 语句都无法选取出任何一条记录。

2.3　**SELECT 语句①**
```
SELECT product_name, sale_price, purchase_price
  FROM Product
 WHERE sale_price >= purchase_price + 500;
```

SELECT 语句②
```
SELECT product_name, sale_price, purchase_price
  FROM Product
 WHERE sale_price - 500 >= purchase_price;
```

2.4
```
SELECT product_name, product_type,
       sale_price * 0.9 - purchase_price AS profit
  FROM Product
 WHERE sale_price * 0.9 - purchase_price > 100
   AND (   product_type = '办公用品'
        OR product_type = '厨房用具');
```

执行结果
```
 product_name | product_type | profit
--------------+--------------+-------
 打孔器        | 办公用品      |130.0
 高压锅        | 厨房用具      |1120.0
```

3.1　存在以下 3 个错误。

1. 使用了字符类型的列（product_name）作为 SUM 函数的参数。

>> 解答

SUM 函数只能使用数值类型的列作为参数。

2. WHERE 子句写在了 GROUP BY 子句之后。

>> 解答

WHERE 子句必须写在 GROUP BY 子句之前。

3. SELECT 子句中存在 GROUP BY 子句中未指定的列（product_id）。

>> 解答

使用 GROUP BY 子句时，书写在 SELECT 子句中的列有很多限制。GROUP BY 子句中未指定的列不能书写在 SELECT 子句之中。

此外，虽然在 SELECT 子句和 FROM 子句之间添加注释在语法上没有问题，但因为这样会使 SQL 语句难以阅读，所以请不要这样书写。

在 WHERE 子句中指定 regist_date 的大小关系作为条件并没有什么问题。

3.2
```
SELECT product_type, SUM(sale_price), SUM(purchase_price)
  FROM Product
 GROUP BY product_type
HAVING SUM(sale_price) > SUM(purchase_price) * 1.5;
```

>> 解答

因为该 SELECT 语句是在按照商品种类进行分组之后，指定各组所对应的条件，所以使用了 HAVING 子句。条件为"大于 1.5 倍"，而不是"大于等于 1.5 倍"，因此条件表达式为">"而不是">="。

3.3
```
SELECT *
  FROM Product
 ORDER BY regist_date DESC, sale_price;
```

>> 解答

使用 ORDER BY 子句指定排列顺序之后，肯定有一列会按照升序或者降序进行排列。本习题中是登记日期（NULL 排在开头还是末尾会根据 DBMS 不同而不同，无需考虑）。因此我们能够推断出首先是按照登记日期的降序进行排序的。

接下来，对于日期相同的记录，例如同为"2009-09-20"的 3 条记录，可以看出是按照销售单价的升序进行排序的。

4.1 1 行也选取不出来。

>> **解答**————————————————————————————————

　　A 先生使用 BEGIN TRANSACTION 启动了事务处理，然后开始执行 INSERT 语句。因此，在 A 先生使用 COMMIT 确定该更新之前，B 先生等其他用户都无法看到 A 先生进行更新的结果。这就是基于 ACID 特性中的 I，也就是独立性（Isolation）的现象。当然，由于 A 先生在 COMMIT 之前能看到自己进行过的更新，因此如果 A 先生执行 SELECT * FROM Product；的话，会得到 3 条记录。

　　顺便提一下，如果想要确认该现象，并不需要两个人。只需使用电脑打开两个窗口连接同一个数据库，一个人就能完成两个人的工作了。

4.2 因为商品编号列违反了主键约束，所以会发生错误，1 行也插入不了。

>> **解答**————————————————————————————————

　　如果该 INSERT 能够正常执行的话，Product（商品）表的状态应该会像下面这样变为 6 行数据。

Product（商品）表

商品编号	商品名称	商品种类	销售单价	进货单价	登记日期
0001	T恤衫	衣服	1000	500	2009-09-20
0002	打孔器	办公用品	500	320	2009-09-11
0003	运动T恤	衣服	4000	2800	
0001	T恤衫	衣服	1000	500	2009-09-20
0002	打孔器	办公用品	500	320	2009-09-11
0003	运动T恤	衣服	4000	2800	

　　但是，显然上述记录违反了商品编号列的主键约束（不能存在主键重复的记录）。违反该约束带来的后果就是无法执行更新操作，这就是 ACID 特性中的 C—— 一致性（Consistency）。

4.3
```
INSERT INTO ProductMargin (product_id, product_name, sale_price, ➡
purchase_price, margin)
SELECT product_id, product_name, sale_price, purchase_price, ➡
sale_price - purchase_price
  FROM Product;
```

>> 解答

　　Product（商品）表和 ProductMargin（商品利润）表中定义完全相同的列 product_id（商品编号）、product_name（商品名称）、sale_price（销售单价）、purchase_price（进货单价），可以通过 SELECT 语句直接从 Product（商品）表取出插入到 ProductMargin（商品利润）表中。只有 Product（商品）表中没有的 margin（利润）列的值需要根据 purchase_price 进货单价和 sale_price 销售单价进行计算。

4.4 1.

```
-- 下调销售单价
UPDATE ProductMargin
   SET sale_price = 3000
 WHERE product_id = '0003';
```

2.

```
-- 重新计算利润
UPDATE ProductMargin
   SET margin = sale_price - purchase_price
 WHERE product_id = '0003';
```

5.1

```
-- 创建视图的语句
CREATE VIEW ViewPractice5_1 AS
SELECT product_name, sale_price, regist_date
  FROM Product
 WHERE sale_price >= 1000
   AND regist_date = '2009-09-20';
```

5.2 会发生错误。

>> 解答

　　对视图的更新归根结底是对视图所对应的表进行更新。因此，该 INSERT 语句实质上和下面的 INSERT 语句相同。

```
INSERT INTO Product (product_id, product_name, product_type, sale_price, ➡
purchase_price, regist_date)
           VALUES (NULL, '刀子', NULL, 300, NULL, '2009-11-02');
```

product_id（商品编号）、product_name（商品名称）、product_type（商品种类）3 列在表定义时都被赋予了 NOT NULL 约束 ❶。因此，向 product_id（商品编号）以及 product_type（商品种类）中插入 NULL 的 INSERT 语句是无法执行的。

并且，INSERT 语句中只对 product_name（商品名称）、sale_price（销售单价）、regist_date（登记日期）3 列进行了赋值，所以剩余的列都会被自动插入 NULL，于是就发生了错误。

注❶

其实 product_id（商品编号）是被赋予了主键约束，但其中默认包含了 NOT NULL 约束。

5.3
```
SELECT product_id,
       product_name,
       product_type,
       sale_price,
       (SELECT AVG(sale_price) FROM Product) AS sale_price_all
  FROM Product;
```

>> 解答————————————————————————————————

使用标量子查询来计算销售单价的平均值。由于平均销售单价是 2097.5 这样一个单值，可以确定为标量值，因此可以书写在 SELECT 子句之中。

但是有没有读者会想到如下 SELECT 语句呢？

```
SELECT product_id,
       product_name,
       product_type,
       sale_price,
       AVG(sale_price) AS sale_price_all
  FROM Product;
```

上述 SELECT 语句会发生错误 ❷。原因在于 AVG 是一个聚合函数。正如 3-2 节说明的那样，使用聚合函数时对书写在 SELECT 子句中的要素有很多限制。使用了这种错误方法的读者请重新阅读一下 3-2 节中"常见错误①——在 SELECT 子句中书写了多余的列"部分的内容。

注❷

虽然在 MySQL 中该 SELECT 语句不会发生错误，但毕竟这只是基于 MySQL 特定需求的结果，无法在其他的 DBMS 中使用，并且得到的结果也完全不同。

5.4

```
-- 创建视图的语句
CREATE VIEW AvgPriceByType AS
SELECT product_id,
       product_name,
       product_type,
       sale_price,
       (SELECT AVG(sale_price)
          FROM Product P2
         WHERE P1.product_type = P2.product_type
         GROUP BY P2.product_type) AS avg_sale_price
  FROM Product P1;
```

```
-- 删除视图的语句
DROP VIEW AvgPriceByType;
```

>> 解答

在视图中包含的列中，除了 avg_sale_price 之外的 4 列（product_id、product_name、product_type、sale_price）在 Product 表中都存在，因此可以直接读取。但是，最后的 avg_sale_price（平均销售单价）则必须使用关联子查询进行结算。使用标量子查询和关联子查询也可以创建出上述视图。

6.1 ①的答案

```
product_name | purchase_price
-------------+----------------
打孔器        |            320
擦菜板        |            790
```

>> 解答

对于①的结果应该没有什么疑问。因为要选取的是进货单价（purchase_price）为 500 日元、2800 日元、5000 日元之外的商品（product_name），所以会得到 320 日元的打孔器和 790 日元的擦菜板两条记录。此外，不仅是 IN，通常的谓词都无法与 NULL 进行比较，因此进货单价（purchase_price）为 NULL 的叉子和圆珠笔都没有出现在结果之中。

②的答案：无法取出任何记录

```
product_name | purchase_price
-------------+----------------
```

>> 解答—————————————————————————————

　　②的结果有必要说明一下。②的 SQL 仅仅是在①的 NOT IN 的参数中增加了
NULL。并且①的结果中已经排除了进货单价（purchase_price）为 NULL 的记录，
因此大家可能会觉得②的结果也是如此。但让人吃惊的是②的 SQL 却无法选取出
任何记录。不仅仅是进货单价为 NULL 的记录，连从①中选取出的打孔器和擦菜板
也不见了。

　　其实这是 SQL 中最危险的陷阱。NOT IN 的参数中包含 NULL 时结果通常会为空，
也就是无法选取出任何记录。

　　为什么会得到这样的结果呢？其中的理由十分复杂，属于中级学习的范畴，因此
本书中不会详细介绍 ❶。这里希望大家了解的是 NOT IN 的参数中不能包含 NULL。
不仅仅是指定 NULL 的情况，使用子查询作为 NOT IN 的参数时，该子查询的返回值
也不能是 NULL。请大家一定要遵守这一规定。

注❶

　想要了解为什么 NOT IN 会得到这样结果的读者，可以参考拙著《達人に学ぶ SQL 徹底指南書》(翔泳社) 中 1–3 节的内容。

6.2

```
SELECT SUM(CASE WHEN sale_price <= 1000
                THEN 1 ELSE 0 END) AS low_price,
       SUM(CASE WHEN sale_price BETWEEN 1001 AND 3000
                THEN 1 ELSE 0 END) AS mid_price,
       SUM(CASE WHEN sale_price >= 3001
                THEN 1 ELSE 0 END) AS high_price
  FROM Product;
```

>> 解答—————————————————————————————

　　大家发现了吗？这与我们在 6-3 节中的"CASE 表达式的书写位置"中学过的使
用 CASE 表达式进行行列变换是相似的问题。如果能够使用 CASE 表达式创建出 3 个
分类条件的话，之后就可以将其与聚合函数进行组合了。只有计算中间额度商品 ❷ 的
条件中的 BETWEEN 需要注意一下。

注❷

　此处的"中间额度"是笔者创造出来的词语，大家应该能理解其中的含义。

7.1　　如下所示，会将 Product 表中的 8 行记录原封不动地选取出来。

执行结果

product_id	product_name	product_type	sale_price	purchase_price	regist_date
0001	T恤衫	衣服	1000	500	2009-09-20
0002	打孔器	办公用品	500	320	2009-09-11
0003	运动T恤	衣服	4000	2800	
0004	菜刀	厨房用具	3000	2800	2009-09-20
0005	高压锅	厨房用具	6800	5000	2009-01-15
0006	叉子	厨房用具	500		2009-09-20
0007	擦菜板	厨房用具	880	790	2008-04-28
0008	圆珠笔	办公用品	100		2009-11-11

>> 解答

可能有些读者会对此感到惊讶："同时使用 UNION 和 INTERSECT 时，不是 INTERSECT 会优先执行吗？"当然，从执行顺序上来说确实是从 INTERSECT 开始的，但是在此之前，由于对同一张表使用了 UNION 或者 INTERSECT，因此结果并不会发生改变。也就是说，由于 UNION 或者 INTERSECT 未使用 ALL，会排除掉重复的记录，因此对同一张表来说，无论执行多少次操作，原表也不会发生改变。

7.2 SELECT 语句如下所示。

```
SELECT COALESCE(SP.shop_id, '不确定')  AS shop_id,
       COALESCE(SP.shop_name, '不确定') AS shop_name,
       P.product_id,
       P.product_name,
       P.sale_price
  FROM ShopProduct SP RIGHT OUTER JOIN Product P
    ON SP.product_id = P.product_id
ORDER BY shop_id;
```

>> 解答

大家想起这个名字有点奇怪的 COALESCE 函数了吗？该函数可以将 NULL 变换为其他的值。虽然名字有些古怪，但使用却很频繁。特别是在希望改变外部连接结果中的 NULL 时，该函数是唯一的选择，因此希望大家能够牢记。

8.1 结果如下。

product_id	product_name	sale_price	current_max_price	
0001	T恤衫	1000	1000	←(1000)的最大值
0002	打孔器	500	1000	←(1000, 500)的最大值
0003	运动T恤	4000	4000	←(1000, 500, 4000)的最大值
0004	菜刀	3000	4000	←(1000, 500, 4000, 3000)的最大值

0005	高压锅	6800	6800
0006	叉子	500	6800
0007	擦菜板	880	6800
0008	圆珠笔	100	6800

>> 解答

　　本题中 SELECT 语句的含义是"按照商品编号（product_id）的升序进行排序，计算出截至当前行的最高销售单价"。因此，在显示出最高销售单价的同时，窗口函数的返回结果也会变化。这恰好和奥运会等竞技体育的最高记录不断变化相似。随着商品编号越来越大，计算最大值的对象范围也不断扩大。就像随着时代变迁，运动员数量也会逐渐增加，要选出"历代第一"也会越来越难。

8.2　①和②两种方法都可以实现。

① regist_date 为 NULL 时，显示"1 年 1 月 1 日"

```
SELECT regist_date, product_name, sale_price,
       SUM (sale_price) OVER (ORDER BY COALESCE(regist_date, CAST('0001-01- ➡
01' AS DATE))) AS current_sum_price
  FROM Product;
```

② regist_date 为 NULL 时，将该记录放在最前显示

```
SELECT regist_date, product_name, sale_price,
       SUM (sale_price) OVER (ORDER BY regist_date NULLS FIRST) AS current ➡
_sum_price
  FROM Product;
```

两组答案的结果都如下所示。

```
regist_date | product_name |sale_price |current_sum_price
------------+--------------+-----------+------------------
            | 运动T恤      |      4000 |             4000  ←NULL 的记录会
2008-04-28  | 擦菜板       |       880 |             4880     显示在最前面
2009-01-15  | 高压锅       |      6800 |            11680
2009-09-11  | 打孔器       |       500 |            12180
2009-09-20  | T恤衫        |      1000 |            16680
2009-09-20  | 菜刀         |      3000 |            16680
2009-09-20  | 叉子         |       500 |            16680
2009-11-11  | 圆珠笔       |       100 |            16780
```

>> 解答

　　首先来看一下①，这种方法比较简单。使用 COALESCE 函数可以将 NULL 转换为"1 年 1 月 1 日（公历）"。这样得到的结果就比其他任何日期都早了（即使同为"1

年1月1日"也没有关系)。这种"欺骗"DBMS 的方法恐怕很多读者都想到了吧。这也是在所有 DBMS 中通用的方法。

接下来我们再来看一下②,其中包含了本书并未介绍的使用 NULLS FIRST 选项的方法。通过在 ORDER BY 子句中指定该选项,可以显式地给 DBMS 下达指令,在排序时将 NULL 放在最前面。目前该方法也是在支持窗口函数的 DBMS 中通用的方法。

本书之所以并未提及上述功能,是因为该功能并不是标准 SQL 支持的功能,而是依存于 DBMS 的实现。关于 NULL 的顺序,标准 SQL 中只规定要"排列在开头或者末尾",至于到底是开头还是末尾,以及显式地指定的方法,都依存于 DBMS 的实现。

因此,大家需要注意,这些功能随时都有可能因为某个 DBMS 的需求改变而无法继续使用。

9.1

```java
import java.sql.*;

public class DBIns{
  public static void main(String[] args) throws Exception {
    /* 1) PostgreSQL的连接信息 */
    Connection con;
    Statement st;

    String url = "jdbc:postgresql://localhost:5432/shop";
    String user = "postgres";
    String password = "test";

    /* 2) 定义JDBC驱动 */
    Class.forName("org.postgresql.Driver");

    /* 3) 连接PostgreSQL */
    con = DriverManager.getConnection(url, user, password);
    st = con.createStatement();

    /* 4) 执行INSERT语句并显示结果 */
    int inscnt=0;
    inscnt = st.executeUpdate("INSERT INTO Product VALUES ('0001', ➡
'T恤衫', '衣服', 1000, 500, '2009-09-20')");
    System.out.println(inscnt + "行已经插入");

    inscnt = st.executeUpdate("INSERT INTO Product VALUES ('0002', ➡
'打孔器', '办公用品', 500, 320, '2009-09-11')");
    System.out.println(inscnt + "行已经插入");

    inscnt = st.executeUpdate("INSERT INTO Product VALUES ('0003', ➡
'运动T恤', '衣服', 4000, 2800, NULL)");
    System.out.println(inscnt + "行已经插入");
```

```
    inscnt = st.executeUpdate("INSERT INTO Product VALUES ('0004', ➡
'菜刀', '厨房用具', 3000, 2800, '2009-09-20')");
    System.out.println(inscnt + "行已经插入");

    inscnt = st.executeUpdate("INSERT INTO Product VALUES ('0005', ➡
'高压锅', '厨房用具', 6800, 5000, '2009-01-15')");
    System.out.println(inscnt + "行已经插入");

    inscnt = st.executeUpdate("INSERT INTO Product VALUES ('0006', ➡
'叉子', '厨房用具', 500, NULL, '2009-09-20')");
    System.out.println(inscnt + "行已经插入");

    inscnt = st.executeUpdate("INSERT INTO Product VALUES ('0007', ➡
'擦菜板', '厨房用具', 880, 790, '2009-04-28')");
    System.out.println(inscnt + "行已经插入");

    inscnt = st.executeUpdate("INSERT INTO Product VALUES ('0008', ➡
'圆珠笔', '办公用品', 100, NULL, '2009-11-11')");
    System.out.println(inscnt + "行已经插入");

    /*5) 断开与PostgreSQL的连接 */
    con.close();
  }
}
```

➡表示下一行接续本行，只是由于版面所限而换行。

编译

```
C:\PostgreSQL\java\jdk\bin\javac DBIns.java
```

执行

```
C:\PostgreSQL\java\jdk\bin\java -cp C:\PostgreSQL\jdbc\*;. DBIns
```

>> **解答**

执行成功后，会在命令提示符窗口显示如下 8 行信息。

执行结果

```
1行已经插入
1行已经插入
1行已经插入
1行已经插入
1行已经插入
1行已经插入
1行已经插入
1行已经插入
```

可以通过执行 SELECT 语句来确认数据是否已经插入 Product 表中。

另外，在命令行窗口显示信息的语句 [System.out.println(inscnt + "行已经插入");] 即使不写也不会影响插入功能的实现，写出来是为了在发生错误时方便调查。

9.2

```
import java.sql.*;

public class DBUpd{
  public static void main(String[] args) throws Exception {
    /* 1) PostgreSQL的连接信息 */
    Connection con;
    Statement st;

    String url = "jdbc:postgresql://localhost:5432/shop";
    String user = "postgres";
    String password = "test";

    /* 2) 定义JDBC驱动 */
    Class.forName("org.postgresql.Driver");

    /* 3) 连接PostgreSQL */
    con = DriverManager.getConnection(url, user, password);
    st = con.createStatement();

    /* 4) 执行UPDATE语句 */
    int inscnt=0;
    inscnt = st.executeUpdate("UPDATE Product SET product_name = 'Y恤衫' ➡
WHERE product_id = '0001'");
    System.out.println(inscnt + "行已经更新");

    /*5) 断开与PostgreSQL的连接 */
    con.close();
  }
}
```

➡表示下一行接续本行，只是由于版面所限而换行。

编译

```
C:\PostgreSQL\java\jdk\bin\javac DBUpd.java
```

执行

```
C:\PostgreSQL\java\jdk\bin\java -cp C:\PostgreSQL\jdbc\*;. DBUpd
```

>> 解答

　　执行成功后，会在命令提示符窗口显示如下 1 行信息。

执行结果

```
1行已经更新
```

　　执行 UPDATE 语句时，和执行 INSERT 一样，使用的是 executeUpdate 方法。后面的部分就是把 UPDATE 语句作为参数来执行。